本书得到河南省科学院基础科研项目（230601068，231801034）、河南省科技研发计划联合基金项目（225200810008，225200810047）的资助

地表硬化对城市土壤和绿化林木的影响

于伟伟　陈媛媛　王效科　著

河南科学技术出版社
·郑州·

图书在版编目（CIP）数据

地表硬化对城市土壤和绿化林木的影响 / 于伟伟，陈媛媛，王效科著. -- 郑州：河南科学技术出版社，2024.12.-- ISBN 978-7-5725-1817-1

Ⅰ. S15；S731.2

中国国家版本馆CIP数据核字第20249AE942号

出版发行：河南科学技术出版社

地址：郑州市郑东新区祥盛街27号　　邮编：450016

电话：（0371）65788613　　65788600

网址：www. hnstp. cn

出 版 人：乔　辉

策划编辑：陈淑芹

责任编辑：申卫娟

责任校对：刘逸群

封面设计：张　伟

责任印制：徐海东

印　　刷：河南新华印刷集团有限公司

经　　销：全国新华书店

开　　本：787mm × 1 092 mm　1/16　　印张：10.5　　彩插：8　　字数：250千字

版　　次：2024年12月第1版　　2024年12月第1次印刷

定　　价：120.00元

前　言

18 世纪以来，经济的发展逐渐满足了人类的物质需求，舒适便捷的城镇生活成为人类对生活的更高追求，于是越来越多的人从农村涌入城市（周跃辉，2013），我国城镇人口占比已达 63.89%（宁吉喆，2021）。城市是以人类为主体形成的高度复杂的社会－经济－自然复合生态系统（马世骏和王如松，1984）。城市化的显著特征是硬化地面不断增加（李伟峰和王轶，2010）。不断扩大的硬化地表阻碍了土壤和大气的气体交换、水循环、能量流动等，引起了干旱缺水、地表径流加剧、“人造沙漠”和“热岛效应”等一系列生态环境问题（Montague and Kjelgren, 2004；Gonzales et al., 2007；Herb et al., 2008；Zhang et al., 2009；Sailor, 2011），直接影响到人类生活质量和社会经济可持续发展的能力（王效科等，2009），甚至对人类的健康和生命造成危害。城市硬化地表在城市生态系统健康和人居环境质量方面发挥着重要作用（Kuang, 2019），如何与城市和谐共处也成为人类关心的热点问题。

城市植物作为城市生态系统的重要组成部分，为城市生态系统提供了重要的生态系统服务，在维持城市生态平衡和改善城市生态环境方面具有重要的作用。研究发现种植在城市的绿化树木能够缓解困扰城市的“热岛效应”及“干岛效应”（Georgi and Zafiriadis, 2006；Dimoudi and Nikolopoulou, 2003）。然而，由于城市化的逐渐加剧，扩大的地表硬化改变了城市植物赖以生存的气候、水文、土壤等环境条件（李锋和王如松，2003），限制了土壤水分和养分的有效性（宋永昌，2000；赵丹等，2012），使得城市植物无法满足自身生长对水分、营养物质和热量等条件的要求，严重影响了城市植物的正常生长和水分代谢过程以及提供生态系统服务的能力（Bühler et al., 2007；Volder et al., 2014；赵丹等，2010），导致大量城市绿化植物处于亚健康状态，甚至出现生长衰退死亡的现象（Grabosky et al., 2001），进而会影响到居民的生活质量、城市生态环境和社会经济发展。如何让城市植物生长得更好，从而更好地为城市生态环境服务，学者们做了大量的研究。有研究认为，硬化地表不利于植物的生长（Viswanathan, 2010），但透水硬化地表对植物造成的负面影响相对小一些（Morgenroth, 2011；Morgenroth and Visser, 2011）；也有研究认为硬化地表并不会影响植物的生长（Volder et al., 2009）。如何通过合理规划城市布局，最大限度地维持城市植物正常生长所需的自然状态条件，已成为城市绿化工作者不可忽视的焦点问题（冯强等，2007）。

硬化地表改变土壤理化性质（Zhao et al., 2012b；Morgenroth et al., 2013），将土壤和大气隔开（Feng et al., 2002），破坏了微生物的生存环境。土壤微生物是土壤质量的评价指标，植被－土壤－微生物之间相互作用密不可分（胡婵娟，2009），土壤细菌是土壤微生物中数量最大、种类最多的微生物（Ma et al., 2020），它通过驱动生物地球化学过程、控制养分和有机质组成以及环境功能来影响土壤功能（Jackson et al., 2003；Balser and Firestone, 2005）。土壤细菌在一定程度上能反映土壤肥力及土壤质量，可作为土壤生态系统的评价指标（朱永官等，2017）。已有研究表明，硬化地表会降低微生物量碳、氮和土壤微生物活性及功能（Zhao et al., 2012b；Wei et al., 2013；Piotrowska-Długosz and Charzyński, 2015）。人类对城市的空前依赖迫使人们不得不想尽办法让城市生态系统具备还原功能，城市绿化势在必行。党的十八大以来，党和政府明确提出了“优化国土空间开发格局，促进生产空间集约高效、生活空间宜居适度、生态空间山清水秀”的战略要求（闫筱筱，2020）。国家“十四五”规划明确提出“坚持绿水青山就是金山银山理念，坚持尊重自然、顺应自然、保护自然，坚持节约优先、保护优先、自然恢复为主，实施可持续发展战略，完善生态文明领域统筹协调机制，构建生态文明体系，推动经济社会发展全面绿色转型，建设美丽中国”（王德发和邓威廉，2021）。如何让城市更加美好？城市植物赖以生存的土壤环境如何保证？

近些年来，城市人工透水硬化地表的面积扩大得很快，如北京从奥运会建设以来，新建和改建的人行道都建成透水地表。透水地表具有透水、透气等特点，对城市降水下渗和减少城市洪涝灾害及改善河湖水质具有很大作用。但是，使用透水材料硬化后对土壤和植物生长影响的研究，国内外都比较缺乏。城市地表硬化后，地表热环境、土壤温湿度和养分等条件会发生哪些改变？其改变对植物在生长及光合作用特性等方面有哪些影响？使用透水材料进行地表硬化，对植物生长的环境和碳代谢状况的改善如何？目前还缺乏认识。因此，有必要从地表硬化－生境改变－植物响应的系统角度，开展对城市硬化地表的环境效应及其植物生长代谢响应机制的研究。研究结果可以为城市土地资源利用与规划，城市绿化植物立地环境的改善和生态安全调控提供一定的科学依据和技术支撑，同时对于改善城市人居环境，提高城市植物的生态系统服务也具有重要意义。

本书由河南省科学院、中国科学院武汉植物园和中国科学院生态环境研究中心组织编写，由于伟伟、陈媛媛和王效科共同完成，在编写过程中得到欧阳志云研究员的指导。本书的出版得到河南省科学院人才引育项目“城市公园土壤有机碳固存效应和微生物调节机制研究（230601068）”、国家自然科学基金青年项目“困难立地对城市观赏植物景观效果的影响机制研究（32101318）”、国家自然科学基金重点项目“城市复合生态系统人与自然耦合机制与调控方法（71533005）”、国家自然科学基金面上项目“城市人工透水覆盖地表的微环境效应及其植物碳代谢和水分利用的响应适应机制（41571053）”等项目的资助。本书是作者对原位布置硬化试验场地栽培幼树、观测树木生理生态指标、长期监测微环境因子、测定土壤性质等多年工作的总结，也是项目组科研人员长期艰苦工作的具体表现。特别感谢中国科学院生态环境研究中心城市与区域生态国家重点实验室李丽、杨宁、江波、文志、孙旭、万五星、汪旭明、崔博文、苏跃波、龚诚、胡印红、安文明等对野外试验的支持和帮助。特别感谢河南科学技术出版社陈淑芹老师的大力支持。特此感谢对本书各项工作提供指导、帮助和做出贡献的各位同志。

由于作者水平所限，书中若有疏漏、错误之处，恳请读者批评指正，我们将虚心接受并努力完善。

编者

2024 年 6 月

目 录

第一章　城市地表硬化生态影响研究进展

1.1　城市地表硬化

随着全球范围内城市化进程的加速，大量自然和农业生态系统转变成城市生态系统（Kaye et al.，2005），城市化已成为当前世界最重要的社会和经济现象之一（Garza，1999；Ginkel，2008；Wu，2008）。城市形成后，人类为了便于居住、活动和交通出行等，采用非土壤性硬质材料（如地面砖、石材砖、混凝土和沥青等）将自然地表覆盖形成密集的建筑物、道路、广场、停车场等，这一现象被称为城市人工覆盖地表，又叫硬化地表（李伟峰和王轶，2010）。硬化地表面积迅速扩张，成为城市化发展的重要特征之一（Lehmann and Stahr，2007；Zhao et al.，2012a；李伟峰等，2008）。中国是世界上硬化地表面积最大的国家，硬化地表几乎覆盖了城市的63%（Yan et al.，2015）。北京城区硬化地表面积在1987年占17%，到2004年跃增到了34%，四环以内硬化地表达67.41%（肖荣波，2006），北京城区超过一半的地方变成了不透水地表（江昼，2010）。2017年上海城市硬化地表覆盖率为45%，中心城区高达84%（郝亮等，2022）。美国休斯敦城市不透水地表面积在1984年到1994年10年间增加了21%，而在2000年到2003年增加了114%（Khan，2005）。

1.2　对局地气候的改变

城市发展过程中，不透水硬化地表逐渐替代了自然植被或水体景观（Brazel et al.，2000），改变了城市下垫面的性质，阻碍了大气和土壤间的物质和能量交换（Feng et al.，2002；Balakina et al.，2005；Byrne et al.，2008），导致城市地表径流量增加，城市内涝、洪水发生频率增加，“热岛效应”和“干岛效应”及饮用水的可用性下降等一系列严重的生态问题（Dimoudi and Nikolopoulou，2003；Miller et al.，2014；Zhang et al.，2014；Yu et al.，2018；张艳等，2012）。

硬化地表改变了城市辐射收支和水分蒸发，影响近地层空气垂直分布的状况，导致城市气候与周边郊区气候存在差异。硬化地表因其粗糙度增加，反射率降低，在同等条件下相比于自然植被能够吸收和储存更多的短波辐射（Asaeda et al.，1996），吸收的热量扩散进入大气层导致城市近地层人为热和人为水汽增加，同时城市区域建筑物密集，显著降低了风速（Landsberg，1981；宋永昌等，2000），硬化地表蒸发散热速率降低，减少了潜热的交换（Kjelgren and Montague，1998）。城市区域大气温度高于郊区，这一现象被称为“热岛效应”（Oke，1982；Voogt and Oke，2003；Maimaitiyiming et al.，2014；Santamouris，2014）。林学椿和于淑秋（2005）研究发现北京市1960~2000年城区平均气温比郊区高0.94 ℃。国内其他大中城市（如上海、杭州、昆明、合肥等）与周围郊区相比，温度平均高出1 ~ 4 ℃（纪瑞鹏等，2000；束炯等，2000；张艳等，2012）。

不透水硬化地表减少了降水渗透进入土壤的能力，增加了地表径流，大量水分流失，导致城市水分失衡，城市空气相对湿度降低。郑思轶和刘树华（2008）分析 1961~2000 年北京气候变化，发现城区降水减少，年平均相对湿度呈下降趋势，郊区则略有上升，城区年平均相对湿度低于郊区，造成北京城区出现“干岛效应”。

1.3 对土壤的影响

土壤作为自然界的组成部分，为动植物提供栖息场所，在水分和养分循环中发挥重要功能（如土壤营养和水循环、污染物的过滤和缓冲、作物残留物分解和其他有机物来源、植物必需养分的循环利用），在城市环境、经济和社会方面具有重要意义。

随着城市的快速发展，城市人口的迅速增长，城市土壤的重要性逐渐凸显，对城市土壤的研究逐步受到重视（Lorenz and Kandeler，2005）。城市硬化地表可作为城市土壤退化的一个衡量指标，硬化地表面积越大，土壤退化程度越高。由于城市硬化地表下的土壤难以获取，硬化地表下土壤碳、氮和有机质含量或生物活性的研究很少。已有研究表明硬化地表对城市土壤功能、土壤生态过程及城市生态环境均产生许多负面作用（Scalenghe and Marsan，2009）。硬化地表的物理阻隔使土壤与其他环境之间的物质转换、养分循环和能量交换受阻，人为的密封、压实、退化、填土、混合等（Lorenz and Lal，2009），使土壤孔隙度降低，土质恶化，土壤动植物栖息环境被破坏，土壤生物多样性严重丧失。研究发现城市硬化地表下植物多样性降低（Yan et al.，2019），植物根系生物量降低（Celestian and Martin，2004），动物（如蚯蚓等）多样性及数量均降低（Byrne and Kim，2008），不透水硬化地表下动物多样性和数量的降低程度更为严重（宋英石等，2015）。硬化地表影响土壤理化性质和养分的有效性（Zhao et al.，2012b），对生物地球化学碳氮循环、养分的化学形态及空间分布造成很大的影响（Scalenghe et al.，2011），这些不良影响会降低土壤微生物生物量和活性（Wei et al.，2013；Zhao et al.，2012b），并改变城市土壤微生物群落组成（Hu et al.，2018）。硬化地表占据城市土壤的大部分，硬化后土壤性质会直接或间接影响城市生态环境，研究城市硬化后土壤的性质以及绿化带土壤的变化对城市土壤的修复及城市绿化环境的规划管理具有非常重要的现实意义（Karlen et al.，2003）。

1.3.1 土壤物理性质

土壤物理性质主要指土壤颗粒、土壤孔隙、土壤结构、土体构造及土壤表面性质等。土壤物理性质的研究包括土壤水分、土壤质地、土壤结构、土壤力学性质、土壤溶脂移动及土壤－植物－大气连续体中的水分行动和能量转移等（黄昌勇，2000）。土壤结构被认为控制着土壤中的许多过程，它调节水分保持和渗透、气体交换、土壤有机质和养分动态、根系渗透和侵蚀敏感性。土壤中的许多过程对土壤结构高度敏感，土壤结构与土壤功能的关系非常密切。研究发现，土壤孔隙度、大孔隙度、孔隙距离和孔隙连通性为几种土壤功能最相关的指标（Rabot et al.，2018）。城市硬化地表主要采用沥青、混凝土、地面砖、石板材等硬化材料将地面覆盖（Kuang et al.，2016），导致土壤和大气隔开，阻碍水、气及枯枝落叶进入土壤，造成土壤与外界直接的物质化学循环无法正常进行，对土壤功能和城市环境产生一系列不利影响（Scalenghe and Marsan，2009）。

硬化地表通过压实土壤减小土壤空隙，增加土壤容重，破坏土壤的物理结构，阻止雨水下渗，减少土壤水分，改变土壤化学性质（Schleuß et al.，1998；Lehmann and Stahr，2007；Sela et al.，2012），影响土壤中溶质的运移过程和生物活动，对城市的环境也会产生影响。硬化地表覆盖的硬质材料降低土壤孔隙度（Lorenz and Kandeler，2005；Lehmann and Stahr，2007），造成土壤中分解性土壤动物（如蚯蚓等）大量死亡（Lorenz and Lal，2009），硬化地表往往对土壤进行碾压而压实（Baumgartl，1998），土壤和大气几乎完全隔开，阻碍土壤和其他环境之间的物质循环和能量转换（Byrne and Kim，2008；Feng et al.，2002）。有研究表明，香港（Jim，1998）和南京（杨金玲等，2004）城市土壤容重分别为 1.4 ～ 2.3 g/cm^3 和 1.47 g/cm^3，远高于正常土壤容重 1.30 g/cm^3（管东生等，1998）；土壤孔隙度分别为 37.75% 和 44.6%，均低于适宜植物生长的土壤孔隙度 50% ～ 56%（姚贤良等，1986）。

硬化地表提高了土壤温度（Graves，1994；Chen et al.，2017）。城市硬化地表吸热和导热能力增强，地表积聚的热量向下传导到土壤中，使土壤温度增加（Arnfield，2003；Montague and Kjelgren，2004；Tang et al.，2011）。Celestian 和 Martin（2004）研究表明，不透水停车场下土壤温度比草坪下土壤温度升高了 15℃。

硬化地表降低了土壤含水量（Berrang et al.，1985）。不透水硬化地表阻碍了城市的降水蓄渗（Lee and Heaney，2003），地面径流增加，使得城市地下水因得不到地表水的补充而逐渐枯竭，形成地下漏斗，阻碍城市土壤水循环（Morgenroth and Buchan，2009）。美国明尼苏达州地区随着不透水面积增加，在一年内地下水补给减少了30% ~ 40%（Erickson and Stefan，2009）。

1.3.2 土壤化学性质

土壤化学性质一般是指土壤化学组成、性质及化学反应过程（黄昌勇，2000）。土壤有机质、全碳、全氮及速效养分等均属于土壤化学性质。城市化过程致使大量土地变成硬化地表（Liu et al.，2014），含有碳和养分的原有土壤被缺乏碳和有机养分的建筑材料取代，加之硬化地表密封土壤，阻碍土壤能量转移、气体交换、水分运动和微生物活性（Scalenghe and Marsan，2009），大气和植物向土壤提供碳和养分的途径几乎被完全切断，植物-土壤反馈系统受阻（Majidzadeh et al.，2017）。Scalenghe等（2011）研究发现，城市土壤的碳储量从以前的以有机碳为主转变为以无机碳为主。硬化地表可能通过改变城市土壤的物理性质而影响城市土壤的化学性质及其对养分的吸收和利用（Lorenz and Kandeler，2005；Zhao et al.，2012b）；有研究发现硬化地表甚至会使土壤中重金属含量升高，加剧其污染程度（Lu et al.，2003；Beesley and Dickinson，2011）。土壤可以储存大量的碳和氮，城市最普遍的土地覆盖类型是硬化地表，硬化地表下的碳和氮积累却很少（Zhao et al.，2012b；Wei et al.，2013；Lu et al.，2020）。城市硬化地表已成为对土壤最重要的威胁之一（Lu et al.，2020），有研究表明，在同一地点，硬化地表下土壤的碳、氮储量显著低于非硬化地表（Terrer et al.，2021；Raciti et al.，2012；Wei et al.，2014；Yan et al.，2015）。城市土壤碳库是城市化进程中各种土地利用活动的反映（Pouyat et al.，2002），城市化进程的加剧会改变城市土壤碳和氮库。有研究发现，城市林分土壤总有机碳和全氮含量比郊区土壤高（Pouyat et al.，2002）；也有研究发现，硬化地表降低了土壤的硝化作用（Zhao et al.，2012b）。

硬化地表加重了土壤污染（Marosz and Nowak，2008）。城市硬化地表破坏了自然土壤的物理和化学特性，在铺设和改造过程中，大量人工污染物特别是重金属污染物被遗留在土壤中，造成土壤污染（Dougherty et al.，2004）。同时，硬化地表还会引起土壤盐渍化。

1.3.3 土壤微生物

土壤微生物是土壤功能的重要组成部分，是土壤许多生物过程的关键因素，如养分循环、植物营养供给、疾病的抑制、水净化和土壤结构的保持等（Filip，2002）。土壤中微生物多样性是巨大和复杂的，不同的土壤微生物类群需要各自的适宜环境条件，环境条件变化，或影响生长繁殖，或改变代谢途径，甚至引起遗传突变（黄昌勇，2000）。土壤温度是影响土壤微生物生长和代谢最重要的环境因素，土壤酸碱度（pH）对微生物生命活性也有很大影响。地下微生物多样性的微小变化可以对生态系统过程产生重要影响（Fierer et al.，2013）。研究土壤微生物群落丰度和组成及其影响机制，对认识微生物在调节关键生态过程和预测陆地生态系统功能的演变规律具有重要意义（Zhang et al.，2020）。

土壤中所含的微生物数量很大，尤以细菌居多。土壤细菌是土壤微生物中种类最多、数量最大、分布最广的微生物（Ma et al.，2020）。土壤细菌非常容易受到一系列生物和非生物因素的影响，包括地表植被类型（Marschnera et al.，2001；Kowalchuk et al.，2002；Weinert et al.，2011）、土壤理化特性（Hansel et al.，2008；Wu et al.，2008；Zhao et al.，2012b；Morgenroth et al.，2013）、土壤质地及土地利用形式（Kuramae et al.，2012）等。大多数细菌与土壤类群和植物特性相关（Ma et al.，2020）。Vieira 等（2020）通过研究不同植物类型根际和非根际土壤微生物的差异发现，土壤特性（土壤质地、水分和土壤类型）对土壤微生物的影响超过植物类型，但同时也发现根际土壤和非根际土壤中活性细菌的组成大不相同，根际土壤细菌受植物根系分泌物的影响更大。Shen 等（2020）研究发现，土壤 pH 值是影响细菌的最主要因素等。土壤 pH 值在 4.0 ~ 8.3 时，土壤细菌的相对丰度和多样性均与 pH 值呈正相关，可以说是土壤 pH 值决定了细菌群落的组成，这可能与细菌最佳生长的 pH 值范围较窄（Rousk et al.，2010）相关。Liu 等（2018）通过对我国黄土高原典型样带进行的高通量测序发现，细菌多样性与土壤 pH 值和地理距离显著相关，土壤性质对土壤微生物的影响大于地理距离。细菌多样性主要由土壤 pH 值决定（Sun et al.，2015；Zhalnina et al.，2015）；土壤有机碳和碳 / 氮被认为是影响土壤微生物群落的重要因素（Jangid et al.，2011）；土壤养分有效性已经被发现对土壤微生物群落有显著的影响，土壤湿度和盐度也被证明与土壤微生物群落结构显著相关（Rajaniemi and Allison，2009）。一些研究表明，包括二氧化碳、温度和降水升高在内的气候变化因素可以影响某些特定生态系统的土壤微生物群落组成；也有研究发现，不断变化的气候状况显著改变了土壤微生物（土壤细菌）的组成和动态（Liang et al.，2020）。Deltedesco 等（2020）认为，未来气候变化状况对土壤微生物群落组成的影响主要是通过影响土壤含水量、养分库、大气二氧化碳和植物根系特征改变土壤微生物的生长环境，这种间接影响很可能一直是主要驱动因素。Yuan 等（2014）认为，降水是土壤细菌群落变化的重要因素。研究发现，干旱会显著改变土壤细菌的群落组成，增加土壤酶活性（Sheik et al.，2011），并可导致植物 – 微生物相互作用的减弱和某些土传疾病的发生率增加（Ochoa–Hueso et al.，2018）。

微生物群落是陆地生态系统土壤功能的主要驱动因素之一（Sheik et al.，2011），土壤细菌在陆地生态系统的功能中发挥着关键作用（Maestrea et al.，2015）。硬化地表对土壤的影响是消极的，硬化地表会降低土壤总碳量、总氮量、养分，加剧土壤盐渍化等，减少土壤微生物的生物量，土壤微生物酶活性也受到限制（Wei et al.，2013；Hu et al.，2021；宋英石等，2015）。研究表明，某些微生物类群更倾向于特定的土壤类型，不同土壤类型的土壤细菌群落组成不同（Nie et al.，2012）。硬化地表提高土壤温度，降低土壤水分（Chen et al.，2017）；土壤水分状况对土壤微生物群落的影响非常大（Chialva et al.，2020；Shigyo et al.，2019）；温度和水分强烈影响土壤细菌种群的规模和多样性，高温和干旱会导致土壤微生物种群减少（Sheik et al.,2011）。全球范围内，随着干旱增强，细菌 α 多样性和丰富度都降低，这种降低主要与干旱引起的土壤有机碳降低有关；同时干旱改变细菌群落组成，绿弯菌门（Chloroflexi）和 α－变形菌门（α－Proteobacteria）相对丰度升高，酸杆菌门（Acidobacteria）和疣微菌门（Verrucomicrobia）相对丰度降低；pH 值影响了细菌群落，但不是细菌多样性的主要驱动因子（Maestrea et al.，2015）。Wei 等（2013）通过对南京城区不同类型地表覆盖下土壤的研究发现，与草地相比，硬化地表下土壤有机碳和微生物量碳氮降低，土壤微生物活性和功能多样性降低。土壤细菌优势属随土壤深度变化而变化（Shigyo et al.，2019）。有研究发现，表层土和底层土的环境条件决定了土壤微生物群落的丰度和功能，影响整个土壤剖面碳动态，通过研究 5 ~ 10 cm 的表层土和 110 ~ 115 cm 的底层土发现，土壤微生物的量在整个剖面中受碳可用性的强烈限制，根系掉落物作为微生物碳源的重要性从表层土到底层土增加，细菌在底层土中没有替代碳源的情况下会加强根源碳的利用，并且受碳源空间分离的影响更大；底层土低水分和高度沙质的环境相结合限制细菌进入其基质，从而限制细菌的生长，有限的微生物进入其非均匀分布的基质可能是地下土壤中碳积累和稳定的重要因素（Preusser et al.，2019）。

在全球范围内，城市化进程迅速，对生物多样性构成重大威胁（Grimm et al.，2008；Sala et al.，2000；McKinney，2006；Kowarik，2011），是生物均质化的主要原因（McKinney，2006；Trentanovi et al.，2013）。城市化对土壤微生物群落的影响尚未引起足够的重视。Xu等（2014）提出城市化影响城市公园土壤细菌群落的组成。尽管微生物多样性的保护受到越来越多的关注（Cockell and Jones，2009；Bodelier，2011），城市化对微生物的影响仍不十分清楚。城市化进程会影响土壤生态系统（Ash et al.，2008），城市化与土壤理化性质、城市热岛效应、污染、各种土地利用形式转变都会引起土壤生物群落的变化（McKinney，2006）。以往土壤微生物研究都是在自然环境下进行的，但城市生态系统比其他生态系统更为复杂。Yan等（2016）通过研究北京市城市建成区土壤细菌发现，土壤细菌在门水平的相对丰度在城市中心区存在显著差异，土壤环境因子和城市环城道路是土壤细菌群落的变异主要因子。土壤氮素在推动土壤微生物群落变化中起关键作用（Wang et al.，2019）。氮和磷是陆地生态系统限制生物过程的关键元素，是限制土壤微生物发育的主要营养元素（Ma et al.，2019）。由于人类活动，全球生态系统氮和磷的输入量增加，造成土壤微生物群落的分类及功能特征的变化，包括快速生长的共营养细菌类群的相对丰度增加，这些变化可能会影响全球地下生态系统（Leff et al.，2015）。土壤碳、氮是细菌群落多样性的限制因子（Zhao et al.，2016；Li et al.，2017）；研究发现城市不透水硬化地表下土壤碳、氮远低于草地及自然地表（Raciti et al.，2012；Yan et al.，2015）；Zhao等（2012）研究发现城市硬化地表不利于土壤氮素转化，降低土壤微生物活性。透水硬化地表允许土壤和大气之间的物质和能量交换，可以减少硬化地表对土壤的负面影响，对土壤微生物的负效应小于不透水硬化地表，所以城市人行道和公园常采用透水砖铺设（Piotrowska-Długosz and Charzyński，2015）。Hu等（2018）通过比较北京奥林匹克森林公园各种土地覆盖类型土壤细菌，发现硬化地表下土壤细菌多样性较低，与草坪及灌木覆盖物下土壤细菌差异较大。

土壤微生物多样性受地表植被的影响很大，并与土壤有机碳的差异性相对应（Degens et al.，2000），硬化地表严重破坏地表植被，降低土壤有机碳含量，对微生物多样性不利。土壤结构对土壤中碳、氮的周转有显著影响，土壤可居住孔隙空间通常只占土壤孔隙空间总量的一小部分，分布着细菌、真菌和微型土壤动物、中型土壤动物（Jensen et al.，1996）。硬化地表压实土壤，土壤总孔隙空间发生变化，孔隙大小分布发生变化，会严重影响氮矿化，并可能增加反硝化速率（Breland and Hansen，1996）。有研究认为，土壤压实降低土壤空隙量，降低空气渗透性、土壤表面二氧化碳通量和氧扩散速率（Breland and Hansen，1996），降低土壤储存水分的功能（陈媛媛，2016）。土壤微生物和土壤酶活性与土壤水分密切相关（Brockett et al.，2012），硬化地表改变土壤通气和储水，改变土壤微生物群落组成（Pengthamkeerati et al.，2011）；土壤微生物活性与土壤碳和氮的周转过程密不可分（Zhao et al.，2012b），研究发现硬化地表下土壤碳、氮储存量显著降低（Raciti et al.，2012；Yan et al.，2015）。土壤中碳氮含量通常是土壤细菌多样性和结构的限制因子（Chen et al.，2019；Li et al.，2017）。已有研究发现城市硬化地表一般会降低表层土壤酶活性、土壤微生物量及多样性（Wei et al.，2013；Zhao et al.，2012a；Zhao et al.，2012b；Piotrowska-Długosz and Charzyński，2015）。硬化地表压实土壤改变土壤空隙量（Philip and Azlin，2005），改变土地利用形势、土壤性质和土壤质地（Zhao et al.，2012a；Morgenroth et al.，2013）。城市土壤被硬化地表阻隔成分散且孤立的区域，物质循环过程单一缓慢，减少了土壤微生物种类和数量；同时不透水硬化地表透气性差，使土壤形成厌氧环境，加剧土壤反硝化作用（王良睦等，2003），降低了土壤微生物活性，且抑制了土壤微生物繁殖，减少土壤微生物多样性（Wei et al.，2013；Piotrowska-Długosz and Charzyński，2015；Zhao et al.，2012a；宋英石等，2015）。地表植物覆盖类型与土壤微生物群落多样性和分布密切相关，研究发现不同类型树种下土壤微生物群落结构和功能的多样性不同（Polyakova and Billor，2007；Francini et al.，2018）。研究普遍认为，人为干扰和植被覆盖类型是影响城市土壤微生物的主要方式，硬化地表对土壤细菌群落的影响并未引起人们的重视。

1.4 对植物生理生态的影响

植物作为城市生态系统的初级生产者，是城市生态系统的主要组成部分，具有多种重要的生态服务功能（Dimoudi and Nikolopoulou，2003；Georgi and Zafiriadis，2006），在维持城市生态平衡和改善城市生态环境中有着不可替代的作用（Donovan et al.，2013；李锋和王如松，2003）。

（1）净化空气，美化环境。植物叶片能吸收空气中某些有害物质并有效截留空气中的颗粒污染物，改善空气质量（Beckett et al.，1998；Nowak et al.，2006）。广州市2000年通过树木截留的空气污染物达312.03 Mg（Jim and Chen，2008）。同时绿色植物可以减少噪声（Lohr et al.，2004），对某些敏感性植物来说还可以用于环境质量的监测（Moreira et al.，2016）。

（2）缓解城市热岛效应，改善城市小气候。城市植物主要通过两个方面起到降温作用。一方面，绿色植物通过叶片蒸腾作用和光合作用等生理活动可以不断地向周围空气输送水蒸气，能有效起到降温增湿的效果，从而明显地缓解城市热岛效应（Kjelgren and Montague，1998；Mullaney et al.，2015a；Mullaney et al.，2015b；Qin，2015）；另一方面，植物冠层的遮阴作用能降低太阳辐射强度，减少到达地面的辐射量，使局地温度降低，有效地改善城市小气候（Hagishima et al.，2007；Shashua-Bar et al.，2010；Li et al.，2013；Gülten et al.，2016）。在炎热潮湿的天气下，树木的存在能有效降低城市温度3～4 ℃（Shashua-Bar et al.，2010）。

（3）降低暴雨径流，减少水土流失。城市植物通过阻挡和截留降水（Guevara-Escobar et al.，2007），并通过根系吸收水分及加固土壤，起到涵养水源和保持水土的效用，有效地防止和减少城市洪涝的产生（Xiao and McPherson，2002；McPherson et al.，2005；Dietz and Clausen，2008）。Soltis（1997）研究表明，在美国亚特兰大，树木覆盖层减少20%降水径流量会增加2×10^{10} m^3。

（4）固碳释氧。植物通过光合作用过程吸收大气中的二氧化碳并释放氧气，维持碳氧平衡。Golubiewski（2006）研究表明，城市区域二氧化碳浓度高于郊区。同时冯采芹（1992）研究也发现，二氧化碳浓度随着绿化覆盖率的增加而降低。

城市植物通过改善空气质量、降温增湿、降低光照强度、制造氧气等提高人居环境质量（De Ridder et al.，2004），增加人体舒适度（Rašković and Decker，2015），为人类生活做出巨大贡献。

1.4.1　植物健康

城市绿化是改善生态环境的重要途径之一，加快城市绿化建设，提高城市植物生态服务功能，已成为现代化城市建设中不可或缺的内容。但是，随着城市硬化地表面积扩大，城市植被面积越来越少，许多城市绿化建设选择利用硬化地表土地，出现了大量的行道树、广场树等。

硬化地表导致环境出现极端高温和干旱、土壤紧实度增加、孔隙度降低、土壤养分有效性降低等现象（宋永昌，2000；赵丹等，2012），城市植物生长面临巨大的环境压力（Kozlowski，1999；Balakina et al.，2005），城市植物抵抗病虫害的能力降低，大量城市绿化植物处于亚健康状态，甚至出现生长衰退死亡的现象（Grabosky et al.，2001；B ü hler et al.，2007；Volder et al.，2014）。

1995 年以来，长春市道路旁栽种的杨柳树木出现大量的枯梢、死枝等长势不良及早衰的现象（张崇宝，2004）。邹丽敏等（2004）调查长春市三条主要街道现存行道树的生长状况，发现行道树普遍存在严重的病虫害、冻害和干枯现象，生长肥效不足，长势弱，补栽率高。长春市行道树自 1997 年栽种至 2003 年成活率仅占调查树的 34.6%，许多街道上的树木全部死亡。

1999 年树木烂皮病暴发于我国东北及华北地区主要城市，哈尔滨市、沈阳市和大庆市等大量街道旁的树木感病死亡（吴长利，1999）。2003 年沈阳市、锦州市、盘锦市等地新栽植的杨树烂皮病染病率达 40%（吕建成等，2003）。

北京市长安街人行道上的油松，普遍出现针叶发黄的现象；沈阳市北京街路上有 94.17% 的银杏树出现黄叶现象（李丽雅等，2006）。20 世纪 70 年代，费城道路两侧种植的红槲栎有一半发生严重退化现象（吴祥艳和付军，2004）。

Nowak等（1990）在美国加利福尼亚州奥克兰调查栽种两年后的行道树死亡情况，发现存在34%的死亡率，树种和年份对死亡率影响不大，而行道树附近的社会经济状态对死亡率有较大影响。Koeser等（2014）在美国佛罗里达州调查了26 个城市地点，发现林木成活率为93.6%，成活率与灌溉关系密切。同时，研究表明不透水硬化地表上生长的树木长势弱于草坪上生长的树木，株高和胸径明显减小（Grabosky and Gilman，2004；Rahman et al.，2013；Mullaney et al.，2015b）。城市硬化地表上绿化树木生长状况不容乐观，维护城市绿化植物的正常生长成为当前城市环境中亟待解决的问题。

1.4.2 植物物候

植物物候是指植物随环境因子变化而产生的周期性的自然现象，包括植物的发芽、展叶、开花、叶变色和落叶等现象（Neil and Wu，2006）。植物物候期的提前或推迟能够综合地反映环境因子的变化，被认为是自然环境因子（如大气温度、光周期、降水、土壤含水量等）变化的重要指示指标之一（Zhao and Schwartz，2003；Cleland et al.，2007；Doi and Katano，2008）。随着城市化的发展，城市生态环境相比于非城市化地区发生了一系列变化，势必造成城市植物物候期的变化。

大气温度是影响植物物候期的重要因子（Menzel and Fabian，1999；White et al.，2002；Primack et al.，2004；Menzel et al.，2006），城市硬化地表明显提高了地表温度和大气温度（Kjelgren and Montague，1998；Hung et al.，2006），城市气候温度高于郊区，引起城市植物比郊区植物物候期提前（Roetzer et al.，2000；Fitter and Fitter，2002；White et al.，2002；Luo et al.，2007）。张学霞等（2005）研究表明，城市化导致春季变暖，显著提前了植物的发芽时间。Chmielewski等（2004）和Menzel等（2001）研究发现早春温度增加1℃，植物发芽提前2.5 ~ 7 d，秋季物候推迟，延长了植物的生长期。在北美洲，城市植物比郊区植物发芽时间提前4 ~ 9 d，落叶时间推迟2 ~ 16 d（Zhang et al.，2004）。同样美国东部地区城市阔叶林春季发芽时间比郊区提前了5.7 d（White et al.，2002）。这一现象在日本（Doi and Katano，2008），以及中国的北京（Luo et al.，2007）和长三角地区（韩贵锋等，2008）均得到了验证。

植物物候期的改变除受温度的影响，还受降水、土壤含水量和土壤养分等影响（Celestian and Martin，2004；Morgenroth et al.，2013）。地中海地区树木开花期随雨季的延迟而推后且开花量减少（Penuelas et al.，2004；Prieto et al.，2008）。李晓梅等（2009）研究表明，新疆荒漠区旱生灌木的种子萌发速率随土壤含水量的增加而提高。Wielgolaski（2001）研究发现，树木的发芽和开花时间与土壤pH值呈负相关，施肥能够推迟农作物的萌发、开花和成熟时间（Khan et al.，2008）。城市硬化地表导致土壤因子发生改变，但硬化地表与植物物候期之间的关系的相关研究还未见有报道。

1.4.3 植物生长

植物生长所必需的生态因子包括光照、空气、温度、水分、养分。除光照外，其他因子均被城市硬化地表改变。城市植物的生长受到多重因子综合作用的影响（Lu et al.，2010；Lawrence et al.，2012），主要可以归结为以下几个方面。

1.4.3.1 水分平衡

城市硬化地表阻碍了植物对水分的吸收、传输和蒸发散失等过程，影响植物体内水分平衡。

硬化地表一方面减少了降水的入渗，树木根系的水分来源被截断，仅靠“树池”吸收部分雨水；另一方面硬化地表前需压实土壤，改变了土壤结构，增加了土壤紧实度，降低了土壤孔隙度，土壤容重增加甚至形成板结，使得城市土壤渗透性以及保水储水能力降低，土壤性质的这些变化降低了土壤有效水含量（Berrang et al.，1985）。土壤水势减小，植物根系吸水力降低（Kozlowski，1999；Balakina et al.，2005；Mueller and Day，2005）。土壤紧实度增加导致植物根系生长受阻（韩继红等，2003），根系数量减少，进一步降低了根系的吸水能力。但也有研究表明，在干旱缺水地区硬化地表降低了土壤水分蒸发散失量，有利于植物保水（毛学森和曾江海，2000）。

硬化地表对环境因子的影响较复杂，导致植物蒸腾耗水过程也变得复杂。叶片水势是表示植物水分亏缺或水分状况的一个直接指标，与土壤 - 植物 - 大气循环系统中的水分运动规律密切相关（Close et al.，1996）。然而，也有研究发现，与叶片水势相比，气孔导度能更好地反映土壤水分状况。当土壤含水量降低到一定程度时，植物地上部分对土壤含水量的响应比根系更明显，气孔关闭以减少植物的水分散失。

植物气孔导度随城市环境特征和空气湿度的变化而变化，植物通过叶片气孔来调控蒸腾耗水（图 1–1）。硬化地表辐射增加，植物叶片温度升高，水汽压亏缺增加，导致气孔导度增大，增加了植物叶片水分蒸腾散失；当叶片水汽压亏缺增加到一定的阈值，导致植物气孔关闭，叶片水分蒸腾量减少（Kjelgren and Montague，1998）。

硬化地表上方空气湿度降低，植物生长在高温低湿的环境下，加速了蒸腾耗水，与此同时，叶片气孔对水汽压亏缺的敏感性增加。植物在环境胁迫下产生自适应能力，

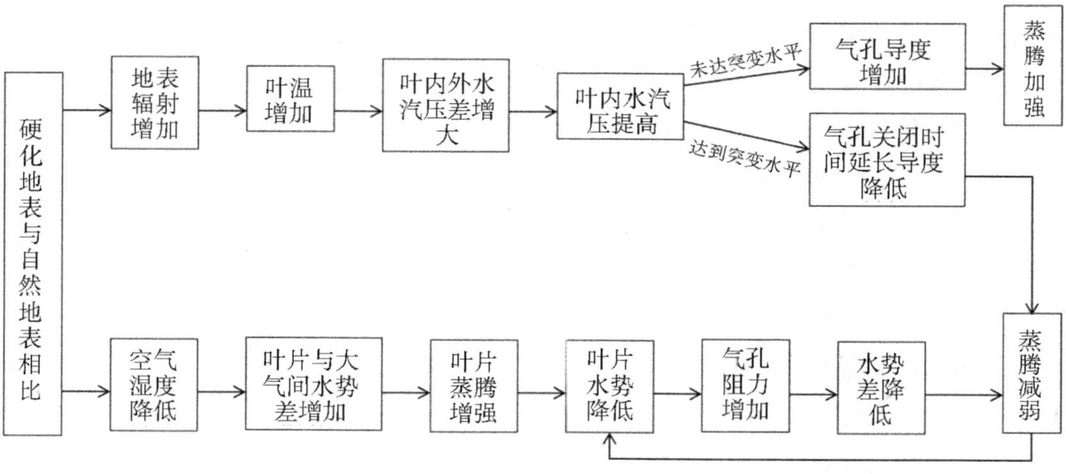

图 1–1　植物水分利用对城市硬化地表的响应过程

为了避免在干旱条件下水分持续散失，植物叶片气孔适度关闭，气孔阻力增加，减少植物水分散失。硬化地表改变土壤含水量和空气温湿度，严重阻碍了植物体的水分运输以及叶片的蒸腾耗水过程，直接影响了植物的水分平衡，引起植物生长受阻。

1.4.3.2 气体交换

目前我国使用的地面硬化材料大多透水透气性差，城市硬化地表阻碍了土壤和大气间的气体交换，影响了植物的光合作用、呼吸作用及蒸腾作用等重要的生理生态过程。

硬化地表影响植物的光合作用，减小了植物叶片的光合速率（Montague et al.，1998）。原因是硬化地表空气温度过高，土壤含水量过低，超过阈值时会引起叶片气孔关闭（Masle，1998）。植物叶片光合作用吸收二氧化碳要以水分的蒸腾散失为代价（气孔张开），而硬化地表上树木面临没有足够的水分用于蒸腾，故气孔关闭，导致光合受阻（Kjelgren and Clark，1993；Pataki et al，2011），改变了植物与大气间氧、二氧化碳和水等的交换。

硬化地表下土壤孔隙度降低，空气含量减少，根系有氧呼吸受阻，尤其在降水后，土壤易形成厌氧环境，导致根系腐烂，影响植物根系生长。有研究表明，对根际土壤实施人为钻孔通气以提高土壤与大气间的气体交换，能够有效改善行道树生长势衰弱的状况（侯晓丽，2006）。

1.4.3.3 养分循环

植物生长所需的大部分营养物质主要通过土壤供给。土壤有机质减少会降低土壤微生物的活性，影响土壤理化性质及生物特性；土壤氮素供应不足会使植物叶片变黄，枝条细弱，减慢树木生长速度；土壤磷素供应不足会影响树木枝条分蘖和根系生长。由于硬化地表的阻隔，城市中树木的残枝和落叶多被当作垃圾运走处理，树木的有效养分难以回到土壤，中断了树木与土壤间的养分循环，土壤有机质含量降低，养分匮乏。张崇宝（2004）对长春市街道下土壤进行研究，发现有机质含量过低。城市硬化地表区域土壤肥力和氮、磷、钾含量明显低于自然植被覆盖区域土壤。

硬化地表下土壤温度过高，一方面会影响土壤微生物的活动以及矿物质、有机质的分解，另一方面会降低植物根系活力，加速根系的衰老（Martin and Ingram，1991），抑制根系对土壤养分和水分的吸收。同时，硬化地表土壤紧实度增加造成的土壤厌氧环境，导致好氧微生物的活动减少，反硝化增加（王良睦等，2003），削弱了根系吸收矿质营养的能力（Misra et al.，1996；Kozlowski，1999），并且土壤压实后植物根系生长受阻（Grabosky and Bassuk，1996），细根减少，根系变得短粗，植物根系对于养分的吸收量明显减少（Kopinga，1991；Knops et al.，2002；Pouyat et al.，2007），导致植物生长减弱甚至死亡（Gebauer et al.，2011）。硬化地表下土壤含水量减少，降低了可溶性离子的扩散能力及其利用效率，根系对土壤养分的吸收减少。硬化地表还会引起土壤盐分积累，产生盐渍化，影响水分渗透和离子的吸附过程（刘贵平，2008），进而影响根系对土壤养分的吸收。

城市硬化地表影响了植物的养分循环过程，降低了植物的生长速度。

1.4.3.4 人类活动

城市硬化地表铺装过程，机械和人为的碰撞破坏行道树的枝条甚至树干，危害行道树的生长（Lakovoglou et al.，2001）。同时在城市规划建设中，行道树种单一、配置不合理以及使用融雪剂也可能减慢行道树的生长速度，甚至危害树木生殖器官，导致树木死亡。

综上所述，导致城市绿化植物生长衰弱的因素很复杂，但城市硬化地表下土壤问题是最根本的诱发因素。根系是植物生存的基础，城市硬化地表下土壤的透水透气性差，土壤温度变化幅度大，导致了土壤呼吸以及土壤与大气间的气体交换受阻，土壤中氧气减少，二氧化碳积聚，微生物数量减少，有机质不易被分解，土壤养分含量降低等，严重阻碍了植物根系的生长，给城市绿化植物的生长带来诸多不利影响，使得植物生长势减弱。

1.4.4 地表硬化类型差异

硬化地表阻碍了植物的气体交换、水分平衡和养分循环等（Montague and Kjelgren，2004；Hardin and Jensen，2007；肖荣波等，2007），导致城市植物无法得到充足的水、肥、气、热补给，严重影响植物的正常生长（Tracey and Rorbert，2000；Sarah and Chris，2004）。针对硬化地表对植物生长的这些影响，在国内外城市建设中，开始普遍推广使用透水材料来覆盖硬化地表（Volder et al.，2009；Morgenroth and Visser，2011；Mullaney and Lucke，2014；Mullaney et al.，2015b；Mullaney et al.，2015c）。北京自2008年，新建以及改建的人行道、停车场、广场等都基本采用了透水材料硬化地表。透水材料硬化地表因其高渗透性，一方面有利于降水下渗，有效减少地表暴雨径流，降低城市洪涝灾害的发生；另一方面增加了地表透气性，有利于土壤与大气间的气体交换，改善土壤理化特性，促进植物根系生长（Bean et al.，2007；Dietz，2007）。使用透水材料硬化地表以期望改善树木的生长环境，但似乎并未能如愿（Qin et al.，2016），树木生长衰弱的状况依然存在。因此，探讨硬化地表造成植物生长衰弱的原因对于城市绿化建设十分必要。

透水硬化地表最直接的表现在于对土壤含水量的影响。透水地表有利于降水下渗，能够增加土壤含水量。但这一假设并没有得到实验结果的证实。Morgenroth 和 Buchan（2009）研究结果表明，透水地表和不透水地表下土壤含水量无显著差异。Morgenroth 等（2013）进一步研究还发现，透水地表和不透水硬化地表下的土壤含水量差异与硬化材料的通透性有关。

目前，不同硬化地表类型对植物生长的影响也有一些研究报道。孔正红等（1998）研究发现，不透水硬化地表（水泥面）上生长的悬铃木生产力明显低于透水地表（水泥砖面、踏实土和花坛土）。赵丹等（2012）、宋英石等（2013；2014）研究表明，不透水硬化地表上生长的银杏叶片光合作用显著低于不完全硬化地表和无硬化地表。Montague 和 Kjelgren（2004）分析 6 种不同地面硬化类型（沥青、混凝土、砾石、火山岩、松皮、草皮）下的植物生长状况，发现不透水硬化地表（沥青）下最差。Morgenroth（2011）以及 Morgenroth 和 Visser（2011）研究表明，透水地表上生长的植物根系以及地上部树枝的生物量均高于不透水地表上生长的植物。但也有一些研究发现，不同硬化地表类型对树木生长没有表现出显著差异，透水硬化地表对树木的生长也没有产生明显的益处。如 Volder 等（2009）研究不同硬化地表类型对枫香树（15 ~ 18 年树龄）生长的影响，结果表明透水地表、不透水地表和无硬化地表（对照）间枫香树的生长无显著差异。Viswanathan 等（2011）研究发现，透水和不透水地表均增加了根系的二氧化碳浓度，减少了根系生物量。这些研究结果不一致的原因需要更深入的探讨。

1.4.5 植物类型差异

不同植物物种对硬化地表的响应不同。不同植物物种对周围环境条件的需求存在差异，且对环境因子变化的敏感性也不一致。Graves（1994）调查研究发现，不同树种或同一树种的不同品种对硬化地表引起的高温的响应存在差异，在城市绿化时建议优先选用耐高温性的树种或品种。硬化地表下海棠树、柳树和枫树等对高温环境的敏感性大，叶片气孔及时关闭，与草皮地表相比减少了水分散失量，而悬铃木在硬化地表下的水分散失量则略高于草皮地表（Montague et al.，1998；Montague and Kjelgren，2004）。

不同树龄的植物对硬化地表的响应不同。树龄较小的植物由于根系较小，生长不稳定，更易受外界环境变化的影响；同时树龄较小的树木叶片稀疏，冠层较小，形成的郁闭度小，对硬化地表形成的高温环境更敏感。

不同种植密度的植物对硬化地表的响应不同。植物种植密度低，叶片比例相对减少，植物冠层形成的郁闭度降低，使地表接收到的太阳辐射总量增加，地表长波辐射增加，叶温上升，增大了叶片受高温胁迫的风险（Montague and Kjelgren，2004）。

1.5 常用研究方法

国内学者专门针对硬化地表对植物生长的研究相对较少，主要集中在地表硬化对城市土壤的影响，物理特性（温度、水分、压实、土壤呼吸等）（邹丽敏等，2004；李丽雅等，2006；温洋和王焕新，2006）的改变，包括土壤被压实，孔隙度降低，土壤板结，地表径流增加，土壤含水量降低，土壤二氧化碳含量升高，土壤有机质、氮、磷、钾含量降低（Zhao et al.，2012b；孔正红等，1998）。硬化地表对树木光合特性的影响，集中在净光合速率、气孔导度、叶绿素荧光参数等方面（王晓娟等，2009；赵丹等，2012；付芝红等，2013；宋英石等，2013；宋英石等，2014），硬化地表导致温度升高是影响植物光合特性的主要环境因子（Song et al.，2015）。有些关于硬化地表对树木叶片活性氧防御酶系统（如SOD、POD、ASP、CAT酶活性）的研究，结果表明硬化地表上生长的树木活性氧自由基增加，脂质过氧化加剧，质膜透性增加，活性氧防御酶活性应激增高，影响植物光合特性，植物长势衰弱（李明和王根轩，2002；齐丹，2007；王晓娟等，2009）。一般认为硬化地表不利于植物的生长，与无硬化覆盖地表相比，植物的生长变缓，死亡率增加。

国外有关硬化地表及其对植物生长的影响的研究相对较多（表1-1），包括土壤理化性质、树木地上部生长、叶片气体交换、水分平衡、根系生长和养分循环等。但各研究结果间差异较大，甚至相互矛盾。大部分的研究认为，硬化地表提高地表和土壤温度以及土壤二氧化碳浓度，降低了土壤含水量，导致树木根系生长减缓，抑制树木生长（Grabosky and Bassuk，1996；Viswanathan，2010；Viswanathan et al.，2011；Volder et al.，2014；Grabosky and Bassuk，2016）。也有些学者则认为硬化地表对树木的生长无显著影响（Volder et al.，2009），甚至认为在一定程度上有利于树木的生长（Morgenroth and Visser，2011；Mullaney et al.，2015a；Mullaney et al.，2015b；Mullaney et al.，2015c）。对于造成这种研究结果存在很大差异的生理生态学机制还不清楚。

目前，国内外主要采用原位观测和盆栽模拟两种实验手段研究硬化地表对树木生长的影响，这两种实验方法均存在各自的优缺点。

（1）原位观测（Zhao et al.，2012a）：选取典型植物和地点，实地监测环境因子和植物生理指标，对比分析不同硬化地表类型对植物生长的影响。该方法能全面真实地反映城市地表硬化对植物生理生化指标的综合影响，被很多国内外学者选择使用（Volder et al.，2009；Morgenroth and Visser，2011；Mullaney et al.，2015b；Mullaney et al.，2015c；王晓娟等，2009；赵丹等，2012；付芝红等，2013；宋英石等，2013；宋英石等，2014），但由于植物来源、实验环境、人为因素及土壤本底值存在较大的不确定性，很难保证实验条件的一致性。

（2）盆栽实验（Hagishima et al.，2007）：盆栽实验是一种半控制实验，该方法通过控制实验所需要的土壤环境条件、气候条件、树木生长本底值，保证土壤来源和植物管理的一致性，较好地避免了一些干扰因素的影响，但植物生长会受到盆体大小的限制，盆栽植物与原位生长的植物在能量平衡、根冠比、结构和碳分配格局等方面区别很大（McLaughlin et al.，2007），较难反映植物实际环境。所以，通过盆栽树苗作为实验对象的研究得到的结论不能全面、真实地代表城市环境下原位生长的植物对城市环境变化的响应规律，且无法对植物生长进行长期和累积效应的研究。

将实验模拟和原位观测相结合，建立较大面积的人工硬化地表试验场，并种植多种树木，通过长期观测硬化地表形成的环境和植物生长变化过程，探讨硬化地表通过环境改变对植物生长发育的影响机制，揭示植物对城市环境变化的生态响应和适应机制，能更全面地反映城市硬化地表对植物的生境和生长代谢过程产生的影响，研究结果对指导城市规划以及绿化植物的维护和管理具有非常重要的参考价值。

表 1–1　国外有关硬化地表及其对植物生长影响的研究

硬化类型	测定指标	主要结论	参考文献
人行道	地表温度	树冠层有效降低了硬化地表引起的温度升高	Narita et al.，2008
沥青、混凝土、花岗岩、草皮	根际、地表、大气温度	根际和地表温度以沥青地表最高，草皮地表最低	Celestian et al.，2004
草地、树皮、碎石	地表、土壤温度升高	树皮和碎石地面显著提高了地表和土壤温度	Byrne et al.，2008
草地、沥青	地表温度	沥青地表温度比草地地表温度高 20 ~ 25℃	Kjelgren et al.，1998
透水、不透水、对照	土壤含水量、通气性	透水和不透水处理土壤含水量和通气性差别不显著	Morgenroth et al.，2009
透水、不透水（有无压实和砂砾基层）	土壤含水量、化学性质	地表硬化改变土壤含水量和化学性质，取决于硬化材料的孔隙度和基层设计	Morgenroth et al.，2013
透水、不透水、对照	根系生长	硬化地表抑制根的生长	Volder et al.，2014
砂石混合土、对照	根系生长	砂石混合土抑制根的生长	Grabosky et al.，1996
透水、不透水（有无压实和砂砾基层）	根生物量、根丰度	根生物量透水地表高于不透水地表，根丰度有基层处理比无基层处理减少	Morgenroth，2011
透水、不透水、对照	土壤二氧化碳浓度、根系生长	硬化地表提高了土壤二氧化碳浓度，抑制根系生长	Viswanathan et al.，2011
透水、不透水、对照	土壤理化性质、根系生长	硬化地表抑制了根系的生长。相同硬化地表下受土壤质地影响	Viswanathan，2010

续表

硬化类型	测定指标	主要结论	参考文献
不透水、透水（无、100 mm、300 mm 深基层）	土壤含水量、温度、株高、胸径、叶片元素含量	透水地表有利于树木生长，但有基层的情况下则不同	Mullaney et al.，2015b
透水、不透水、对照	土壤含水量、温度、树木生长、光合特性、叶片水势	树木直径相对生长率、叶片气体交换和水势无显著差别	Volder et al.，2009
草地、砂砾、混凝土、沥青	微环境、光合特性	不同季节各处理对树木生长的影响不同	Mueller et al.，2005
沥青、砂砾、火山石、混凝土、松树皮、草皮	地表辐射、温度、气体交换	草皮地表温度最低，树木叶片气孔导度高于其他地表	Montague et al.，2004
透水、不透水（有无压实和砂砾基层）	株高、基径、地上生物量	无基层的透水地表下生长增加，有基层处理无显著增加，不透水地表对树木生长无抑制作用	Morgenroth et al.，2011

第二章　研究内容与方法

2.1　研究区域概况与研究对象

试验地设在北京市昌平区马池口镇丈头村种子管理站（40°12′N，116° 08′E）。该站位于北京市西北部，属暖温带大陆性季风气候，全年四季分明。年均气温为12.1 ℃，年平均降水量为550.3 mm，且多集中于夏季的6 ~ 8月。土壤类型为潮土，质地为砂壤，土壤基本理化性质为：有机质含量为16.4 g · kg^{-1}，全氮含量为0.9 g · kg^{-1}，速效磷含量为38.1 mg · kg^{-1}，速效钾含量为102.1 mg · kg^{-1}，土壤pH值为8.3。整个试验期间气象因子变化见图2–1。2013年和2014年大气温度季节变化相似，2013年降水主要集中在6 ~ 8月，2014年降水主要集中在5 ~ 6月。2014年降水主要集中在树木生长的初期，在树木生长旺盛期降水量较少，水分供应不足，不利于树木的生长。

研究树种为 1 种常绿树种油松（Pinus tabulaeformis）和 2 种落叶树种白蜡（Fraxinus chinensis）和元宝枫（Acer truncatum）。3 种树木均选用 1 年生幼苗，其中油松和元宝枫购买于北京市怀柔区倚众绿篱苗圃，白蜡购买于北京市通州区瀚隆伟业园林工程有限公司。试验前对各处理间树木株高和基径进行组间比较，结果表明各处理间树木本底值无显著差异（表 2–1）。

表 2–1　试验前被测树种株高与基径

树种	密度	株高 /cm				基径 /mm			
		对照	透水	不透水	*P* 值	对照	透水	不透水	*P* 值
油松	0.5 m	77.4 ± 0.17	77.4 ± 0.07	77.4 ± 0.36	0.948	14.0 ± 0.10	14.1 ± 0.18	14.0 ± 0.06	0.472
	1.0 m	77.3 ± 0.36	77.1 ± 0.42	77.5 ± 0.33	0.560	14.0 ± 0.07	14.2 ± 0.22	13.9 ± 0.13	0.248
	2.0 m	77.2 ± 0.45	77.4 ± 0.47	76.9 ± 0.74	0.568	13.9 ± 0.20	14.0 ± 0.24	13.9 ± 0.14	0.676
	P 值	0.874	0.661	0.361		0.919	0.804	0.502	
白蜡	0.5 m	115.9 ± 5.5	115.7 ± 1.8	117.1 ± 4.4	0.926	14.9 ± 0.48	14.9 ± 0.11	14.6 ± 0.42	0.746
	1.0 m	120.4 ± 3.0	117.3 ± 3.3	121.7 ± 2.0	0.222	15.2 ± 0.60	14.7 ± 0.38	14.9 ± 0.04	0.380
	2.0 m	121.4 ± 3.7	117.6 ± 4.2	116.7 ± 0.6	0.341	14.9 ± 0.78	14.6 ± 0.31	14.9 ± 0.14	0.681
	P 值	0.297	0.751	0.166		0.687	0.442	0.401	

续表

树种	密度	株高 /cm				基径 /mm			
		对照	透水	不透水	*P* 值	对照	透水	不透水	*P* 值
元宝枫	0.5 m	45.0 ± 0.83	44.4 ± 3.21	44.3 ± 2.99	0.932	6.90 ± 0.36	6.90 ± 0.28	6.59 ± 0.42	0.529
	1.0 m	45.1 ± 1.13	44.5 ± 1.57	43.5 ± 1.96	0.487	6.82 ± 0.22	6.43 ± 0.42	6.84 ± 0.41	0.364
	2.0 m	44.9 ± 1.15	43.8 ± 3.35	45.3 ± 2.37	0.763	6.62 ± 0.11	6.62 ± 0.23	6.82 ± 0.42	0.622
	P 值	0.966	0.947	0.691		0.443	0.268	0.740	

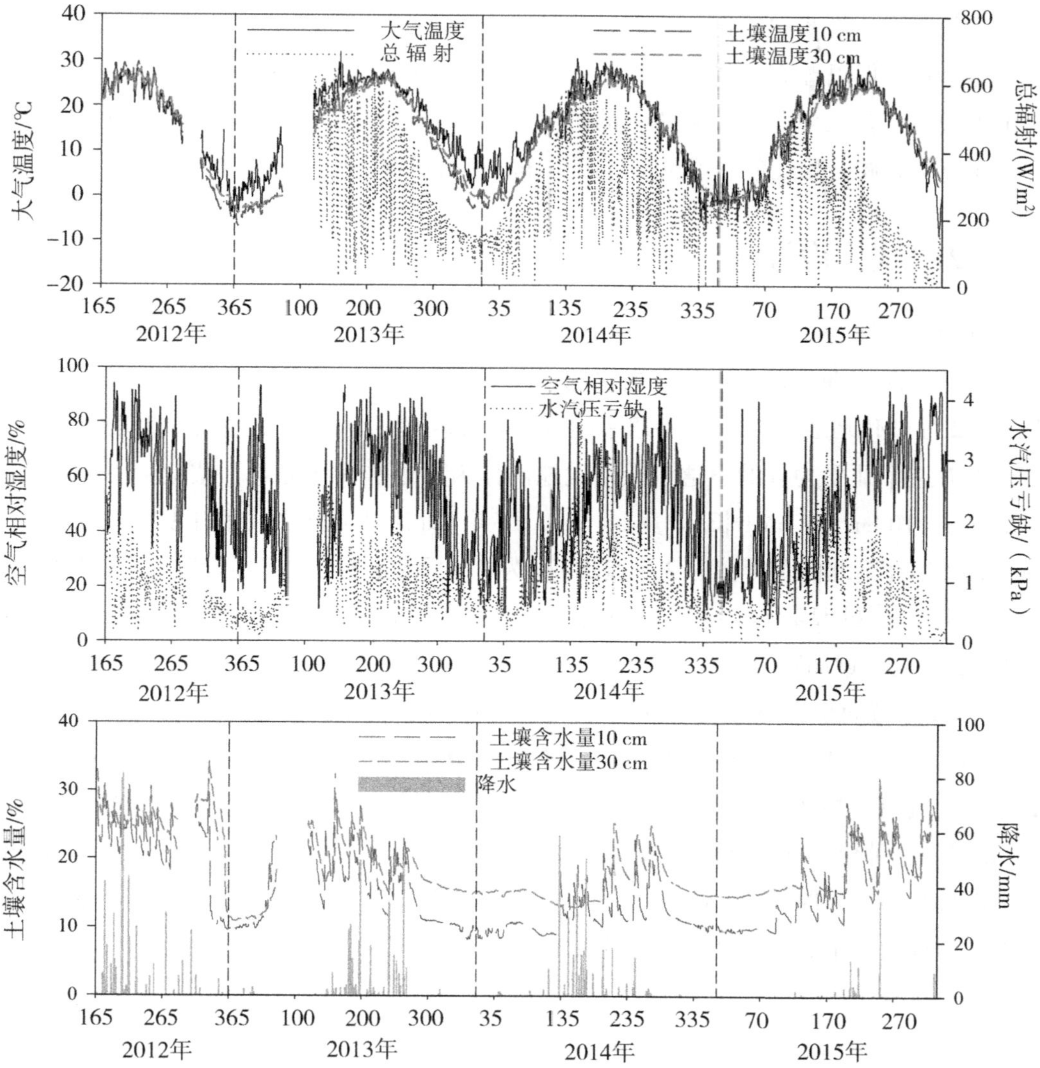

图 2-1　整个实验期气象因子变化

（1）油松为常绿乔木。中国特有树种。喜光，抗寒能力强，抗瘠薄，抗风，在土层深厚、排水良好的酸性、中性或钙质黄土上，−25 ℃的气温下均能生长。油松为深根性树种，主根发达，垂直深入地下；侧根也很发达，向四周水平伸展，多集中于土壤表层。

（2）白蜡为落叶乔木。喜光，稍耐阴，喜温暖湿润气候，耐寒，耐干旱，对土壤要求不严，碱性、中性、酸性土壤上均能生长。萌芽、萌蘖力均强，耐修剪，生长较快，寿命较长。抗烟尘，对二氧化硫、氯、氟化氢有较强抗性。果形独特美观，可用作庭阴树、行道树或风景林。

（3）元宝枫为落叶乔木。耐阴，喜温凉湿润气候，耐寒性强，但太过干冷的气候则对生长不利，在炎热地区也如此。对土壤要求不严，在酸性土、中性土及石灰性土中均能生长，但以湿润、肥沃、土层深厚的土壤中生长最好。深根性，生长速度中等，病虫害较少。对二氧化硫、氟化氢的抗性较强，滞尘力强。元宝枫树形优美，叶片在秋天变凉的时候会变红色或黄色，可以用作城市行道树和庭院树。

2.2 试验设计

试验共占地约 3 510 m^2（54 m × 65 m，东西 × 南北），按照东西边平均分成 3 个区域，从东至西分别设置为对照、透水地表和不透水地表处理，以自然无覆盖地表作为对照，2 种硬化地表类型为以渗透率超过 0.4 mm/s 的透水砖铺设地面作为透水硬化地表，以渗透率几乎为 0 的不透水砖铺设地面作为不透水硬化地表。试验所用砖的大小为 20 cm × 10 cm × 6 cm（长 × 宽 × 高），购买于北京亚泰雨洪技术开发有限公司。每种地表类型在南北向上等分为 3 个区域，作为 3 个重复，每个重复内设置 3 个种植密度，树木行距以及株距均为 0.5 m、1.0 m 和 2.0 m（树苗采用插空间隔种植的方式）。0.5 m 和 1.0 m 密度区域面积分别为 9 m^2（3 m × 3 m）和 25 m^2（5 m × 5 m），均种植树苗 23 棵；2.0 m 密度区域面积为 80 m^2（10 m × 8 m），种植树苗 18 棵。

2012 年 4 月 12 日整地铺设地面，在铺设时根据相应种植密度预留出 20 cm × 20 cm 的方形树坑以种植树苗。4 月 16 日移栽苗木，油松、元宝枫、白蜡均为 576 棵，共计 1 728 棵。每种树木在不同硬化地表类型下均种植一定的备用树，以便第二年对死亡的树木进行补种。为保证苗木的成活率，在种植初期进行常规灌溉，2013 年停止灌溉。

试验地布置示意图见图 2–2、彩图 2–2。

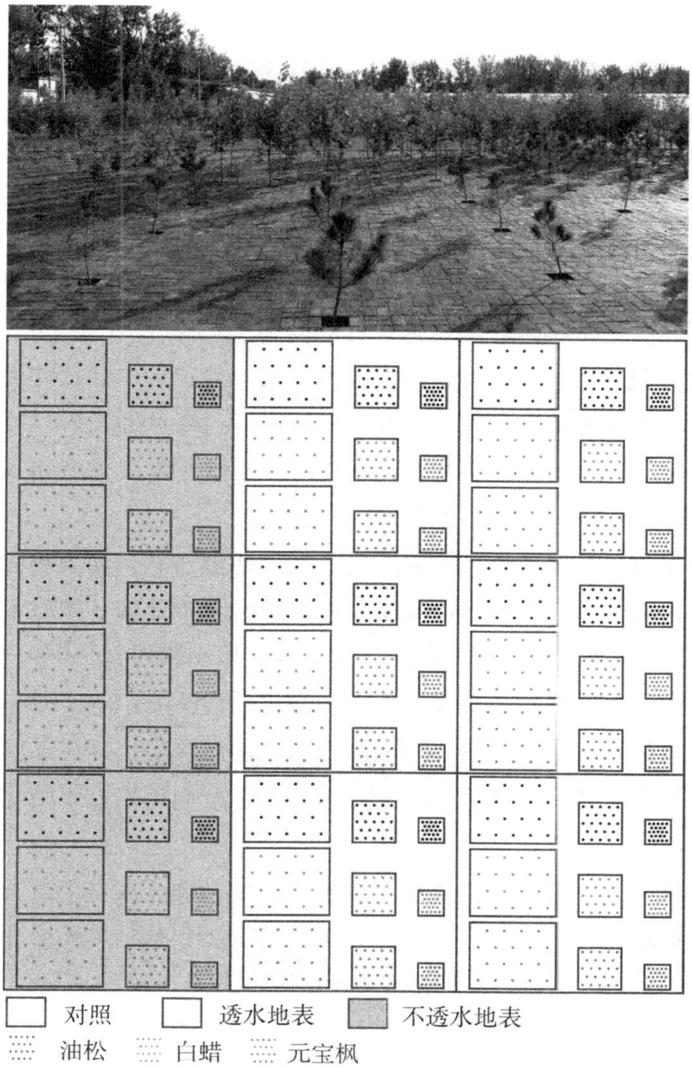

图 2–2　试验地布置示意图

2.3　研究目标

（1）揭示不同硬化地表类型对树木生长微环境因子的影响。

（2）测定土壤理化性质和微生物群落，揭示土壤理化性状及微生物群落对硬化地表的响应机制，为评价地表硬化对城市土壤细菌及土壤生态的影响提供科学依据。

（3）探明不同硬化地表类型引起的气候和土壤变化对树木生长的综合影响过程。

（4）明确不同硬化地表类型对不同树种的影响差异性，以及树木光合特性对硬化地表（干旱胁迫和热胁迫）的响应机制。

（5）通过综合分析比较不同硬化地表类型、不同树种和不同种植密度下树木的生长规律及差异，为城市建设及绿化维护管理提供数据基础，以有效缓解城市化发展过程中面临的城市热岛效应和水资源短缺等问题。

2.4 研究内容

以北京市常见绿化树种油松、白蜡和元宝枫为研究对象，模拟三种不同硬化地表类型和种植密度，测定土壤微环境、理化性状及微生物群落结构与功能，并利用 LI-6400 光合测定仪和包裹式茎流计等仪器及技术，通过测定树木叶片的生理生态学效应参数，研究不同硬化地表类型和种植密度下土壤环境、树木生长指标及光合参数的变化规律和差异，探讨树木生长环境及发育过程对不同硬化地表类型和不同种植密度的响应机制。具体研究内容主要包括以下几个方面：

（1）不同硬化地表类型对微环境因子的影响。通过连续自动观测 3 种树木不同硬化地表类型下的地表温度、土壤温度和土壤含水量，分析比较 3 种地表类型间环境因子的日变化、季节变化及年际变化，探讨硬化地表对植物微环境的影响过程。

（2）不同硬化地表类型对土壤理化性状和微生物群落的影响。对不同硬化地表类型环境下 3 个树种林下 5 个土层的土壤细菌进行高通量测序，探讨不同硬化地表类型对土壤细菌群落及土壤环境的影响机制与影响途径，全面评价城市硬化地表环境下土壤生态系统。

（3）不同硬化地表类型和种植密度对树木生长的影响。在整个试验时期测量不同硬化地表类型和种植密度下油松、白蜡和元宝枫的株高和基径生长变化，分析不同处理形成的环境因子变化对 3 种树木生长过程的影响。

（4）不同硬化地表类型和种植密度对树木物候期的影响。通过记录不同硬化地表类型和种植密度下白蜡和元宝枫发芽和落叶的时间过程，比较不同处理下白蜡和元宝枫发芽和落叶时间的差异。

（5）不同硬化地表类型对树木叶片生理生化过程的影响。通过测定不同硬化地表类型下油松、白蜡和元宝枫叶片的比叶重、叶片含水量、叶绿素含量、光合特性季节变化、光合特性日变化及光响应曲线等指标，探讨油松、白蜡和元宝枫对不同硬化地表类型的响应差异与主要生理生化响应机制。

2.5 测定指标及方法

2.5.1 气象因子

在试验地附近较为开阔的一片空地上，避免树木和其他障碍物的影响，安装自动气象站连续记录环境参数：大气温度、空气相对湿度、太阳总辐射、降水量、土壤温度（10 cm和30 cm）和土壤含水量（10 cm和30 cm）。太阳总辐射：采用日照强度计（CMP-11，Kipp and Zonen，Delft，Netherlands）测定。日照强度计与大气温度和空气相对湿度传感器（HMP45C，Vaisala Inc.，Helsinki，Finland）共同安装在3 m高的标准桅杆上。降水量：采用雨量计（TE525MM，Campbell Scientific，Inc.，Logan，UT）测定。土壤温度传感器（109，Campbell Scientific，Inc.，Logan，UT）和土壤含水量传感器（ECH_2O，Decagon Devices，Inc.，Pullman，WA，USA）均埋设在10 cm和30 cm的深度。水汽压亏缺通过大气温度和空气相对湿度计算得到（Campbell and Norman，1998）。各传感器均连接在CR1000数据采集器上进行连续观测，采集间隔为10 min。

2.5.2 土壤因子

2.5.2.1 土壤微环境

（1）地表温度：将红外温度传感器（Optris CS，Optris GmbH，Berlin，Germany）垂直安装在距离地面1 m的支架上，并在传感器顶部安装透明塑料罩以防止降水的影响，另一端连接在CR1000数据采集器上，采集间隔为10 min。采用手持式红外测温仪（Optris MS，Optris GmbH，Berlin，Germany）测定不同硬化地表类型和种植密度下地表温度，在每个小区内随机选取5～10个点，在距地面1 m左右的位置测定地表温度，以每天9:00、12:00、15:00、18:00四次测得的平均值作为地表温度日均值。

（2）土壤温度：将热电偶线埋于土壤表面下20 cm处，同样另一端连接在CR1000数据采集器上，采集间隔为10 min。

（3）土壤含水量：采用ECH_2O监测系统测定，该系统由EM50数据采集器和EC-5土壤含水量传感器组成，EC-5传感器埋于土壤表面以下20 cm处，EM50数据采集器数据采集间隔为10 min。采用TDR300（Spectrum Technologies Inc.，Plainfield，IL，USA）测定不同硬化地表类型和种植密度下土壤含水量，在每个小区随机选取5个点，测量深度为20 cm。

各连续监测设备传感器均安装在样地中心位置。

2.5.2.2 土壤理化性质

土壤pH值用pH计测定，称取5 g 通过1mm 筛孔风干土样，置25 mL 烧杯中，加蒸馏水混匀，静置30 min，用校正过的pH计测定悬液的pH值；土壤总碳和总氮用元素分析仪测定，土壤铵态氮和硝态氮采用连续流动分析法测定，土壤速效磷和速效钾测定分别用碳酸氢钠法和火焰光度计法（鲁如坤，2000）。土壤可溶性总有机碳的测定采用氯仿熏蒸–浸提–非色散红外吸收法：称取25 g鲜土，用100 mL 0.5 mol/L的K_2SO_4溶液萃取，在摇床上振荡30 min，用Whatman滤纸过滤，滤液用总有机碳分析仪（Elementar，Liqui TOC Ⅱ，Germany）测定。土壤有机质由土壤可溶性总有机碳计算而得，计算公式：土壤有机质（g/kg）=土壤有机碳（g/kg）×1.724。

2.5.2.3 土壤微生物群落

称取0.500 g 土壤，用试剂盒（FastDNA SPIN kit for soil，MP Biomedicals，Santa Ana，CA，USA）提取土壤总DNA。提取的DNA质量用溴化乙锭（EB）染色的1%琼脂糖凝胶进行检测（杨雨萍，2020），并采用Nanodrop ND-2000c UV- Vis spectrophotometer （NanoDrop Technologies，Wilmington，DE，USA）测定DNA的浓度和纯度，提取的DNA样本存储于-80 ℃冰箱中用于后续的细菌群落测定。采用PCR（聚合酶链式反应）扩增技术对土壤细菌16S rRNA基因的V3-V4区进行扩增，正向引物338F：5'-ACTCCTACGGGAGGCAGCA-3'和反向引物806R：5'-GGACTACHVGGGTWTCTAAT-3'。PCR扩增子用PCR纯化试剂盒（Axygen）纯化，用PicoGreen dsDNA分析试剂盒（Invitrogen）定量。然后将扩增子集中在等摩尔浓度中，在Illumina MiSeq平台使用2×300 bp双端修饰进行测序。双末端测序得到的初始序列利用微生物生态学定量研究去除冗余序列，包括长度小于150 bp，含有模糊碱基或不确定核苷酸的序列，利用USEARCH（扩增子分析系统）鉴定并去除嵌合体。采用UCLUST（扩增子数据聚类）法根据序列97%的相似度对OTUs（高通量测序数据分析的分类学元，根据不同的相似度，将16rRNA相似度高于97%的定义为一个OTU，每个OUT代表一个物种）进行分类，小于总序列0.001%的OTU被删除。群落多样性指数（Chao1和Shannon Wiener index）在MOTHUR（OTU分析软件）计算（http://www.mothur.org/）。

2.5.3 树木生长指标

2012 ~ 2015 年，采用常规测量方法对每个处理标记的树木进行树木生长参数的测定，记录树苗存活率及株高（cm）与基径（mm）。

存活率：树木生长稳定 4 个月后（2012 年 8 月）记录各处理内树木成活的棵数，各处理内树木成活数与总棵数的比值即为树木成活率。

株高：采用钢卷尺手动测定树木从地面上根茎到树梢的高度，在树木生长季每月月初测定一次，精度为 0.1 cm。

基径：采用有数字显示的游标卡尺（CD-15，Mitutoyo，Japan）测定地面根颈处的树干直径，与株高测定时间一致，精度为 0.01 mm。

2.5.4 物候期

2.5.4.1 发芽期

2014 年 4 月 7 日记录每个处理内白蜡发芽棵数，当整棵树 50% 以上枝条出现新芽即视为发芽，发芽棵数与总棵树的比值即为发芽率。

2015年3月16日开始每隔1天记录白蜡和元宝枫发芽情况。将发芽分为5个阶段（Phase 0 ~ Phase Ⅳ），分别为：0=休眠期；Ⅰ=芽膨大；Ⅱ=芽磷破裂，芽顶端出现叶片；Ⅲ=出现第1片叶；Ⅳ=出现2片以上叶片（Santini et al.，2004）。树木发芽阶段的划分见图2-3。当整棵树50%以上枝条达到某一阶段时，即记入该阶段。

图 2-3 白蜡和元宝枫发芽阶段（上为白蜡，下为元宝枫）

2.5.4.2 落叶期

2015年10月1日开始每隔1天记录白蜡和元宝枫叶片变黄脱落情况。将落叶分为5个阶段（Phase 0 ~ Phase Ⅳ），分别为：0=无变黄叶片；Ⅰ=整树1/4叶片变黄；Ⅱ=整树1/2叶片变黄；Ⅲ=整树3/4叶片变黄；Ⅳ=整树叶片变黄。与发芽期相同，当整棵树50%以上枝条达到某一阶段时，即记入该阶段。

落叶 50% 达到阶段Ⅰ的时间与发芽 50% 达到阶段Ⅳ的时间的差值，即为树木生长期。

2.5.5 叶片水平上指标

2.5.5.1 比叶重和叶片含水量

（1）比叶重。选取当年生成熟叶片，用蒸馏水洗净，擦干，采用直径为 1 cm 的圆形打孔器避开叶脉打孔。2013 年 8 月、9 月、10 月和 2014 年 6 月、8 月、9 月、10 月共取样 7 次，每个处理随机选取 5 株幼苗，每株幼苗 3 ~ 5 片叶子，每片叶子 3 ~ 5 个圆孔，取样后于 105 ℃烘干箱中杀青 15 min，然后于 80 ℃下烘至恒重后称重。

（2）叶片含水量。采用鲜重法。采样时间同比叶重。每个处理随机选取 3 株幼苗，每株幼苗 3 片叶子，将新鲜叶样称重 W_f，之后将叶样放入已升温至 105 ℃的烘干箱中，杀青 15 min，然后于 80 ℃下烘至恒重后称重 W_d。根据公式计算获得叶片含水量：LWC（%）=（W_f–W_d）/W_d × 100。

2.5.5.2 光合色素含量

2013 年和 2014 年树木生长季各取样 4 次测定叶片叶绿素含量。各处理均随机选择 5 个植株，每个植株均选取冠层顶部相同部位 3 片无明显伤害症状的叶片。将每个植株采集的叶片剪碎并混合均匀，称取 0.1 g 鲜样放入试管，在 4 ℃暗环境下用 15 mL 95% 的乙醇溶液浸泡提取，测定 664 nm、648 nm 和 470 nm 波长的吸光度值，根据 Lichtenthaler（1987）的修正公式计算叶绿素 a（Chl_a）、叶绿素 b（Chl_b）、叶绿素总量（Chl_{a+b}）、类胡萝卜素（Car）含量和叶绿素 a/b 值。

2.5.5.3 气体交换速率

（1）季节变化。2013年和2014年树木生长期（2014年6 ~ 8月油松生长不完全，未测定光合），采用LI-6400便携式光合测定仪荧光叶室（LI-Cor，Inc，America）测定叶片气体交换参数，每月测定一次。同时记录净光合速率（P_n）、气孔导度（g_s）、胞间二氧化碳浓度（C_i）、蒸腾速率（T_r）、开放的PSII（光化学系统Ⅱ）有效光化学量子产量（F_v'/F_m'）、PSII实际光化学量子效率（Φ_{PSII}）、光化学淬灭系数（qP）、电子传递速率（ETR）以及环境因子参数等。具体测定方法为：晴天8:00 ~ 11:00，每个小区随机选取2株植株，并于每株植株上选取顶部受光方向一致的全展叶3 ~ 5片进行测定，取平均值作为该株植株测定值。测定前根据当日光照强度设置光强，采用缓冲瓶控制二氧化碳为环境二氧化碳浓度，空气流速为500 μmol/s，气温控制在环境温度 ± 2 ℃，相对湿度（55 ± 5）%。

（2）日变化。2013 年 8 月 9 日、8 月 10 日和 8 月 27 日（选择晴朗和无风的天气），采用便携式光合仪（同上）分别测定元宝枫、白蜡和油松的光合日动态。测定时间为 8:00 ~ 18:00，每隔 2 h 测定 1 次，每个小区随机选取 2 株植株。测定时选择每株顶部受光方向一致的全展叶 3 片，首次测完 1 个叶片对其挂牌标记，便于下次测定。

叶片水分利用效率通过测定的净光合速率与蒸腾速率的比值计算得到。

（3）光响应（A–q）曲线。2013 年 8 月，采用便携式光合仪（同上）测定油松、白蜡和元宝枫叶片的光响应曲线。每个处理随机选择 5 个典型植株，取顶部第 3 片完全展开叶，分别在光合有效辐射强度（PAR）为 1500、1200、900、600、250、150、75 和 0 μmol/（m^2 · s）的 8 个光强点下测定叶片净光合速率（P_n）。开放式气路，设定二氧化碳浓度为 400 μmol/mol，空气流速为 500 μmol/s。

利用非直角双曲线模型对油松、白蜡和元宝枫叶片光合响应曲线进行拟合，得到相应的最大光合速率（P_{max}）、表观量子效率（AQY）、光饱和点（LSP）和光补偿点（LCP）。

2.5.5.4 丙二醛（MDA）含量

采用硫代巴比妥酸法测定（Heath and Parker，1968）。称取待测叶片0.05 g左右，加入2 mL 6 %三氯乙酸（TCA）研磨至匀浆，在4℃以13 000 r/min离心20 min；取0.4 mL上清液加入0.4 mL用20%TCA配制的0.5%硫代巴比妥酸（TBA），摇匀后在95℃水浴中反应15 min；转移到冰水混合物中迅速冷却后以8 000 r/min离心10 min；取上清液分别在532 nm、600 nm和450 nm波长下测定吸光度值，根据公式计算提取液中MDA浓度（μmol/L）：$C_{MDA}=6.45\times(A_{532}-A_{600})-0.56A_{450}$，并根据公式计算叶片MDA含量：MDA含量=$C_{MDA}\times$提取液体积/鲜重。

2.6 数据分析方法

运 用 Rv.3.1.1 和 SPSS 16.0（SPSS for windows，version 16.0，Chicago，Illinois，USA）及 Origin2018 和 Excel 2007 对数据进行统计分析和制图。使用配对样本 *t* 检验分析硬化地表对环境因子的影响，使用单因素方差分析（one–way ANOVA）方法检验硬化地表对树木生长、光合特性参数等指标的影响，使用 Duncan 多重检验方法进行不同地表类型间的比较，$P < 0.05$ 表示差异显著，$P < 0.01$ 表示差异极显著。采用 one–way ANOVA、two–way ANOVAs（双因素分析方差）和多元方差分析的方法分析硬化类型和树种差异对不同土层深度土壤理化性质和细菌群落特性的影响，土壤细菌群落的热图用 pheatmap function 实现，用非度量多维尺度分析（Non–metric multidimensional scaling，NMDS）分析不同类型硬化地表下土壤细菌群落的变化，采用相似性分析（analysis of similarities，ANOSIM）的方法分析不同硬化地表下土壤细菌群落的差异，采用典型对应分析（canonical correspondence analysis，CCA）的方法分析土壤理化性质对土壤细菌群落结构的影响，采用 Pearson（皮尔逊线性相关分析）和 Mantel（两两矩阵相关分析）的方法做相关分析。并对测定指标与环境因子之间进行线性相关分析。

文章图表中数据均为平均值 ± 标准差（Mean ± SD）。

第三章　城市地表硬化对微气候环境的影响

城市硬化地表改变了植物生长的环境条件，直接影响地表温度、土壤温度和土壤含水量的变化。不同硬化地表类型环境因子的变化规律不同，对植物生长形成了不同的生境条件。

3.1　地表温度变化

3.1.1　日变化

选择典型晴朗天气条件下测定的地表温度分析其日变化规律。2013 年 8 月 13 日测定地表温度日变化（图 3–1），结果发现 3 种树木下 2 种硬化地表相比于对照均能够提高地表温度，且透水地表高于不透水地表。夜间 3 种地表类型温差较小。随着太阳辐射的增加，地表温度逐渐增高，硬化地表温度增幅远大于对照地表温度，硬化地表与对照间地表温差逐渐增大，在 15:00 左右达到最大。油松和元宝枫透水地表处理下地表温度最高值分别达 49.88 ℃和 49.09 ℃，比对照分别高 15.63 ℃和 16.05 ℃；不透水地表比对照分别高 12.31 ℃和 11.6 ℃。白蜡生长较快，冠层大，郁闭度增加，有枝叶的遮阴作用，在一定程度上能有效降低地表温度，但其在透水和不透水地表下温度最高

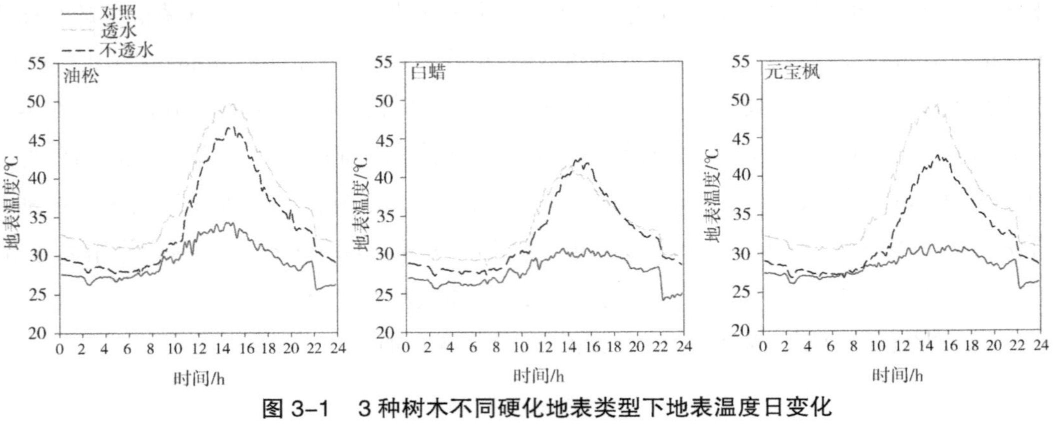

图 3–1　3 种树木不同硬化地表类型下地表温度日变化

值仍分别达 41.48 ℃和 42.32 ℃，比对照分别高 10.68 ℃和 11.52 ℃。透水地表和不透水地表间地表温差以元宝枫最大，油松次之，白蜡最小。白蜡不透水地表温度在正午过后反而高于透水地表温度，主要原因在于不透水地表温度测定地点附近生长的白蜡有死亡，导致遮阴作用降低，且试验地属于南北方向布置，不透水地表位于西边，导致正午过后不透水地表温度略高于透水地表。

3.1.2 年际变化

2013 年 5 月至 2015 年 11 月，连续 3 年观测不同硬化地表类型间地表温度的变化规律，地表日平均温度见图 3-2。相比于对照，2 种硬化地表日平均温度均明显增加

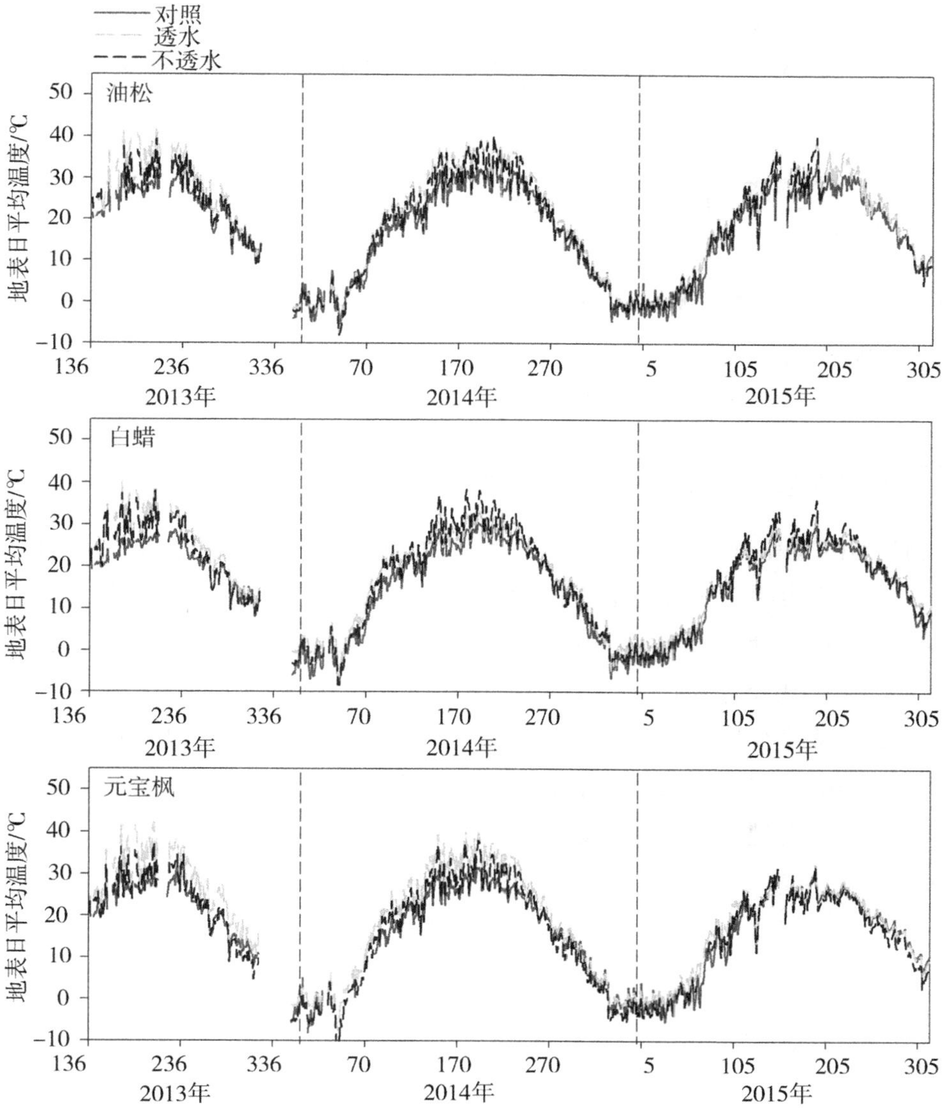

图 3-2 3 种树木在不同地表硬化类型下地表日平均温度变化

（图 3–2）。比较 3 年间地表温度差异，发现受不同年份气候的影响，地表温度不同年份间存在差异。2014 年晴朗天气多，太阳辐射增加，3 种树木 2014 年各处理地表温度较 2013 年均增加。相比于 2013 年，2015 年油松地表温度年际变化不大；白蜡和元宝枫随着生长年份的延长，冠层增大，到达地面的辐射量减少，地表温度降低，尤其以元宝枫更为明显，且元宝枫不同硬化地表类型间的地表温差也减小。2013 年 5 月至 10 月元宝枫对照、透水地表和不透水地表温度平均值分别为 23.42 ℃、28.75 ℃和 24.68 ℃，2015 年 5 月至 10 月各地表温度平均值分别比 2013 年降低了 0.61 ℃、5.66 ℃和 2.98 ℃。

对 3 年连续观测的数据进行统计分析，透水地表和不透水地表均极显著地提高了地表温度（$P < 0.01$），2 种硬化地表类型间比较发现透水地表也极显著地提高了地表温度（$P < 0.01$）（表 3–1）。

表 3–1　不同地表类型间地表温度和土壤含水量配对 *t* 检验

变量	树种	不同地表类型间均值差值		
		透水 – 对照	不透水 – 对照	不透水 – 透水
地表温度 /℃	油松	3.20 ± 2.34**	3.04 ± 4.52**	–0.16 ± 4.12**
	白蜡	2.62 ± 1.96**	2.31 ± 2.26**	–0.37 ± 1.90**
	元宝枫	3.16 ± 3.01**	0.52 ± 2.41**	–2.72 ± 1.53**
土壤含水量 /%	油松	7.96 ± 4.87**	1.23 ± 4.37**	–6.73 ± 2.95**
	白蜡	–1.97 ± 2.60**	–7.17 ± 3.08**	–5.19 ± 2.35**
	元宝枫	3.83 ± 4.26**	–0.74 ± 3.78**	–4.58 ± 3.20**

注：表中数据为均值 ± 标准差，** 表示处理间差异达到 0.01 显著水平。

统计 2013 年和 2014 年树木生长季（5 ~ 10 月）地表温度日最高值＞ 40 ℃的天数（表 3–2），结果表明，地表温度日最高值＞ 40 ℃的天数在 2 种硬化地表上明显增加。2013 年油松和元宝枫地表温度日最高值＞ 40 ℃的天数分别为 65 d（透水地表）和 44 d（不透水地表），占整个生长季的 35.3%（透水地表）和 23.9%（不透水地表）；白蜡透水和不透水地表温度日最高值＞ 40 ℃的天数分别为 43 d 和 38 d，相比于油松和元宝枫有所降低。2014 年 3 种地表类型下地表温度日最高值＞ 40 ℃的天数相比于 2013 年明显增多，油松 3 种地表类型下地表温度日最高值＞ 40 ℃的天数占整个生长季的比例均在 50% 以上。

表 3-2　不同地表类型间地表温度日最高值＞ 40 ℃和土壤日均含水量＜ 15% 的天数

变量	树种	天数 /d（日最高温＞ 40 ℃，日均含水量＜ 15%）					
		2013 年			2014 年		
		对照	透水	不透水	对照	透水	不透水
地表温度 /℃	油松	19	65	44	98	118	107
	白蜡	0	43	38	31	32	79
	元宝枫	19	65	44	58	105	78
土壤含水量 /%	油松	3	1	20	145	0	130
	白蜡	3	15	120	127	108	153
	元宝枫	1	2	40	112	6	123

3.1.3　种植密度差异

采用手持红外测温仪测定不同种植密度和硬化地表类型下地表温度，分别在 9:00、12:00、15:00、18:00 测定 4 次求平均值，结果见图 3-3。硬化地表极显著地增加了地表温度（$P < 0.01$），且透水地表温度显著高于不透水地表温度（$P < 0.05$）。

随着种植密度的增加，3 种地表类型下地表温度均降低，同时不同硬化地表类型间地表温度的差值减小。

3.2　土壤温度变化

3.2.1　日变化

不同硬化地表类型下 20 cm 土壤温度日变化规律见图 3-4，结果表明 3 种树木 2 种硬化地表相比于对照均提高了土壤温度，且透水地表下土壤温度高于不透水地表下土壤温度。油松、白蜡、元宝枫透水地表下土壤温度日最高值分别为 32.87 ℃、28.71 ℃、33.41 ℃，比对照分别高 6.67 ℃、6.78 ℃和 10.02 ℃；不透水地表下土壤温度日最高值分别比对照提高了 4.07 ℃、4.53 ℃和 8.42 ℃。土壤温度随地表温度的增加而升高，但相比于地表温度存在明显的滞后性，3 种地表类型下土壤温度在晚上 8:00 左右达到最大值。同样由于白蜡树冠层的遮阴降温作用，相对于油松和元宝枫来说，土壤温度也在一定程度上有所降低。元宝枫硬化地表与对照间的土壤温度差明显大于油松和白蜡硬化地表与对照间的土壤温度差。

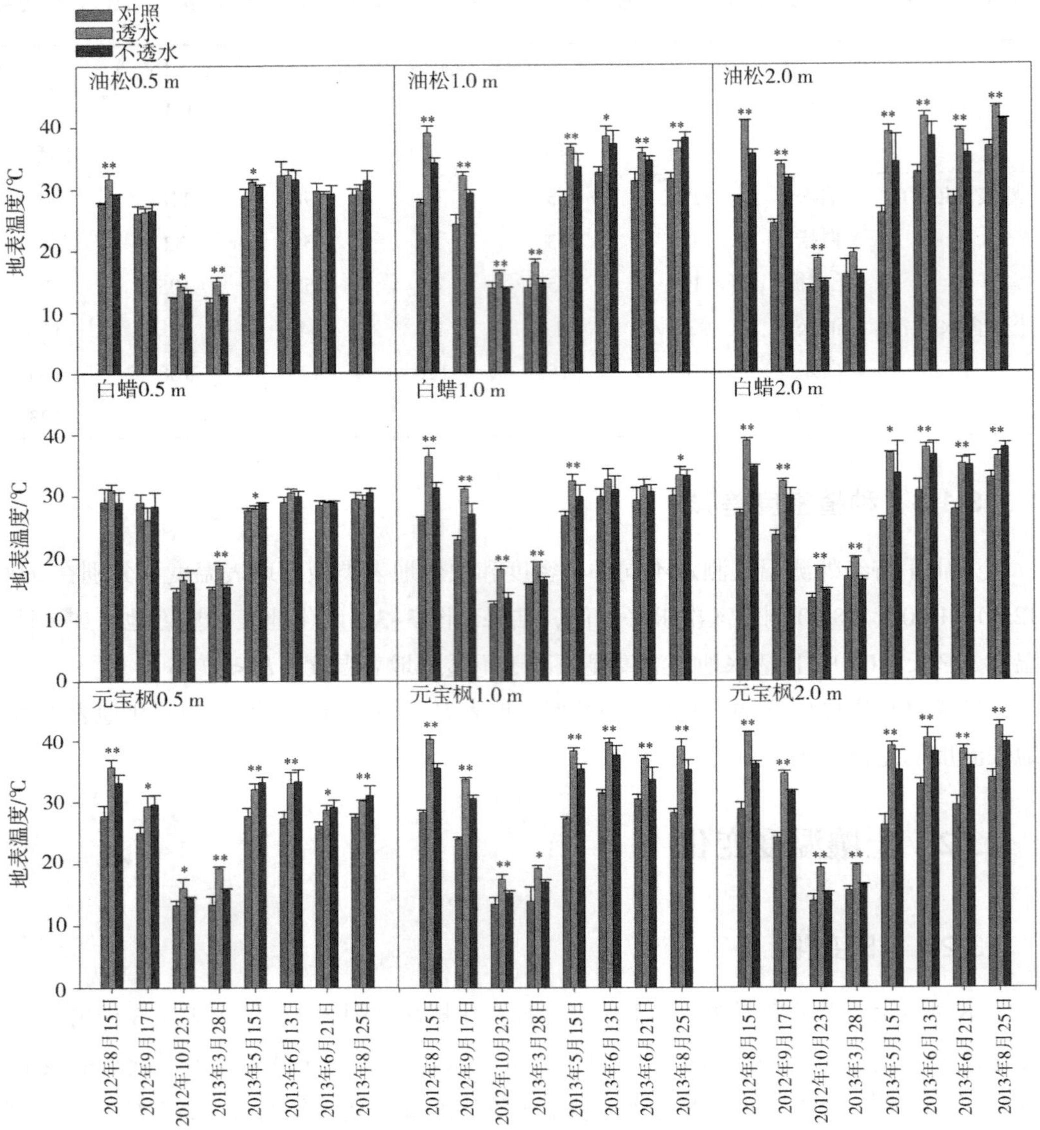

图 3-3　3 种树木不同种植密度下硬化地表类型间地表温度比较

注：图中测定值表示为均值 ± 标准差；** 表示处理间差异达到 0.01 显著水平，* 表示处理间差异达到 0.05 显著水平。

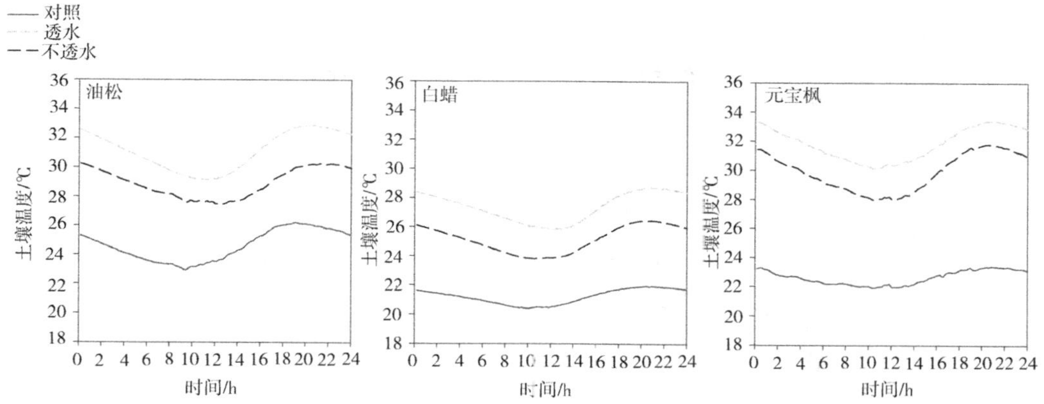

图 3-4　3 种树木不同地表类型下土壤温度日变化

3.2.2　年际变化

2013 年 5 月至 2015 年 11 月，不同硬化地表类型下土壤温度的变化规律见图 3-5。不同硬化地表类型下土壤温度的变化规律与地表温度相似，相比于对照，2 种硬化地表下土壤日平均温度均明显增加。与土壤温度日变化规律一致，白蜡土壤日平均温度相比于油松和元宝枫有所降低，且硬化地表下土壤温度与对照下土壤温度的差值减小。2015 年间 3 种树木不同硬化地表类型下土壤温度均低于 2014 年。

3.3　土壤含水量变化

2013 年 5 月至 2015 年 11 月，连续 3 年观测不同硬化地表类型下 20 cm 土壤含水量的变化规律见图 3-6。不同树种下 3 种地表类型下土壤含水量表现存在差异，经统计分析，油松表现为透水地表＞不透水地表＞对照，白蜡表现为对照＞透水地表＞不透水地表,元宝枫表现为透水地表＞对照＞不透水地表（表 3-1）。透水地表因其高渗透性，相比于不透水地表能够有效提高土壤含水量，在干旱少雨时期，相比于对照，透水地表和不透水地表覆盖地面减少了土壤水分的蒸散损失，在一定程度上能够提高土壤含水量。

2013 年树木生长季降水量较多，油松和元宝枫不同硬化地表类型下土壤含水量差异较小，且大部分维持在 20% 左右。白蜡对照和透水地表下土壤含水量也基本维持在 20%，但不透水地表下土壤含水量明显降低，低于 15% 的天数达 120 d，不透水地表上生长的白蜡长期处于干旱的条件下（表 3-2）。2014 年树木生长季干旱少雨，油松和元宝枫透水地表下土壤含水量基本维持在 20% 左右，除此之外，其他处理下土壤含水量低于 15% 的天数均占树木整个生长季的 59% 以上（表 3-2）。

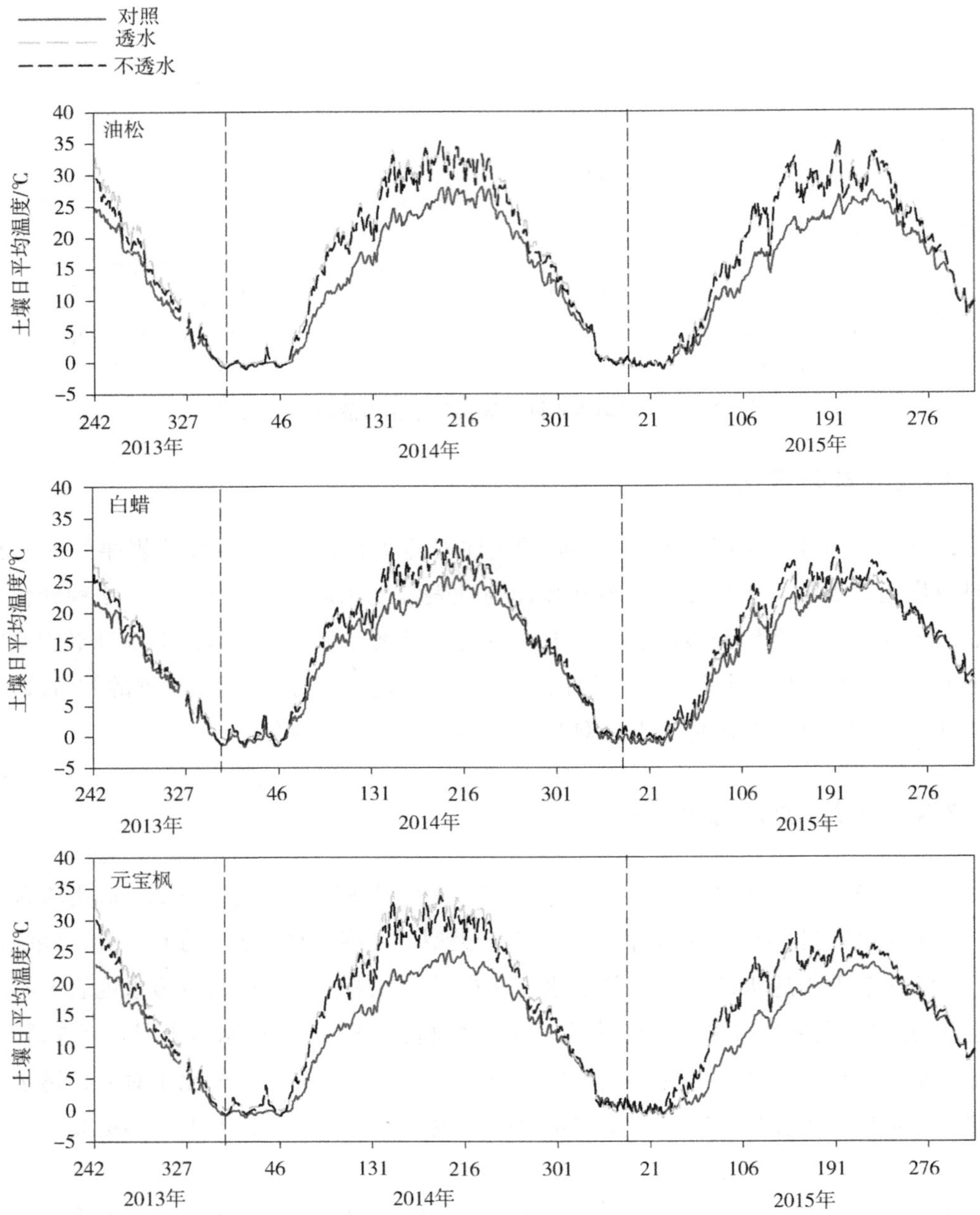

图 3-5　3 种树木不同地表类型下土壤日平均温度变化

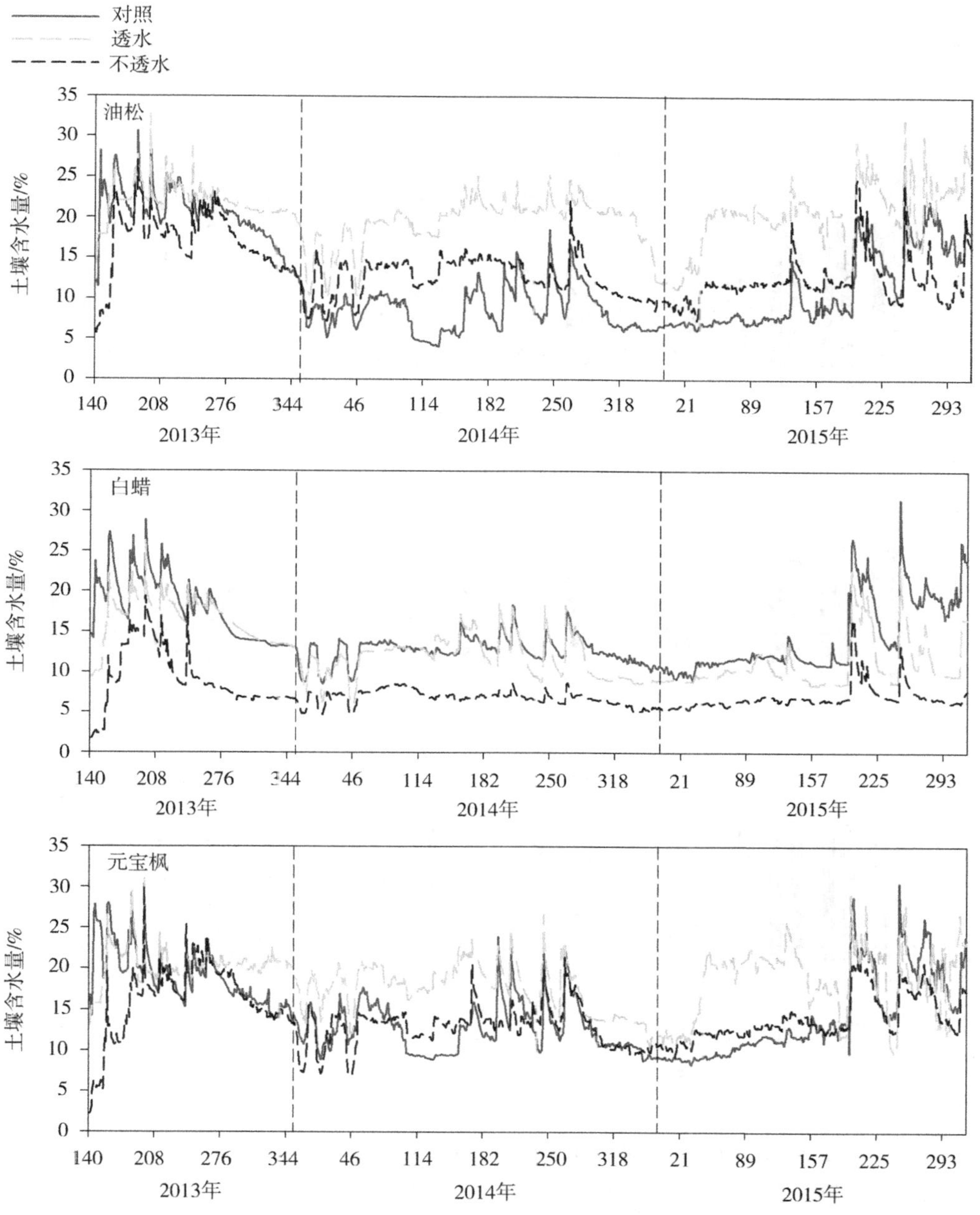

图 3-6　3 种树木不同地表类型下土壤含水量变化

采用 TDR 仪测定不同种植密度和硬化地表类型下土壤含水量，结果见图 3-7。随着种植密度的增加，3 种地表类型下土壤含水量呈降低的趋势，同时不同硬化地表类型下土壤含水量的差值也呈减小的趋势。

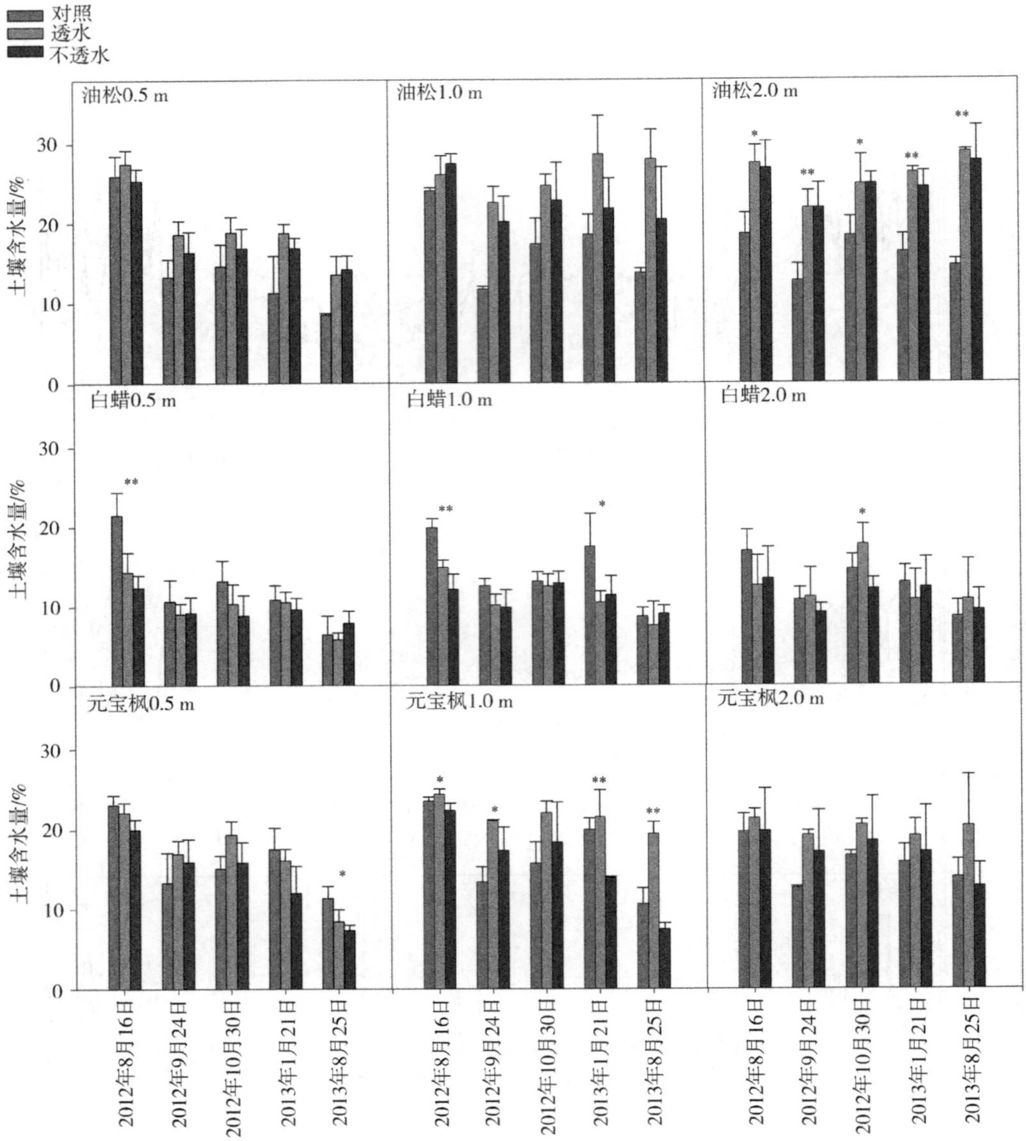

图 3-7　3 种树木不同种植密度和硬化地表类型下土壤含水量比较

注：图中测定值表示为均值 ± 标准差；** 表示处理间差异达到 0.01 显著水平，* 表示处理间差异达到 0.05 显著水平。

2.0 m 和 1.0 m 种植密度下油松硬化地表土壤含水量显著高于对照（$P < 0.05$），透水地表土壤含水量高于不透水地表；0.5 m 种植密度下油松 3 种地表类型下土壤含水量无显著差异，但也呈现出透水地表>不透水地表>对照的趋势。2.0 m 种植密度下白蜡仅在 2012 年 10 月透水地表土壤含水量显著高于对照和不透水地表（$P < 0.05$），1.0 m

和 0.5 m 种植密度下白蜡在 2012 年 8 月对照土壤含水量显著高于透水地表和不透水地表（$P < 0.01$）。2.0 m 种植密度下元宝枫不同硬化地表类型间无显著差异，但仍表现出透水地表下土壤含水量最高，1.0 m 种植密度下元宝枫土壤含水量 2012 年表现为透水地表＞不透水地表＞对照，2013 年土壤含水量为透水地表＞对照＞不透水地表。

3.4 讨论

3.4.1 地表硬化对地表温度和土壤温度的影响

城市地表硬化对温度的影响主要表现在两个方面：一方面，硬化地表改变了城市下垫面。在自然条件一致的情况下，硬化地表相比于自然土壤存在较高的吸热性、导热性和热储存能力（Montague and Kjelgren，2004；邢永杰等，2002；赵丹等，2010），吸收和存储的太阳净辐射能更大（Li，2016），增加了硬化地表温度；另一方面，自然土壤通过蒸散发增加太阳净辐射在潜热的分配比例，相比于硬化地表显热比例较小（Asaeda et al.，1996；Kjelgren and Montague，1998），因此，自然土壤地表温度较硬化地表温度较低。Xu 等（2008）利用多光谱影像研究比较不同表面覆盖类型（道路、屋顶、自然植被和水面）间的显热差异，发现道路表面储存的热通量最高，屋顶的显热高于其他三种表面覆盖类型的显热。

本研究结果表明，硬化地表相比于对照显著提高了地表温度。在晴朗的天气条件下，硬化地表上日最高温可达近50 ℃，甚至更高。与对照相比，透水地表可使地表温度提高15 ℃，不透水地表可提高12 ℃左右。透水地表和不透水地表上日平均地表温度比对照分别提高2.62 ~ 3.20 ℃和0.52 ~ 3.04 ℃。Kjelgren和Montague（1998）研究表明，硬化地表温度比周边自然植被地表温度高20 ~ 25 ℃。Montague和Kjelgren（2004）分析6种不同地表类型（沥青、沙砾、火山石、混凝土、松树皮、草皮）下地表温度的差异，结果表明，在夏季太阳辐射较强的情况下，不透水硬化地表（沥青和混凝土）的地表温度比草皮高25 ℃，比火山石、沙砾等路面高3 ~ 7 ℃。不透水地表平均地表温度和土壤温度（白天）通常比自然植被高10 ~ 15 ℃（Byrne et al.，2008）。同时范玉芬等（2008）、宋英石等（2014）的研究也表明硬化地表温度明显高于自然地表温度。

此外，本研究对比透水地表和不透水地表 2 种硬化地表类型间地表温度日最高值和平均地表温度，结果表明透水地表比不透水地表温度日最高值和平均值分别提高 3.34 ~ 7.45 ℃和 0.16 ~ 2.72 ℃，这可能与不同透水率砖面的反射率和热容量等物理属性有关。透水砖相比不透水砖，具有较大的孔隙度和粗糙度，相反，具有较小的反射率和地面长波辐射损失（Montague et al.，1998）。因此，透水地表相比于不透水地表有更高的储热能力，使得其地表温度高于不透水地表。

6 ~ 9 月是北京全年最为炎热的季节，也是树木生长的旺盛期，温度过高，容易对树木造成热胁迫，树木长期处于高温环境下（> 40 ℃）易导致其生理生化指标发生变化（夏钦等，2010）。在树木生长季，硬化地表相比于对照地表温度日最高值> 40 ℃的天数明显增加。透水地表和不透水地表导致油松和元宝枫地表日最高温超过 40 ℃的天数在 2013 年达到 65 d 和 44 d，占整个生长季的 35.3% 和 23.9%。2014 年 3 种地表类型下地表温度日最高值> 40 ℃的天数相比于 2013 年明显增多，达到了 100 d 以上，油松 3 种地表类型下地表温度日最高值> 40 ℃的天数占整个生长季的比例均在 50% 以上。长期的高温环境势必会对油松和元宝枫幼苗造成热胁迫，对其生长产生抑制作用。白蜡幼苗生长速率较快，在 2013 年其株高已达 3 m 左右，在生长旺盛期有较大冠幅，郁闭度高。因此，白蜡地表日最高温超过 40 ℃的天数相比于油松和元宝枫有所降低，白蜡对于硬化地表形成的热胁迫有一定的缓解作用。随着树木种植密度的增加，郁闭度增加，太阳到达地表的辐射减少，地表温度降低。但是树木种植密度增加，加大了树木个体间对阳光、水分、养分等的竞争，在保证树木正常健康生长的前提下，通过合理规划树木种植密度来有效降低硬化地表温度有待进一步研究。

除对地表温度产生影响外，硬化地表通过其相对较高的热传导性能，地表积聚的热能向下传导进入土壤（Asaeda et al.，1996）。同时，硬化地表下土壤压实，土壤孔隙度降低，土壤的导热率和热扩散率会相应提高，硬化地表能够使更多的热量向下传递到土壤，使得土壤温度升高。本研究结果表明，相比于对照，透水地表和不透水地表下土壤温度分别提高了 6.67 ~ 10.02 ℃和 4.07 ~ 8.42 ℃，透水地表下土壤温度较不透水地表提高了 1.60 ~ 2.60 ℃。透水地表和不透水地表下平均土壤温度也分别比对照提高了 1.73 ~ 3.67 ℃和 2.04 ~ 3.37 ℃。这一结果也得到了很多研究的证实。Mount（1999）调查纽约城市中心公园的土壤温度变化特征，结果表明，城市硬化地表土壤年平均温度比邻近林地土壤温度高 3.13 ~ 11.22 ℃。Graves 和 Dana（1987）也报道了城市闹市区地下 5 ~ 50 cm 土壤平均温度比周边无硬化地表下土壤温度增加 7 ℃。李丽雅等（2006）研究发现长春市街道路面下土壤温度较对照林地土壤温度高出 3 ~ 4 ℃。

3.4.2 地表硬化对土壤含水量的影响

城市硬化地表降低土壤含水量的原因有两个：一方面，由于硬化地表覆盖导致降水难于下渗，径流损失增加，大部分降水排入下水道，导致土壤水分来源减少，土壤含水量降低；另一方面，硬化地表下土壤压实，减少了土壤孔隙度，土壤透水能力降低且有效水分难以储存。Scharenbroch 等（2005）调查了美国两个主要城市人行道下土壤含水量的变化，结果发现其土壤含水量明显低于邻近绿地土壤含水量。土壤含水量的变化过程复杂，硬化地表虽然降低了土壤水分的来源，但在干旱地区，土壤表层覆盖也减少了土壤水分的蒸散损失，反而在一定程度上提高土壤含水量（王延平等，2012）。Wagar 和 Franklin（1994）研究得出硬化地表下土壤含水量增加的结论，Morgenroth 等（2013）研究也发现由于硬化地表的覆盖降低了土壤水分的蒸发散失，硬化地表覆盖下土壤含水量总是高于无硬化地表下土壤含水量。本研究中不同树种下 3 种地表类型下土壤含水量变化均存在差异。白蜡不透水地表下土壤含水量显著降低，白蜡 2013 年整个生长季 88.5% 的天数土壤含水量日均值基本都处于 15% 以下。但油松和元宝枫不透水地表在一定时间阶段相比于对照并没有减少土壤含水量。气温、降水、辐射强度等环境因子的变化均可改变土壤含水量，对硬化地表下土壤含水量变化特征的研究需根据试验地点和试验时间具体分析。2014 年干旱少雨，对照和不透水地表土壤含水量低于 15% 的天数明显多于 2013 年。

为了改善不透水地表对土壤水分造成的胁迫作用，国内外城市建设已普遍推广使用透水材料（Mullaney and Lucke，2014）。一方面透水地表能促进土壤与大气之间水分和气体的交换与流通，改善土壤理化性质（Morgenroth and Buchan，2009）；另一方面透水地表有利于降水下渗，减少地表暴雨径流和城市洪涝危害的发生，同时地表覆盖减少了土壤水分蒸散，有利于土壤含水量的增加。在整个试验时期，透水地表相比于不透水地表确实提高了土壤含水量，尤其在干旱少雨的季节，这一特征更为明显。在长期连续观测过程中透水地表相比于对照和不透水地表提高了土壤含水量，在 2014 年更为明显。

3.5　小结

（1）透水地表和不透水地表相比于对照均显著地提高了地表温度和土壤温度，且表现为透水地表＞不透水地表。在晴朗的天气条件下，透水地表和不透水地表日最高温比对照分别提高 10.68 ~ 16.05 ℃和 11.52 ~ 12.31 ℃，日平均地表温度比对照分别提高 2.62 ~ 3.20 ℃和 0.52 ~ 3.04 ℃。透水地表和不透水地表下土壤温度日最高值分别比对照提高了 6.67 ~ 10.02 ℃和 4.07 ~ 8.42 ℃，平均土壤温度比对照分别提高了 1.73 ~ 3.67 ℃和 2.04 ~ 3.37 ℃。透水地表温度日最高值和平均值分别比不透水地表提高了 3.34 ~ 7.45 ℃和 0.16 ~ 2.72 ℃，土壤温度日最高值比不透水地表提高了 1.60 ~ 2.60 ℃。

（2）硬化地表显著提高地表温度，对油松和元宝枫形成了长期高温环境（日最高温＞ 40 ℃），在干旱少雨季节，硬化地表形成的高温环境的天数占树木整个生长季的天数的比例可高达 50% 以上。2014 年地表温度日最高值＞ 40 ℃的天数相比于 2013 年明显增多。白蜡相比于油松和元宝枫，因其较大冠幅，郁闭度高，能有效缓解硬化地表形成的高温环境。在城市绿化建设中，为降低硬化地表形成的高温胁迫，可选择耐高温树种，或者新种植树苗选择生长速率快且树冠层大的物种。

（3）不透水地表由于降低了雨水的下渗，导致土壤含水量降低，但在干旱少雨季节，不透水地表覆盖降低了土壤水分蒸发散失，相比于对照提高了土壤含水量。透水地表利于降水入渗，且在干旱少雨季节减少了土壤蒸发散失，在长期连续观测过程中相比于对照和不透水地表提高了土壤含水量。对照和不透水地表土壤含水量低于 15% 的天数 2014 年明显多于 2013 年。

（4）透水地表能提高土壤含水量，有利于树木生长，但其过高的地表温度增加了树木热胁迫的风险。

第四章　地表硬化对城市土壤理化性质的影响

土壤中存在一系列的物理、化学、生物和非生物化学作用，既有营养元素的释放和散失，又有元素的结合、固定和归还，在地球表层系统中通过土壤养分元素的复杂转化过程，实现营养元素与生物之间的循环和周转，保持了生物生命周期生息和繁衍（黄昌勇，2000）。硬化地表压实土壤，减小土壤空隙，增加土壤的紧实度（Philip and Azlin，2005），造成土壤板结，土壤物质转换和理化性质受影响。本章通过比较硬化地表下北京三种常见绿化树种树下 0 ~ 100 cm 土层土壤中理化性质的差异，探讨不同类型硬化地表下土壤垂直梯度上理化性质的变化规律及不同树种下土壤理化性质的响应机制，为全面评价城市绿地生态系统提供数据支撑和科学依据。

4.1　硬化地表下土壤理化性质变化

硬化地表对油松树下土壤理化性质的影响随土层深度的变化而变化（图 4–1）。土壤 pH 值在 0 ~ 100 cm 土层随土层深度升高，底层土壤 pH 值最高，硬化地表改变这种变化趋势，与对照（NP）相比，透水（PP）和不透水（IPP）硬化地表下土壤 pH 值在 60 ~ 80 cm 土层分别显著降低 2%（$P < 0.05$），PP 下土壤 pH 值在 80 ~ 100 cm 土层显著降低 3%（$P < 0.05$）。土壤全氮（TN）在 0 ~ 100 cm 随土层深度降低，PP 下 80 ~ 100 cm 土层更低，比 NP 显著降低 26%（$P < 0.05$）。表层土壤有机质（SOM）高于底层，硬化地表并未改变这种趋势，与 NP 相比，IPP 下土壤有机质整体表现为升高趋势，在 40 ~ 60 cm 和 80 ~ 100 cm 显著升高 28% 和 57%（$P < 0.05$）；PP 下土壤有机质在 5 个土层分别显著降低 26%、25%、50%、58% 和 57%（$P < 0.05$），底层降幅更大。硬化地表对土壤硝态氮熟土层影响不大，PP 下硝态氮的变化与对照基本保持一致，仅在 40 ~ 60 cm 土层显著降低；与 NP 相比，IPP 下土壤硝态氮在 20 ~ 100 cm 土层均显著升高。土壤速效磷（AP）整体表现为随土层深度而降低，硬化地表并未改变这种趋势，与 NP 相比，IPP 下土壤速效磷在 0 ~ 20 cm 和 20 ~ 40 cm 土层分别显著降低 63% 和 81%（$P < 0.05$）。

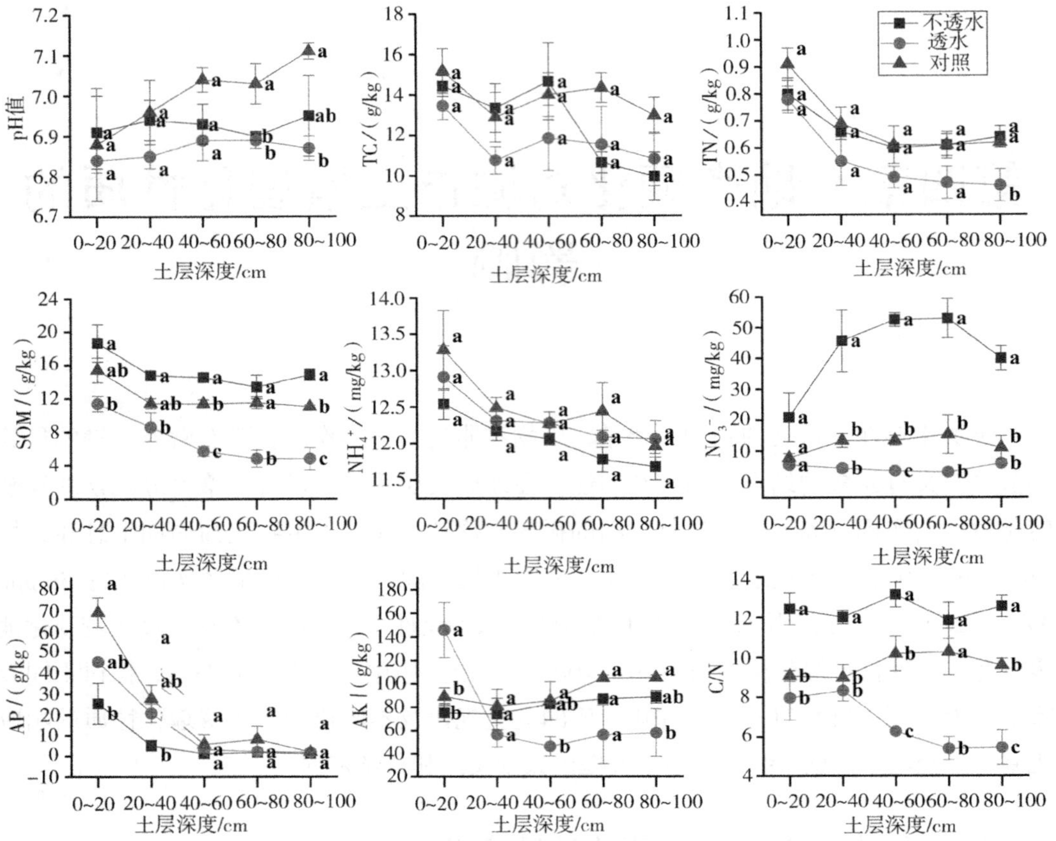

图 4-1　硬化地表对油松树下土壤理化性质的影响

注：表中数据为均值 ± 标准误，同土层不同字母表示不同类型地表下土壤理化性状差异显著$P<0.05$。

土壤速效钾（AK）并不随土层深度变化而发生较大变化，整体介于 60 ~ 120g/kg 之间，IPP 与 NP 基本保持一致；PP 对土壤速效钾的影响比较大，在 0 ~ 20 cm 土层比 NP 显著升高 64%（$P < 0.05$），在 40 ~ 60 cm 和 80 ~ 100 cm 土层显著降低 46% 和 45%（$P < 0.05$）。两种类型硬化地表对土壤磷 / 氮（C/N）的影响比较大，与 NP 相比，IPP 下土壤碳 / 氮在 0 ~ 20 cm、40 ~ 60 cm 和 80 ~ 100 cm 分别显著升高 37%、29% 和 31%（$P < 0.05$），PP 下土壤碳 / 氮在 40 ~ 60 cm、60 ~ 80 cm 和 80 ~ 100 cm 分别显著降低 38%、47% 和 43%（$P < 0.05$）。硬化地表对油松树下土壤理化性质的影响几乎贯穿每个土层。

油松树下土壤理化性质不同硬化处理之间独立样本 t 检验（表 4-1）。与 NP 相比，IPP 下土壤有机质和硝态氮显著升高（$P < 0.05$），土壤铵态氮（NH_4^+）和速效磷显著降低（$P < 0.05$）;PP 下土壤 pH 值、全碳、全氮、有机质和硝态氮显著降低（$P < 0.05$）。与 PP 相比，IPP 下土壤全氮、有机质和硝态氮显著升高（$P < 0.05$）。可见，硬化地表对土壤理化性质的影响很大，不同类型硬化地表之间存在差异。

表 4–1 油松树下土壤理化性质独立样本 t 检验

变量	处理		
	IPP–NP	PP–NP	IPP–PP
pH 值	–0.08 ± 0.04	–0.14 ± 0.04**	0.06 ± 0.03
TC/（g/kg）	–1.27 ± 0.82	–2.19 ± 0.72**	0.92 ± 0.89
TN/（g/kg）	–0.03 ± 0.04	–0.14 ± 0.05*	0.11 ± 0.05*
SOM/（g/kg）	3.09 ± 0.86**	–5.09 ± 0.98**	8.18 ± 1.07**
NH_4^+/（mg/kg）	–0.44 ± 0.20*	–0.16 ± 0.21	–0.28 ± 0.16
NO_3^-/（mg/kg）	30.24 ± 4.32**	–7.65 ± 1.57**	37.89 ± 4.06**
AP/（g/kg）	–15.57 ± 7.58**	–7.83 ± 8.32	–7.74 ± 5.49
AK/（g/kg）	–11.49 ± 5.75	–20.41 ± 13.07	8.92 ± 12.59

注：表中数据为平均值 ± 标准误；$^*P < 0.05$，$^{**}P < 0.01$。

硬化地表对白蜡树下土壤理化性质的影响随土层深度变化而变化（图 4–2）。NP 下土壤 pH 值介于 6.9 ~ 7.2 之间，底层土壤 pH 值相对较高；两种类型硬化地表下土壤

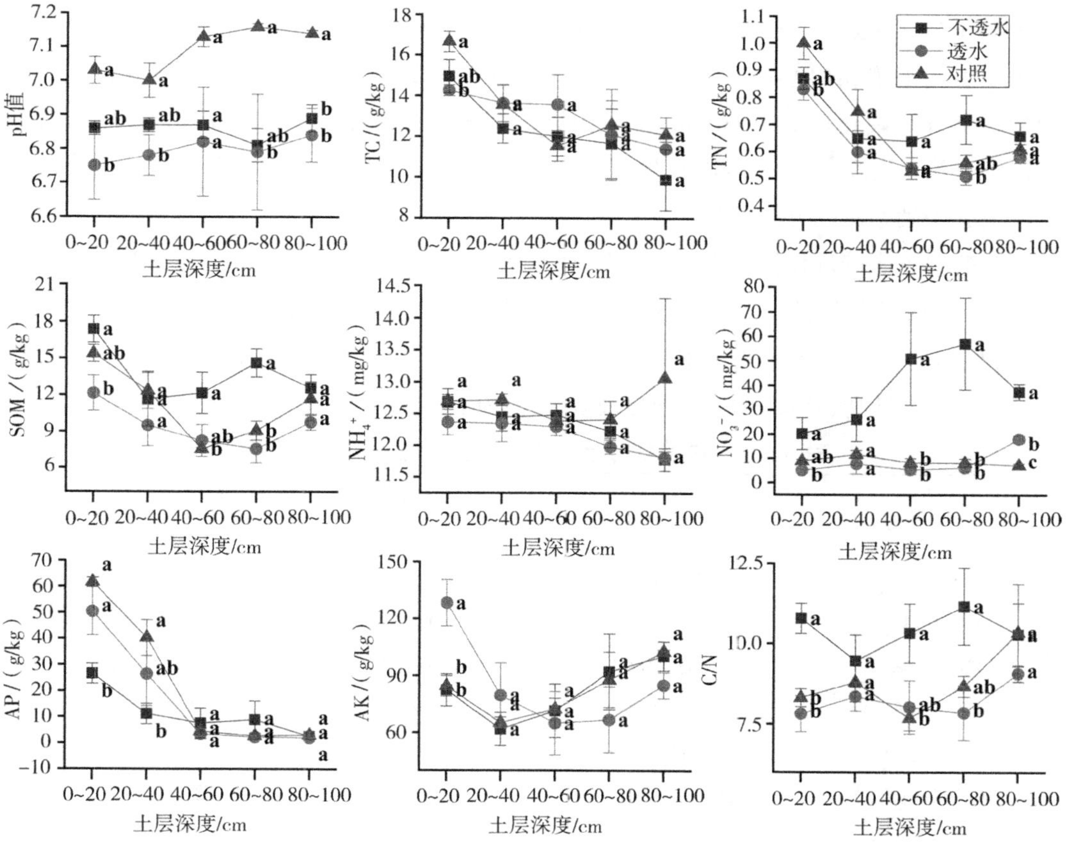

图 4–2 硬化地表对白蜡树下土壤理化性质的影响

注：表中数据为均值 ± 标准误，同土层不同字母表示不同类型地表下土壤理化性状差异显著 $P < 0.05$。

pH 值在 5 个土层均不高于 7.0。PP 下土壤 pH 值在 0 ～ 20 cm、20 ～ 40 cm、60 ～ 80 cm 和 80 ～ 100 cm 分别显著降低 4%、3%、5% 和 4%（$P < 0.05$），IPP 下土壤 pH 值在 80 ～ 100 cm 显著降低 4%（$P < 0.05$）。全碳和全氮受硬化地表的影响相对较小，与 NP 相比，PP 下土壤全碳和全氮在 0 ～ 20 cm 土层分别显著降低 14% 和 17%（$P < 0.05$）。土壤有机质表现为表层土高于底层土，PP 与 NP 保持一致，IPP 下土壤有机质在 40 ～ 60 cm 和 60 ～ 80 cm 土层比 NP 均显著升高 61%（$P < 0.05$）。

图 4-2 显示：白蜡树下土壤硝态氮在 5 个土层均介于 0 ～ 20 mg/kg 之间，PP 与 NP 下基本保持一致，仅在 80 ～ 100 cm 土层显著升高（$P < 0.05$）；IPP 下土壤硝态氮在 40 ～ 100 cm 土层均显著高于 NP（$P < 0.05$）。土壤速效磷整体变现为随土层深度而降低，IPP 下土壤速效磷在 0 ～ 20 cm 和 20 ～ 40 cm 土层比 NP 分别显著降低 57% 和 72%（$P < 0.05$）。土壤速效钾随土层深度表现为先降低后升高变化趋势，PP 下土壤速效钾在 0 ～ 20 cm 土层比 NP 显著升高 52%（$P < 0.05$）。土壤碳 / 氮在 PP 下和 NP 的变化趋势保持一致，IPP 下土壤碳 / 氮在 0 ～ 20 cm 和 40 ～ 60 cm 分别显著升高 30% 和 35%（$P < 0.05$）。硬化地表对白蜡树下土壤 pH 值的影响几乎贯穿每个土层，并且硬化地表使土壤 pH 值降低，可见土壤 pH 值或许可以作为白蜡树下土壤理化性质的一个指示指标。硬化地表下 60 cm 以下土层土壤硝态氮受到的影响比较大，整体表现为大幅度升高的趋势，不透水硬化地表下底层土壤硝态氮的升高幅度更明显，也许硬化地表不利于硝态氮的分解转化。

白蜡树下土壤理化性质不同硬化处理间独立样本 t 检验（表 4-2）。与 NP 相比，IPP 下土壤 pH 值显著降低（$P < 0.05$），土壤有机质和硝态氮显著升高（$P < 0.05$）；PP 下土壤 pH 值、全氮和有机质显著降低（$P < 0.05$）。与 PP 相比，IPP 下土壤全氮、有机质和硝态氮显著升高（$P < 0.05$）。硬化地表对白蜡树下土壤微生物的影响不是很大。

表 4-2　白蜡树下土壤理化性质独立样本 t 检验

变量	处理		
	IPP–NP	PP–NP	IPP–PP
pH 值	−0.23 ± 0.03**	−0.3 ± 0.05**	0.07 ± 0.05
TC/（g/kg）	−1.11 ± 0.56	−0.3 ± 0.82	−0.82 ± 0.63
TN/（g/kg）	0.02 ± 0.04	−0.08 ± 0.02**	0.1 ± 0.04*
SOM/（g/kg）	2.47 ± 0.84*	−1.77 ± 0.59*	4.24 ± 0.96**
NH_4^+/（mg/kg）	−0.33 ± 0.28	−0.5 ± 0.25	0.16 ± 0.1
NO_3^-/（mg/kg）	29.57 ± 6.01**	−0.34 ± 1.71	29.92 ± 6.32**
AP/（g/kg）	−11.1 ± 5.22	−5.54 ± 2.97	−5.55 ± 4.2
AK/（g/kg）	−0.88 ± 6.4	2.43 ± 9.37	−3.31 ± 10.08

注：表中数据为平均值 ± 标准误；*$P < 0.05$，**$P < 0.01$。

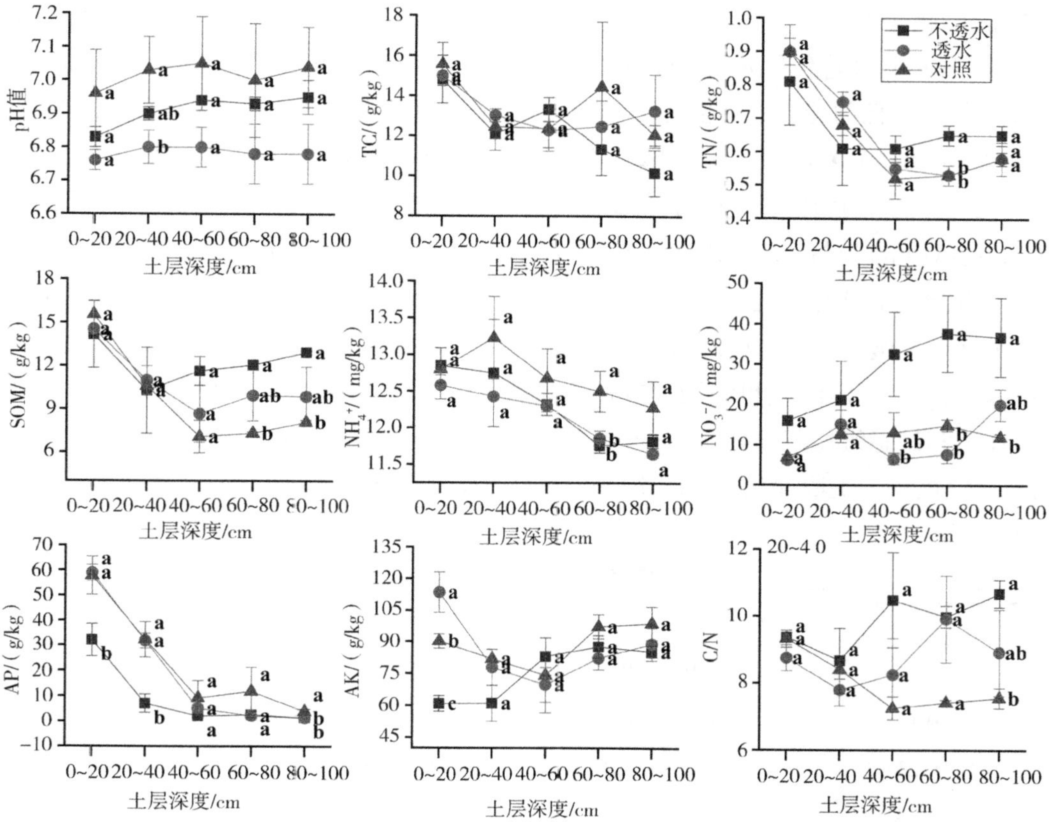

图 4-3　硬化地表对元宝枫树下土壤理化性质的影响

注：表中数据为均值 ± 标准误，同行不同字母表示不同类型地表间土壤理化性状差异显著 $P < 0.05$。

硬化地表对元宝枫树下不同土层土壤理化性质的影响因土层深度而异（图 4-3）。整体来看，元宝枫树下 5 个土层土壤 pH 值在 3 种类型地表下表现为：NP > IPP > PP，其中，PP 下土壤 pH 值在 20 ~ 40 cm 土层比 NP 下显著降低 3%（$P < 0.05$）。NP 下土壤全氮随土层深度的增加而降低，PP 和 NP 变化趋势保持一致，IPP 下土壤全氮在 60 ~ 80 cm 土层显著升高 23%（$P < 0.05$）。土壤有机质在表层土变化不大，硬化地表下底层土壤有机质表现为升高，IPP 下土壤有机质在 60 ~ 80 cm 和 80 ~ 100 cm 土层分别显著升高 65% 和 60%（$P < 0.05$）。土壤铵态氮整体表现为 NP > PP 与 IPP，在 PP 和 IPP 下土壤铵态氮在 60 ~ 80 cm 土层比 NP 分别显著降低 5% 和 6%（$P < 0.05$）。总体来看，PP 下土壤硝态氮的变化与 NP 保持一致；与 NP 相比，IPP 下土壤硝态氮在 60 ~ 80 cm 和 80 ~ 100 cm 土层均显著升高。土壤速效磷随土层深度增加而降低，IPP 下这种降低更加明显，与 NP 相比，IPP 下土壤速效磷在 0 ~ 20 cm、20 ~ 40 cm 和 80 ~ 100 cm 土层分别显著降低 45%、78% 和 62%（$P < 0.05$），PP 下土壤速效磷在 80 ~ 100 cm 土层显著降低 66%（$P < 0.05$）。硬化地表对土壤速

效钾的影响主要在 0 ~ 20 cm 土层，与 NP 相比，PP 和 IPP 下土壤速效钾在 0 ~ 20 cm 土层分别显著升高和降低 26% 和 32%（$P < 0.05$）。NP 下土壤碳 / 氮表现为随土层深度增加而降低的趋势，硬化地表下底层土壤碳 / 氮并没有降低，与 NP 相比，IPP 下土壤碳 / 氮在 80 ~ 100 cm 土层显著升高 41%（$P < 0.05$）。硬化地表对元宝枫树下土壤理化性质的影响主要集中在底层土，对表层土壤理化性质的影响不是很大。不透水硬化地表对元宝枫树下土壤理化性质的影响比透水硬化地表的影响大。

元宝枫树下土壤理化性质在不同硬化处理间做独立样本 t 检验（表 4–3）。与 NP 相比，IPP 下土壤有机质和硝态氮显著升高（$P < 0.05$），土壤铵态氮、速效磷和速效钾显著降低（$P < 0.05$）；PP 下土壤 pH 值显著降低（$P < 0.05$）。与 PP 相比，IPP 下土壤 pH 值和硝态氮显著升高（$P < 0.05$），速效磷显著降低（$P < 0.05$）。不透水硬化地表对元宝枫树下土壤理化性质的影响更大，透水硬化地表对元宝枫树下土壤理化性质影响非常小。

表 4–3　元宝枫树下土壤理化性质独立样本 t 检验

变量	处理		
	IPP–NP	PP–NP	IPP–PP
pH 值	−0.11 ± 0.05	−0.24 ± 0.04**	0.13 ± 0.02**
TC/（g/kg）	−1.04 ± 0.64	−0.17 ± 0.72	−0.86 ± 0.56
TN/（g/kg）	0.03 ± 0.04	0.02 ± 0.03	0.003 ± 0.04
SOM/（g/kg）	2.5 ± 0.99*	1.07 ± 0.83	1.42 ± 0.92
NH_4^+/（mg/kg）	−0.4 ± 0.15*	−0.53 ± 0.16	0.14 ± 0.15
NO_3^-/（mg/kg）	16.95 ± 4.37**	−0.83 ± 2.1	17.78 ± 3.87**
AP/（g/kg）	−13.93 ± 3.84**	−3.12 ± 2.91	−10.81 ± 3.42**
AK/（g/kg）	−12.83 ± 4.8*	−1.99 ± 5.71	−10.84 ± 6.98

注：表中数据为平均值 ± 标准误；* 表示 $P < 0.05$，**$P < 0.01$。

可见，不同类型绿化树种下土壤理化性质对硬化地表的响应存在差异，透水和不透水硬化地表对土壤理化性质的影响也不相同，随着土层深度的增加，不同类型硬化地表下土壤理化性质的变化也存在差异。

4.2　地表硬化、树种和土层深度对土壤理化性质的影响

多元方差分析的方法比较 3 种类型硬化地表、5 个土层、3 个树种对土壤理化性质的影响（表 4–4）。

表 4–4　土壤理化性质在不同硬化地表、土层和树种下多元方差分析结果

	pH	TC	TN	SOM	NH_4^+	NO_3^-	AP	AK
处理 Treatments	**	*	**	**	**	**	**	ns
土层 Soil Layers	ns	**	**	**	**	**	**	**
树种 Tree Species	ns	ns	ns	ns	ns	ns	ns	ns
处理 × 土层	ns	ns	ns	ns	ns	**	**	**
处理 × 树种	ns	ns	*	**	ns	**	ns	ns
土层 × 树种	ns	ns	ns	ns	ns	ns	ns	ns
处理 × 土层 × 树种	ns	ns	ns	ns	ns	ns	ns	ns

注：* 表示 $P < 0.05$，** 表示 $P < 0.01$；ns 表示处理间差异不显著。

结果表明，硬化地表对土壤 pH 值、全碳、全氮、有机质、铵态氮、硝态氮和速效磷均有显著影响，对土壤速效钾无影响；土层对土壤 pH 值无影响，对土壤全碳、全氮、有机质、铵态氮、硝态氮、速效磷和速效钾均有显著影响；硬化地表和土层的交互作用对土壤硝态氮、速效磷和速效钾有显著影响；硬化地表和树种的交互作用对土壤全氮、有机质、硝态氮有显著影响。树种对土壤理化性质没有显著影响，树种与土层的交互作用对土壤理化性质也没有显著影响，硬化地表、树种与土层三者的交互作用对土壤理化性质也没有显著影响。可见土壤理化性质主要受硬化地表和土层的影响，树种的差异可能不是土壤理化性质变化的主要因素。因此研究土壤理化性质的差异可以将硬化地表和土层作为主要分析因素。

4.3　地表硬化对土壤理化指标间相关性的影响

不硬化对照地表下土壤理化性质的 Pearson 相关分析见表 4–5。土壤有机质与土壤全碳、全氮、碳 / 氮、铵态氮、速效磷均呈显著正相关的关系；土壤全碳与土壤全氮、速效钾、速效钾显著正相关；土壤全氮与土壤速效磷显著正相关；土壤 pH 值与土壤速效磷显著正相关；土壤铵态氮与土壤速效磷显著正相关。可见自然地表下土壤理化因子互为正相关，呈相辅相成的关系。

表 4–5　对照地表下土壤理化性质的 Pearson 相关分析

	SOM	TC	TN	C/N	pH	NH_4^+	NO_3^-	AP
TC	0.555**							
TN	0.877**	0.592**						
C/N	0.491**	0.094	0.019					
pH	−0.112	0.156	−0.163	0.099				

续表

	SOM	TC	TN	C/N	pH	NH_4^+	NO_3^-	AP
NH_4^+	0.303*	0.139	0.226	0.202	0.036			
NO_3^-	−0.147	0.064	−0.072	−0.154	0.119	0.007		
AP	0.736**	0.532**	0.857**	−0.044	−0.292	0.380*	−0.101	
AK	0.147	0.382**	0.07	0.195	0.333*	−0.081	0.18	−0.179

注：*$P < 0.05$，**$P < 0.01$。

透水硬化地表下土壤理化性质的Pearson相关分析见表4–6。土壤有机质与土壤全碳、全氮、碳/氮、硝态氮、速效磷、速效钾均呈显著正相关的关系；土壤全碳与土壤全氮、碳/氮、速效磷、速效钾显著正相关；土壤全氮与碳/氮、铵态氮、速效磷、速效钾显著正相关；土壤碳/氮与土壤硝态氮、速效钾显著正相关；土壤pH值与土壤硝态氮显著负相关；土壤铵态氮与土壤速效磷显著正相关；土壤速效磷和速效钾显著正相关。透水硬化地表改变了部分理化性质的相关性，土壤pH值与土壤硝态氮则互为负相关，彼此成为制约因子。

表 4–6　透水硬化地表下土壤理化性质的 Pearson 相关分析

	SOM	TC	TN	C/N	pH	NH_4^+	NO_3^-	AP
TC	0.584**							
TN	0.864**	0.596**						
C/N	0.783**	0.390**	0.381**					
pH	−0.243	0.238	−0.237	−0.128				
NH_4^+	0.277	−0.013	0.396**	−0.029	−0.115			
NO_3^-	0.327*	−0.017	0.176	0.392**	−0.313*	−0.27		
AP	0.669**	0.353*	0.847**	0.177	−0.241	0.609**	−0.085	
AK	0.680**	0.644**	0.793**	0.346*	−0.03	0.142	0.12	0.594**

注：*$P < 0.05$，**$P < 0.01$。

不透水硬化地表下土壤理化性质的 Pearson 相关分析（表 4–7）。土壤有机质与土壤全碳、全氮、碳 / 氮、速效磷均呈显著正相关的关系；土壤全碳与土壤全氮、铵态氮、速效磷显著正相关，与速效钾显著负相关；土壤全氮与土壤 pH 值显著负相关，与土壤铵态氮、速效磷显著正相关；土壤 pH 值与速效磷显著负相关；土壤铵态氮与土壤速效磷显著正相关，与速效钾显著负相关；土壤速效磷和速效钾显著负相关。不透水硬化地表大大改变了理化性质的相关性，多个理化因子互为负相关，成为相互制约因子。

表 4-7　不透水硬化地表下土壤理化性质的 Pearson 相关分析

	SOM	TC	TN	C/N	pH	NH_4^+	NO_3^-	AP
TC	0.465**							
TN	0.758**	0.378*						
C/N	0.593**	0.249	−0.062					
pH	−0.194	0.062	−0.367*	0.201				
NH^4_+	0.279	0.454**	0.533**	−0.225	−0.179			
NO^3_-	0.13	−0.149	0.094	0.134	−0.099	−0.063		
AP	0.615**	0.588**	0.795**	−0.062	−0.462**	0.611**	−0.218	
AK	−0.043	−0.335*	−0.152	0.148	0.198	−0.423**	−0.042	−0.373*

注：*$P<0.05$，**$P<0.01$。

4.4　讨论

4.4.1　地表硬化类型对土壤理化性质影响的差异

城市的快速发展，土地利用形式的改变对城市土壤理化性质造成了很大影响（Scalenghe et al.，2011）。城市硬化地表的人为密封、压实、退化、填土、混合等阻碍土壤与其他环境之间的物质转换、养分循环和能量交换（Lorenz and Lal，2009），降低土壤孔隙度，破坏土壤的物理结构，阻止雨水下渗，降低土壤含水量（Schleuß et al.，1998；Lehmann and Stahr，2007；Sela et al.，2012），升高土壤温度（陈媛媛，2016），改变土壤理化性质（Zhao et al.，2012b；Morgenroth et al.，2013），降低土壤微生物量（Wei et al.，2013）。

与NP相比，IPP下土壤有机质和硝态氮显著升高（$P<0.05$），土壤铵态氮和速效磷显著降低（$P<0.05$）；PP下土壤pH值、全碳、全氮、有机质和硝态氮显著降低（$P<0.05$）。与PP相比，IPP下土壤全氮、有机质和硝态氮显著升高（$P<0.05$）。

本试验研究了油松、白蜡树、元宝枫树下 5 个土层土壤理化性质发现：①对油松树下土壤而言，不透水硬化地表升高了土壤有机质和硝态氮，降低了土壤铵态氮和速效磷；透水硬化地表降低了土壤 pH 值、全碳、全氮、有机质和硝态氮（表 4-1），硬化地表对油松树下土壤理化性质的影响贯穿 0 ~ 100 cm 的每个土层（图 4-1）。②对白蜡树下土壤而言，不透水硬化地表降低了土壤 pH 值，却升高了土壤有机质和硝态氮；透水硬化地表降低了土壤 pH 值、全氮和有机质（表 4-2），透水硬化地表对白蜡树下表层土壤理化性质的影响更大（图 4-2）。③对元宝枫树下土壤而言，不透水硬化地表升高了土壤有机质和硝态氮，却降低了土壤铵态氮、速效磷和速效钾；透水硬化地表降低了土壤 pH 值（表 4–3）；硬化地表对元宝枫树下土壤理化性质的影响主要集中在底层土，而且整体影响相对较小（图 4–3）。Wei 等（2013）对南京土壤的研究发发现，两种类型硬化地表均降低土壤有机质含量。Zhao 等（2012）的研究发现城市表层土不透水硬化地表使土壤 pH 值和碳 / 氮比升高，而土壤有机质和全氮降低，本研究中透水硬化地表对 3 个树种下土壤有机质和 pH 值的影响与之相一致，但不透水硬化地表对土壤有机质的影响与之并不一致，可能因为本试验研究对象为 0 ～ 100 cm 土层，硬化地表对表层土壤养分影响的研究较多（Wei et al.，2014；付芝红等，2013），底层土壤受硬化地表的影响与表层土并不完全一致，本研究中硬化地表对油松和白蜡树下土壤理化指标的影响也主要集中在表层土。本研究中对照地表下土壤 pH 值为中性（约 7.0），硬化地表增加或降低土壤 pH 值均会抑制土壤微生物活动，从而使有机碳的分解转化速率下降（周莉等,2005）,土壤有机碳含量与土壤全氮、速效磷、速效钾呈显著正相关（祖元刚等，2011），硬化地表对土壤有机质的改变使得土壤全碳、速效磷、速效钾等养分指标也随之改变。本研究发现硬化地表对油松树下土壤理化指标的改变更多，对元宝枫树下土壤理化指标的影响相对较小，虽然油松和元宝枫均属深根性树种，但元宝枫枝叶繁茂，遮阴效果好，一定程度上能降低硬化地表温度，元宝枫又比较耐旱，可能比油松更能适应硬化地表的逆境胁迫。同时也有研究表明不同树种对硬化地表的响应不同，从而造成了土壤理化性质之间的差异（Montague and Kjelgren，2004）。

本研究中两种类型硬化地表下土壤理化指标整体为降低，这可能由于硬化地表阻止雨水和凋落物下渗所致（Lorenz and Lal，2009；Lehmann and Stahr，2007；Sela et al.，2012）。本研究中两种类型硬化地表对油松树下土壤理化性质的影响贯穿 3 个树种林下 5 个土层，白蜡树下土壤表层理化因子受透水硬化地表的影响更大，而元宝枫土壤理化因子对硬化地表的响应主要集中在底层土。一方面自然土壤中土壤理化因子（如有机碳、全碳、全氮以及碳 / 氮等）也随土层深度的变化而变化（Setälä et al.，2016），另一方面本研究也发现硬化地表和土层深度对土壤理化性质都有一定的影响（表 4–4），双重因素的影响造成土壤理化性质的不同指标变化方向不一。本研究还发现透水硬化地表对土壤理化性质的影响比不透水硬化小，可能由于透水硬化地表使土壤和大气之间有一定的通透性，在一定程度上缓解了硬化地表对土壤的负面影响（Piotrowska–Długosz and Charzyński，2015；陈媛媛，2016）。

4.4.2　地表硬化对土壤理化性质影响的树种间差异

多元方差分析发现硬化地表和土层以及二者的交互作用对土壤理化性质的影响比较大，硬化地表和树种的交互作用对土壤理化性质有一定的影响。树种对土壤理化性质没有显著影响，树种与土层的交互作用对土壤理化性质也没有显著影响，硬化地表、树种与土层三者的交互作用对土壤理化性质也没有显著影响（表 4–4），可见土壤理化性质主要受硬化地表和土层以及二者交互作用的影响，树种对土壤理化性质虽然没有影响，但由于不同树种对硬化地表响应的差异，使得树种和硬化地表的交互作用对土壤理化性质也有一定的影响。土层深度与土壤理化性质关系密切，在自然土壤中，由于有机质的分解，土壤有机碳、全碳以及碳 / 氮比等理化指标一般随深度的增加而降低，Setälä 等（2016）通过对城市公园土壤理化性质的研究发现土壤理化性质随土层深度而变化，土壤有机质、全碳和全氮浓度随土层深度的增加而下降（Setälä et al.，2016），本研究发现土壤理化性质各指标随土层深度的变化趋势整体与之保持一致（图 4–1 ~ 图 4–3），也有研究发现表层土（5 ~ 10 cm）和底层土（110 ~ 115 cm）的环境条件决定了土壤微生物群落的丰度和功能，影响整个土壤剖面碳动态，从而影响地下土壤中碳积累和稳定（Preusser et al.，2019）。硬化地表对土壤理化性质影响的研究比较多，一般认为硬化地表将土壤和大气隔开（Feng et al.，2002），压实土壤增加土壤容重，改变土壤结构（Celestian and Martin，2004），降低土壤孔隙度，破坏土壤蓄水能力（付芝红等，2013），降低土壤含水量（Schleuß et al.，1998；Lehmann and Stahr，2007；Sela et al.，2012），升高土壤温度（Asaeda et al.，1996，陈媛媛，2016），进而改变土壤理化性质（Lorenz and Kandeler，2005；Zhao et al.，2013），本研究中硬化地表对土壤多个理化指标均存在显著影响，与之相一致。

4.4.3　地表硬化对土壤理化性质影响随土层深度变化

对照地表下土壤理化性质两两相关分析，表明土壤养分之间关系均表现为正相关（表 4–5）。土壤全碳与土壤全氮、速效磷、速效钾显著正相关，土壤有机质与土壤全碳、全氮、碳 / 氮、铵态氮、速效磷均呈显著正相关的关系，表明土壤碳含量及有机质与土壤供氮能力及速效养分密切相关；张建杰等（2009）通过研究土壤有机质和土壤氮素的空间变异规律发现土壤氮素大部分来自土壤有机质，祖元刚等（2011）通过研究东北土壤发现土壤全氮、碱解氮、速效磷、速效钾均与土壤有机碳含量呈显著正相关，土壤有机质与土壤有机碳显著正相关（杨金玲等，2004），土壤有机碳的增加一般会提高土壤氮含量和土壤离子强度（Batjes，1996；Li et al.，2007；Wu et al.，2013）。已有研究发现土壤速效磷随土壤氮沉降水平增加而升高（裴广廷等，2013），也有研究发现铵态氮的添加能显著提高磷酸酶活性（Phuyal et al.，2008），本研究中土壤全氮、土壤铵态氮均与土壤速效磷显著正相关与之一致。土壤 pH 值一般通过影响土壤微生物群落组成而影响土壤理化性质（Bååth and Anderson，2003），磷是土壤微生物生长的必要元素，本研究中土壤 pH 值与土壤速效磷显著正相关可能与之有关。对照不硬化地表下土壤理化指标之间的相关均为正相关，表明自然地表下土壤理化指标之间相辅相成，相互促进。

透水硬化地表下土壤理化性质的Pearson相关分析（表4-6）发现：土壤有机质与土壤全碳、全氮、碳/氮、硝态氮、速效磷均呈显著正相关的关系，土壤全碳与土壤全氮、碳/氮、速效磷、速效钾显著正相关，土壤全氮与碳/氮、铵态氮、速效磷、速效钾显著正相关，土壤全氮与碳/氮、土壤硝态氮、速效钾显著正相关，土壤铵态氮与土壤速效磷显著正相关，土壤速效磷和速效钾显著正相关，土壤pH 值与土壤硝态氮显著负相关。可见透水硬化地表下土壤理化性质与对照地表表现大体一致，但是土壤pH值与硝态氮负相关，可能由于硬化地表升高了土壤有机质含量所致，土壤有机碳和土壤有机质显著正相关（杨金玲等，2004），土壤有机碳的增加会造成土壤氮含量升高、pH值降低（Batjes，1996；Wu et al.，2003；曹建华等，2001）。由于透水硬化地表有一定的透气透水性，可能更接近对照地表（自然地表），对土壤的负面影响可能更小（Volder et al.，2009）。

不透水硬化地表下土壤理化性质的 Pearson 相关分析（表 4-7）发现：土壤有机质与土壤全碳、全氮、碳 / 氮、速效磷均呈显著正相关的关系，土壤全碳与土壤全氮、铵态氮、速效磷显著正相关，土壤全氮与土壤铵态氮、速效磷显著正相关，土壤铵态氮与土壤速效磷显著正相关，这与对照地表下基本保持一致。然而，不透水硬化地表下土壤全碳、铵态氮、速效磷与土壤速效钾显著负相关，土壤 pH 值与土壤全氮、速效磷显著负相关。本研究发现对照地表（自然地表）下，土壤理化指标之间的相关性均为正相关，而不透水硬化地表下部分指标的相关性表现为负相关，说明不透水硬化地表大大改变了理化性质的相关性，不利于理化指标之间的相互促进。硬化地表直接用硬质材料覆盖土壤，表层土壤动物被覆盖（Lorenz and Lal，2009），不利于养分的分解转化，同时，硬化材料容易吸热，使得近地层地表温度升高（Asaeda et al.，1996），也不利于土壤微生物的生长（Zhao et al.，2013），对养分的转化也不利。不透水硬化地表不透气，阻止水、气、养分进入土壤（Feng et al.，2002），同时硬化地表的压实作用破坏土壤物理结构（Schleuß et al.，1998；Lehmann and Stahr，2007；Sela et al.，2012），既不利于水分的保持，也不利于土壤动植物的生长（Chen et al.，2018；宋英石等，2015），导致土壤生态功能进一步恶化（Scalenghe and Marsan，2009；Scalenghe et al.，2011），土壤理化指标之间从相互促进转变为相互制约。

本研究中两种类型硬化地表对土壤理化指标之间的相关性均有一定的改变，不透水硬化地表的改变程度更大，而且改变后的理化指标之间互为负相关的数目更多，一定程度上说明透水硬化地表对土壤理化性质的影响更小一点，已有研究也认为透水硬化地表带来的负面影响更小，所以国内外在新建城市的建设中普遍推广透水硬化地表来代替不透水硬化地表（Mullaney and Lucke，2014；Mullaney et al.，2015；Morgenroth and Visser，2011）。

4.5 小结

（1）不同树种下土壤理化性质受硬化地表的影响不同，并且因土层而异。两种类型硬化地表对油松树下土壤有机质、硝态氮、速效钾和碳 / 氮的影响几乎贯穿 0 ～ 100 cm 的每个土层，对土壤 pH 值和全氮的影响主要集中在 60 ～ 80 cm 土层，对速效磷的影响主要集中在 0 ～ 40 cm 土层。透水硬化地表对白蜡树下 pH 值、有机质的影响几乎贯穿整个土层，对全碳、全氮、速效钾和碳 / 氮的影响主要集中在表层土；不透水硬化地表对白蜡树下速效磷、速效钾和碳 / 氮的影响主要集中在表层土，对土壤有机质、速效磷和硝态氮的影响主要集中在底层土。两种类型硬化地表对元宝枫树下土壤 pH 值、速效磷和速效钾的影响主要集中在 0 ～ 40 cm 土层，不透水硬化地表对元宝枫树下土壤全氮、有机质、硝态氮和碳 / 氮比的影响主要集中在底层土。

（2）配对 t 检验结果显示，不透水硬化地表升高了油松、白蜡和元宝枫树下土壤有机质和硝态氮的含量，降低了油松和元宝枫树下土壤铵态氮、速效磷和速效钾的含量；透水硬化地表降低了油松和白蜡树下土壤全氮和有机质的含量，降低了白蜡和元宝枫树下土壤 pH 值。

（3）硬化地表、土层及二者的交互作用对土壤理化性质的影响比较大，硬化地表和树种的交互作用对土壤理化性质也有一定的影响，树种对土壤理化性质的影响并不明显。

（4）对照地表下土壤理化性质之间的相关主要表现为正相关，透水和不透水硬化地表均会改变土壤理化性质之间的相关性，不透水硬化地表对土壤理化性质之间相关性的改变更大，而且更趋于向不利的方向改变。

（5）两种类型硬化地表均会改变土壤理化性质，由于树种和土层的差异，这种改变也不尽相同。但从整体来看，透水硬化地表对土壤理化性质的影响比不透水硬化地表小。

第五章　地表硬化对城市土壤细菌群落的影响

生物多样性下降对生态系统过程和功能的影响长期以来一直备受关注，微生物多样性在推动地球生物地球化学循环中的重要作用直到最近十年才被重视，微生物群落的组成影响生物地球化学过程，土壤微生物在土壤结构形成、土壤养分的形成和分解及循环中具有关键作用（Philippot et al.，2013）。土壤细菌是土壤微生物中数量最大、种类最多的微生物，占地球生物量中的很大一部分（Ma et al.，2020）；土壤细菌促进关键的土壤过程，如碳循环和养分有效性。城市硬化地表破坏土壤结构，摧毁土壤微生物赖以生存的土壤环境，必然引起土壤细菌群落的变化。本章通过研究北京市典型的 3 种绿化树林下 0 ~ 100 cm 土层土壤细菌群落对城市常见的 2 种类型硬化地表（透水硬化地表和不透水硬化地表）的响应，为城市硬化地表环境下微生物生态的研究提供数据支撑，为城市生态规划提供参考。

5.1　土壤细菌群落组成

对 135 个土壤样品测序后，经过质控、去除嵌合体，共获得 4 785 226 条序列。测序得到的原始数据用 QIIME（扩增子数据分析平台）进行分析，在 97% 相似度水平下聚类后，每个样品中包含 14 031 ~ 41 727 个 OTU。所测样品包含 67 个门，217 个纲，327 个目，573 个科和 1 479 个属。门水平上细菌的 OTUs 分属：绿弯菌门（Chloroflexi），放线菌门（Actinobacteria），变形菌门（Proteobacteria），酸杆菌门（Acidobacteria），硝化螺旋菌门（Nitrospirae），芽单孢菌门（Gemmatimonadetes），GAL15 菌门，浮霉菌门（Planctomycetes），厚壁菌门（Firmicutes），匿杆菌门（Latescibacteria），护微菌门（Tectomicrobia），拟杆菌门（Bacteroidetes）和未知细菌（Other）（图 5–1、彩图 5–1）。

对土壤细菌相对丰度大于 1% 的优势菌门进行分析（图 5–2、彩图 5–2），硬化地表对土壤门水平主要优势菌的影响见表 5–1。土壤细菌门水平的优势菌（≥ 1%）主要有：Actinobacteria、Proteobacteria、Chloroflexi、Acidobacteria、Gemmatimonadetes 和

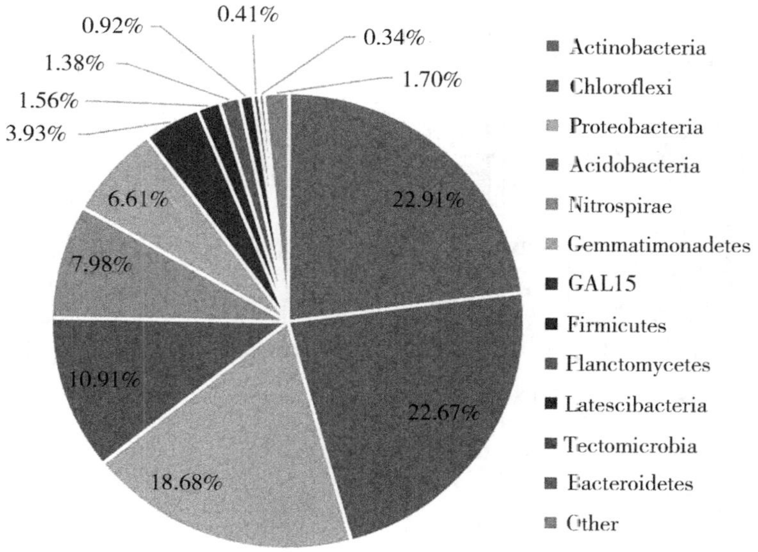

图 5-1　硬化地表下土壤细菌门水平主要优势属

Nitrospirae，它们占总序列数据的 80% ~ 96%。0 ~ 20 cm 土层，与 NP 相比，对油松而言，IPP 显著升高了 Gemmatimonadetes 的相对丰度（$P < 0.05$）；对白蜡而言，IPP 显著升高了 Actinobacteria 和 Gemmatimonadetes 的相对丰度（$P < 0.05$），却显著降低了 Acidobacteria 的相对丰度（$P < 0.05$），PP 分别显著降低和升高了 Acidobacteria 和 Gemmatimonadetes 的相对丰度（$P < 0.05$）；对元宝枫而言，IPP 分别显著降低和升高了 Proteobacteria 和 Gemmatimonadetes 的相对丰度（$P < 0.05$）。40 ~ 60 cm 土层，对白蜡而言，IPP 和 PP 均显著降低了 Acidobacteria 的相对丰度（$P < 0.05$），IPP 显著降低了 Gemmatimonadetes 的相对丰度（$P < 0.05$）。60~80 cm 土层，对油松而言，IPP 显著降低 Chloroflexi 的相对丰度（$P < 0.05$），PP 显著升高 Actinobacteria 的相对丰度（$P < 0.05$）；对白蜡而言，IPP 显著降低了 Proteobacteria 的相对丰度（$P < 0.05$）。80 ~ 100 cm 土层，对油松而言，IPP 显著降低 Chloroflexi 的相对丰度（$P < 0.05$），PP 显著升高 Actinobacteria 的相对丰度（$P < 0.05$）；对白蜡而言，IPP 分别显著升高和降低了 Proteobacteria 和 Chloroflexi 的相对丰度（$P < 0.05$），IPP 和 PP 均显著降低了 Gemmatimonadetes 的相对丰度（$P < 0.05$）；对元宝枫而言，IPP 分别显著降低和升高了 Actinobacteria 和 Proteobacteria 的相对丰度（$P < 0.05$）。可见，硬化地表对不同土层土壤优势菌影响不同，对 20 ~ 40 cm 土层土壤优势菌并无影响，不透水硬化地表对土壤优势菌的影响更大。

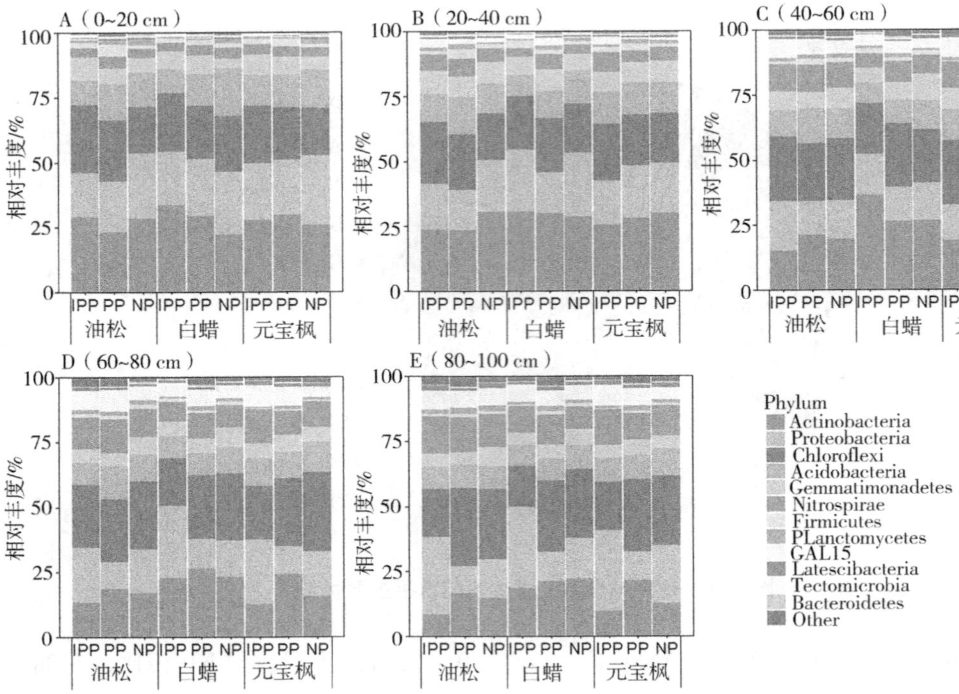

图 5-2　硬化地表下土壤优势细菌群落在门水平上的相对丰度

表 5-1　土壤细菌门水平优势菌相对丰度

土层	树种	优势菌	处理		
			IPP	PP	NP
0 ~20 cm	油松 *Pinus tabulaeformis*	Actinobacteria	27.79 ± 1.28a	29.77 ± 0.97a	25.71 ± 7.73a
		Proteobacteria	21.79 ± 1.18a	21.11 ± 1.02a	26.88 ± 5.59a
		Chloroflexi	22.12 ± 0.46a	20.35 ± 1.52a	18.21 ± 1.63a
		Acidobacteria	12.03 ± 0.56a	12.44 ± 0.55a	14.61 ± 2.80a
		Gemmatimonadetes	7.85 ± 0.57a	6.90 ± 0.35b	5.02 ± 0.66b
		Nitrospirae	3.52 ± 0.73a	4.46 ± 0.69a	3.78 ± 0.38a
	白蜡 *Fraxinus chinensis*	Actinobacteria	33.70 ± 1.26a	29.29 ± 2.49a	21.97 ± 2.26b
		Proteobacteria	20.43 ± 2.06a	21.79 ± 1.34a	24.33 ± 4.50a
		Chloroflexi	22.56 ± 1.13a	20.74 ± 0.56a	21.52 ± 3.73a
		Acidobacteria	9.13 ± 0.42b	12.06 ± 0.54b	18.48 ± 2.67a
		Gemmatimonadetes	6.95 ± 0.81a	7.32 ± 0.06a	3.38 ± 0.56b
		Nitrospirae	3.12 ± 0.14a	3.88 ± 0.38a	4.28 ± 1.27a

续表

土层	树种	优势菌	处理		
			IPP	PP	NP
0 ~20 cm	元宝枫 *Acer truncatum*	Actinobacteria	28.95 ± 1.09a	23.19 ± 4.30a	28.48 ± 4.44a
		Proteobacteria	17.17 ± 2.04b	19.61 ± 1.86ab	25.10 ± 2.59a
		Chloroflexi	26.11 ± 4.59a	23.52 ± 4.25a	17.82 ± 0.28a
		Acidobacteria	9.38 ± 1.20a	13.96 ± 1.83a	13.17 ± 1.80a
		Gemmatimonadetes	8.97 ± 0.89a	6.05 ± 1.29ab	5.46 ± 0.62b
		Nitrospirae	3.68 ± 0.03a	3.68 ± 0.37a	3.68 ± 0.27a
20 ~40 cm	油松 *Pinus tabulaeformis*	Actinobacteria	25.54 ± 4.99a	28.12 ± 0.53a	30.00 ± 3.53a
		Proteobacteria	16.79 ± 0.73b	20.15 ± 0.46a	19.13 ± 0.85ab
		Chloroflexi	22.06 ± 1.73a	19.70 ± 0.68a	19.50 ± 1.11a
		Acidobacteria	12.23 ± 0.58a	12.30 ± 0.59a	11.59 ± 0.67a
		Gemmatimonadetes	7.70 ± 0.42a	7.70 ± 0.38a	8.32 ± 0.37a
		Nitrospirae	6.44 ± 1.88a	6.93 ± 1.61a	5.27 ± 1.07a
	白蜡 *Fraxinus chinensis*	Actinobacteria	30.55 ± 2.02a	29.80 ± 1.88a	28.63 ± 4.56a
		Proteobacteria	24.01 ± 6.98a	15.90 ± 3.80a	24.48 ± 1.61a
		Chloroflexi	20.54 ± 1.81a	20.87 ± 1.17a	18.88 ± 1.29a
		Acidobacteria	8.32 ± 1.70a	10.48 ± 0.56a	12.75 ± 1.72a
		Gemmatimonadetes	6.56 ± 1.15a	8.11 ± 0.65a	6.43 ± 1.36a
		Nitrospirae	3.41 ± 1.12a	5.90 ± 1.76a	3.41 ± 0.58a
	元宝枫 *Acer truncatum*	Actinobacteria	23.81 ± 4.16a	23.50 ± 3.52a	30.75 ± 2.00a
		Proteobacteria	17.46 ± 1.68a	15.64 ± 2.69a	19.85 ± 0.83a
		Chloroflexi	23.99 ± 1.68a	21.36 ± 3.46a	18.08 ± 0.29a
		Acidobacteria	10.96 ± 0.82a	14.38 ± 2.83a	11.41 ± 0.41a
		Gemmatimonadetes	8.61 ± 0.77a	7.64 ± 0.82a	8.12 ± 0.49a
		Nitrospirae	7.38 ± 2.77a	4.56 ± 0.61a	5.14 ± 0.68a
40~60 cm	油松 *Pinus tabulaeformis*	Actinobacteria	18.75 ± 2.73a	24.73 ± 2.34a	24.58 ± 3.18a
		Proteobacteria	13.91 ± 2.54a	14.77 ± 2.32a	17.22 ± 3.38a
		Chloroflexi	24.93 ± 2.91a	22.68 ± 1.98a	19.76 ± 2.98a
		Acidobacteria	11.59 ± 0.51a	11.96 ± 0.30a	10.97 ± 0.41a
		Gemmatimonadetes	8.07 ± 1.84a	8.49 ± 0.43a	9.64 ± 0.73a
		Nitrospirae	10.62 ± 0.59a	10.39 ± 3.29a	9.90 ± 2.58a
	白蜡 *Fraxinus chinensis*	Actinobacteria	36.61 ± 4.59a	26.22 ± 2.66a	26.59 ± 2.09a
		Proteobacteria	15.70 ± 2.95a	13.36 ± 1.33a	14.44 ± 0.85a

续表

土层	树种	优势菌	处理		
			IPP	PP	NP
40~60 cm	白蜡 *Fraxinus chinensis*	Chloroflexi	19.38 ± 1.05a	24.43 ± 2.67a	20.64 ± 0.84a
		Acidobacteria	7.81 ± 0.15b	9.03 ± 0.96b	11.18 ± 0.30a
		Gemmatimonadetes	5.61 ± 1.05b	6.60 ± 1.31ab	10.16 ± 0.62a
		Nitrospirae	5.80 ± 0.71a	8.09 ± 2.16a	7.16 ± 1.05a
	元宝枫 *Acer truncatum*	Actinobacteria	14.82 ± 0.92a	21.07 ± 3.94a	19.62 ± 1.35a
		Proteobacteria	19.25 ± 2.09a	12.99 ± 3.00a	14.85 ± 4.67a
		Chloroflexi	25.00 ± 3.04a	22.32 ± 2.50a	24.02 ± 2.10a
		Acidobacteria	10.29 ± 0.83a	13.34 ± 2.89a	11.36 ± 0.61a
		Gemmatimonadetes	6.95 ± 0.27a	6.40 ± 1.53a	7.69 ± 1.11a
		Nitrospirae	10.17 ± 1.87a	6.78 ± 1.75a	8.55 ± 1.38a
60~80 cm	油松 *Pinus tabulaeformis*	Actinobacteria	12.65 ± 0.77b	23.97 ± 2.40a	15.60 ± 2.60b
		Proteobacteria	24.79 ± 2.97a	10.98 ± 0.11b	17.26 ± 5.95ab
		Chloroflexi	20.73 ± 2.91b	25.95 ± 2.10ab	30.43 ± 2.10a
		Acidobacteria	10.62 ± 0.73a	10.40 ± 0.11a	11.93 ± 2.32a
		Gemmatimonadetes	5.56 ± 0.89a	6.40 ± 0.72a	5.47 ± 0.57a
		Nitrospirae	11.94 ± 1.09a	13.05 ± 0.93a	10.85 ± 3.11a
	白蜡 *Fraxinus chinensis*	Actinobacteria	22.77 ± 2.72a	26.48 ± 1.95a	23.18 ± 4.23a
		Proteobacteria	27.75 ± 2.56a	11.26 ± 1.04b	13.96 ± 1.78b
		Chloroflexi	18.29 ± 2.51a	24.47 ± 1.56a	25.86 ± 2.57a
		Acidobacteria	8.53 ± 0.16a	8.68 ± 1.13a	9.98 ± 0.72a
		Gemmatimonadetes	5.69 ± 1.60a	5.51 ± 0.90a	7.66 ± 1.29a
		Nitrospirae	7.52 ± 1.95a	9.92 ± 1.30a	8.40 ± 2.07a
	元宝枫 *Acer truncatum*	Actinobacteria	13.13 ± 2.53a	18.37 ± 3.41a	16.96 ± 2.09a
		Proteobacteria	21.44 ± 1.94a	10.50 ± 1.60b	17.06 ± 4.82ab
		Chloroflexi	24.20 ± 1.41a	24.23 ± 3.49a	25.97 ± 2.97a
		Acidobacteria	8.61 ± 0.26a	12.84 ± 3.03a	10.54 ± 0.57a
		Gemmatimonadetes	5.20 ± 0.45a	4.81 ± 1.01a	6.35 ± 1.17a
		Nitrospirae	13.06 ± 1.24a	9.04 ± 0.82a	9.67 ± 2.49a
80~100 cm	油松 *Pinus tabulaeformis*	Actinobacteria	9.85 ± 0.52b	21.49 ± 2.00a	12.62 ± 2.12b
		Proteobacteria	30.84 ± 7.33a	11.09 ± 0.48a	22.11 ± 9.93a
		Chloroflexi	18.82 ± 2.36b	27.75 ± 0.67a	27.01 ± 1.72a
		Acidobacteria	9.19 ± 0.90a	9.21 ± 0.46a	10.45 ± 0.19a

续表

土层	树种	优势菌	处理		
			IPP	PP	NP
80~100 cm	油松 *Pinus tabulaeformis*	Gemmatimonadetes	4.85 ± 1.31a	5.89 ± 0.20a	5.00 ± 0.16a
		Nitrospirae	14.42 ± 0.65a	13.27 ± 1.54a	12.75 ± 3.19a
	白蜡 *Fraxinus chinensis*	Actinobacteria	18.66 ± 5.45a	21.12 ± 0.72a	22.15 ± 4.47a
		Proteobacteria	31.21 ± 4.29a	11.60 ± 0.70b	15.60 ± 3.76b
		Chloroflexi	15.82 ± 1.15b	27.29 ± 1.09a	26.41 ± 2.48a
		Acidobacteria	7.97 ± 0.85a	8.60 ± 0.76a	9.24 ± 3.07a
		Gemmatimonadetes	4.54 ± 0.17b	5.01 ± 0.16b	6.31 ± 0.51a
		Nitrospirae	10.32 ± 1.39a	11.65 ± 0.48a	8.40 ± 2.13a
	元宝枫 *Acer truncatum*	Actinobacteria	8.30 ± 0.44b	16.67 ± 1.10a	14.63 ± 2.52a
		Proteobacteria	29.76 ± 4.12a	10.19 ± 1.92b	14.98 ± 1.59b
		Chloroflexi	18.77 ± 1.29b	30.10 ± 5.06a	27.07 ± 0.66ab
		Acidobacteria	8.58 ± 0.24a	9.24 ± 0.73a	9.09 ± 0.75a
		Gemmatimonadetes	4.87 ± 0.42a	4.78 ± 0.22a	6.98 ± 1.73a
		Nitrospirae	13.50 ± 2.22a	10.22 ± 0.31a	11.34 ± 3.38a

注：同列不同字母表示差异显著（$P < 0.05$）。

硬化地表对不同土层土壤细菌门水平优势属的影响进行两两配对 t 检验（表 5-2）。0~20 cm 土层，与 NP 相比，IPP 和 PP 使 Gemmatimonadetes 显著升高（$P < 0.05$），IPP 使 Acidobacteria 显著降低（$P < 0.05$）；与 PP 相比，IPP 下 Chloroflexi 和 Acidobacteria 分别显著升高和降低（$P < 0.05$）。20 ~ 40 cm 土层，与 NP 相比，IPP 使 Chloroflexi 显著升高（$P < 0.05$）。60 ~ 80 cm 土层，与 NP 相比，IPP 使 Proteobacteria 和 Chloroflexi 分别显著升高和降低（$P < 0.05$）；与 PP 相比，IPP 使 Proteobacteria 显著升高（$P < 0.05$）。60 ~ 80 cm 土层，与 NP 相比，IPP 使 Actinobacteria 和 Chloroflexi 显著降低（$P < 0.05$），使 Proteobacteria 显著升高（$P < 0.05$）；与 PP 相比，IPP 使 Actinobacteria 和 Chloroflexi 显著降低（$P < 0.05$），使 Proteobacteria 显著升高（$P < 0.05$）。可见，不同土层土壤细菌门水平优势属受到硬化地表的影响不同，表层和底层土壤细菌门水平优势属受到的影响更大。两种类型硬化地表对土壤细菌门水平优势属均有影响，不透水和透水硬化地表对土壤细菌门水平优势属的影响之间存在差异，不透水硬化地表对土壤细菌门水平优势属的影响更大，透水硬化地表只对 0 ~ 20 cm 土层土壤细菌门水平优势属有影响，不透水硬化地表除了对 40 ~ 60 cm 土层土壤细菌门水平优势属没有影响，对其他土层土壤细菌门水平优势属均有影响。

表 5–2　土壤细菌门水平优势属配对 t 检验

土层	优势菌	处理		
		IPP–NP	PP–NP	IPP–PP
0~20 cm	Actinobacteria	4.76 ± 3.55	2.03 ± 3.83	2.73 ± 1.65
	Proteobacteria	−5.64 ± 2.77	−4.60 ± 2.14	−1.04 ± 1.22
	Chloroflexi	4.41 ± 2.28	2.36 ± 1.90	2.06 ± 0.57**
	Acidobacteria	−5.24 ± 1.72*	−2.60 ± 1.79	−2.64 ± 1.08*
	Gemmatimonadetes	3.30 ± 0.45**	2.14 ± 0.71*	1.16 ± 0.82
	Nitrospirae	−0.47 ± 0.45	0.10 ± 0.45	−0.57 ± 0.43
20~40 cm	Actinobacteria	−3.16 ± 2.69	−2.65 ± 2.35	−0.50 ± 2.24
	Proteobacteria	−1.74 ± 2.52	−3.93 ± 2.26	2.19 ± 2.48
	Chloroflexi	3.38 ± 1.06*	1.82 ± 1.10	1.55 ± 1.57
	Acidobacteria	−1.42 ± 0.83	0.47 ± 1.33	−1.88 ± 0.99
	Gemmatimonadetes	0.00 ± 0.68	0.20 ± 0.57	−0.19 ± 0.66
	Nitrospirae	1.13 ± 0.95	1.19 ± 0.78	−0.06 ± 1.12
40~60 cm	Actinobacteria	−0.20 ± 2.76	0.41 ± 1.73	−0.62 ± 3.05
	Proteobacteria	0.78 ± 1.64	−1.80 ± 2.72	2.58 ± 2.45
	Chloroflexi	1.63 ± 1.52	1.67 ± 1.84	−0.04 ± 2.14
	Acidobacteria	−1.27 ± 0.74	0.27 ± 1.09	−1.55 ± 0.90
	Gemmatimonadetes	−2.29 ± 1.03	−2.00 ± 1.01	−0,29 ± 0.75
	Nitrospirae	0.32 ± 1.33	−0.12 ± 2.00	0.44 ± 1.22
60~80 cm	Actinobacteria	−2.40 ± 2.04	4.36 ± 2.55	−6.75 ± 1.31*
	Proteobacteria	8.56 ± 2.43**	−5.18 ± 2.59	13.75 ± 1.55**
	Chloroflexi	−6.34 ± 1.62**	−2.54 ± 2.38	−3.81 ± 2.02
	Acidobacteria	−1.56 ± 0.72	−0.18 ± 1.32	−1.38 ± 1.16
	Gemmatimonadetes	−1.01 ± 0.93	−0.92 ± 0.95	−0.09 ± 0.79
	Nitrospirae	1.20 ± 1.80	1.03 ± 1.78	0.17 ± 1.30
80~100 cm	Actinobacteria	−4.20 ± 1.19**	3.29 ± 2.12	−7.49 ± 2.03**
	Proteobacteria	13.04 ± 4.54*	−6.61 ± 3.35	19.64 ± 2.77**
	Chloroflexi	−9.02 ± 1.13**	1.56 ± 2.00	−10.58 ± 1.48**
	Acidobacteria	−1.01 ± 0.75	−0.58 ± 0.97	−0.44 ± 0.51
	Gemmatimonadetes	−1.34 ± 0.65	−0.87 ± 0.67	−0.47 ± 0.40
	Nitrospirae	1.92 ± 2.02	0.88 ± 1.53	1.04 ± 1.14

注：表中数据为平均值 ± 标准误；$*P < 0.05$，$**P < 0.01$。

0 ~ 20 cm 土层，在属水平上，利用热图分析了土壤样品中相对丰度排名前 50 的属（图 5-3、彩图 5-3）。硬化地表是影响表层土壤细菌群落分布的主要因素。27 个土壤样品被分成 3 类，Group Ⅰ（Ⅰ类）和 Group Ⅲ（Ⅲ类）包含对照地表下所有样品和少数不透水及透水硬化地表下的样品，Group Ⅱ（Ⅱ类）包含大部分不透水和透水硬化地表下的样品。*Pseudomonas* 属的相对丰度在对照地表下高于透水和不透水硬化地表，*H16*、*Gaiella*、*Solirubrobacter* 和 *Bacillus* 属的相对丰度在硬化地表下高于对照地表。

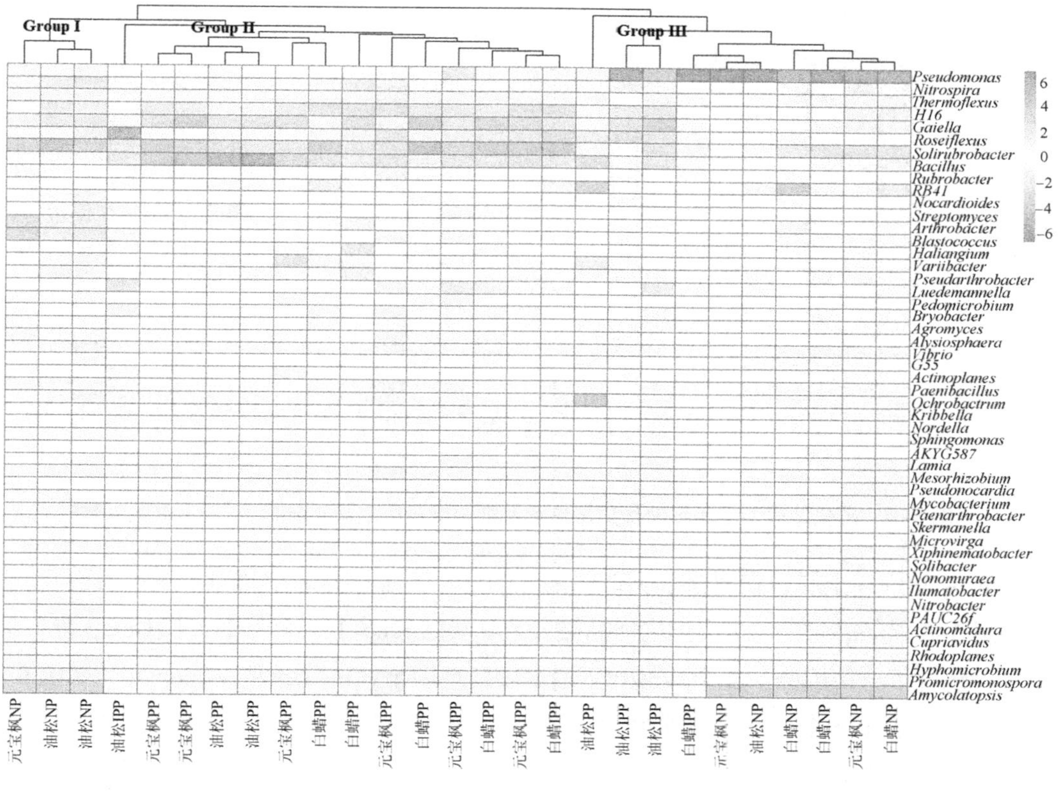

图 5-3　硬化地表下土壤细菌优势属热图及细菌群落组成聚类分析（0 ~ 20 cm）

20 ~ 40 cm 土层，在属水平上，利用热图分析了土壤样品中相对丰度排名前 50 的属（图 5-4、彩图 5-4）。同一类型硬化地表下的样品及同一树种下的样品均不能聚集在一起，表明硬化地表和树种对 20 ~ 40 cm 土层土壤细菌群落结构无显著影响。*H16*、*Gaiella*、*Solirubrobacter* 和 *Bacillus* 属的相对丰度较高。

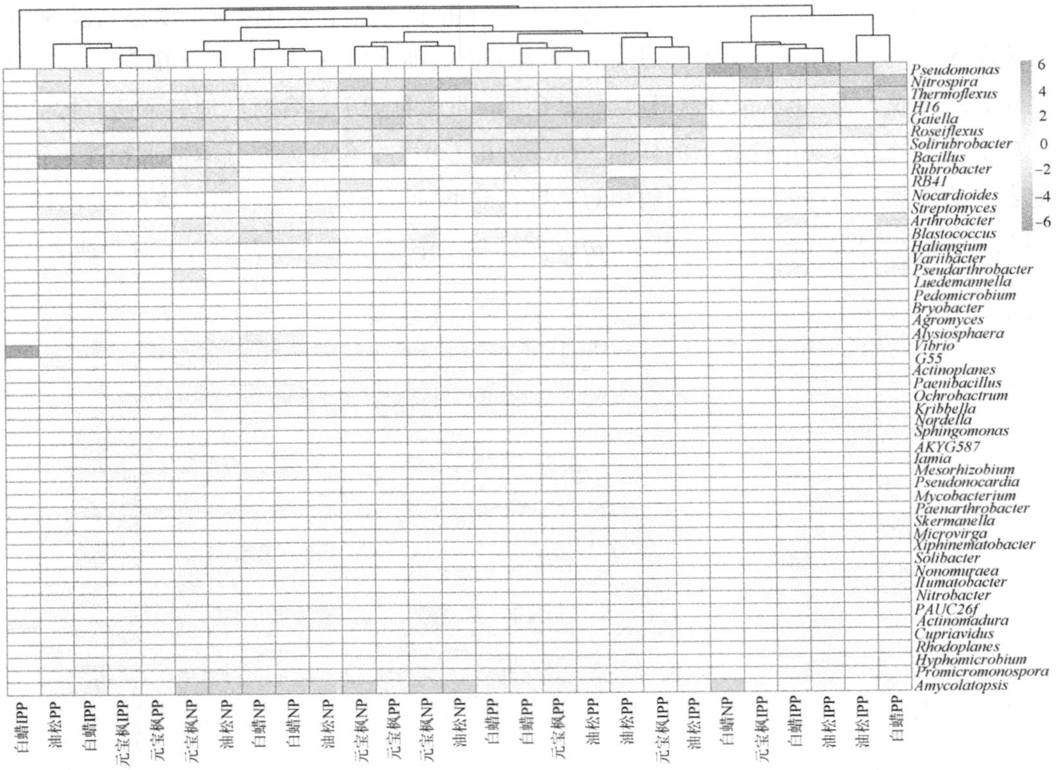

图 5-4　硬化地表下土壤细菌优势属热图及细菌群落组成聚类分析（20 ~ 40 cm）

40 ~ 60 cm 土层，在属水平上，利用热图分析了土壤样品中相对丰度排名前 50 的属（图 5-5、彩图 5-5）。27 个土壤样品被分成 3 类，Group Ⅰ（聚类Ⅰ）和 Group Ⅲ（聚类Ⅲ）包含了对照地表下 4 个样品和不透水硬化地表下大部分样品，Group Ⅱ（聚类Ⅱ）包含对照地表下 5 个样品和透水硬化地表下大部分样品，表明透水和不透水硬化地表下细菌群落分布存在差异。同一树种下的样品未聚集在一起，表明树种对细菌群落结构无显著影响。*Pseudomonas* 属的相对丰度在不透水和透水硬化地表下高于对照地表，*H16* 和 *Gaiella* 属的相对丰度在透水硬化和对照地表下高于不透水硬化地表。

60 ~ 80 cm 土层，在属水平上，利用热图分析了土壤样品中相对丰度排名前 50 的属（图 5-6、彩图 5-6）。27 个土壤样品被分成 3 类，Group Ⅰ和 Group Ⅱ包含了对照地表和透水硬化地表下的大部分样品，Group Ⅱ包含不透水硬化地表下的大部分样品，表明在 60 ~ 80 cm 土层不透水硬化地表对土壤细菌群落结构的影响较大。同一树种下的样品未聚集在一起，表明树种对细菌群落结构无显著影响。*Pseudomonas* 属的相对丰度在不透水硬化地表下高于透水和对照地表，*Nitrospira*、*Thermoflexus*、*H16* 和 *Gaiella* 属的相对丰度在透水硬化和对照地表下高于不透水硬化地表。

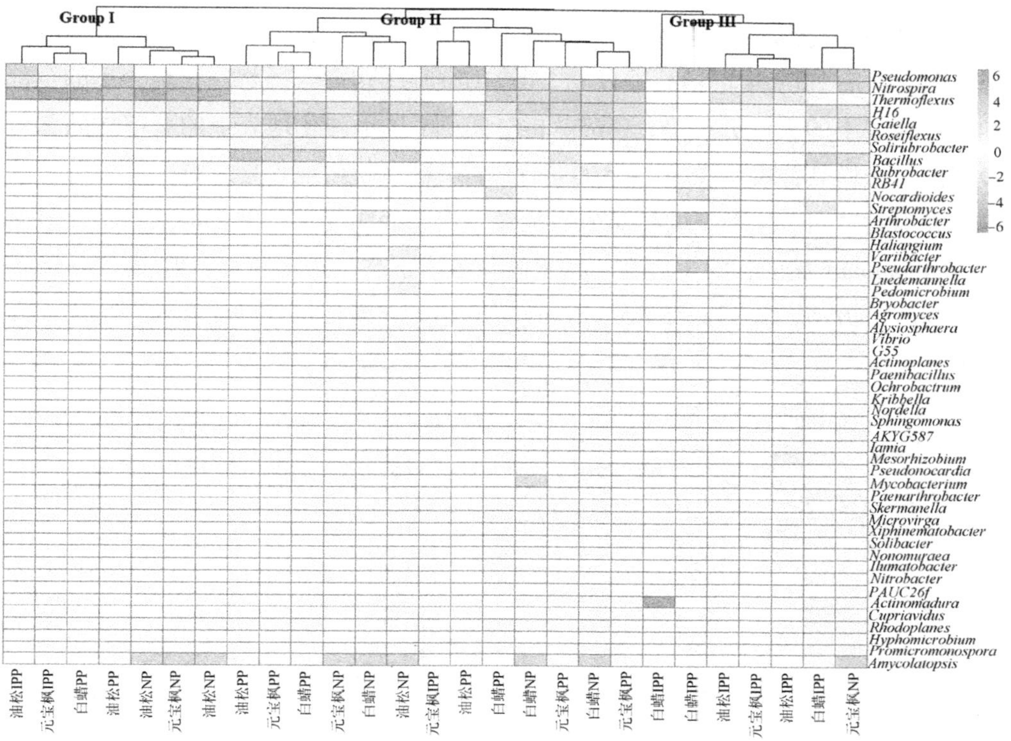

图 5–5 硬化地表下土壤细菌优势属热图及细菌群落组成聚类分析（40 ～ 60 cm）

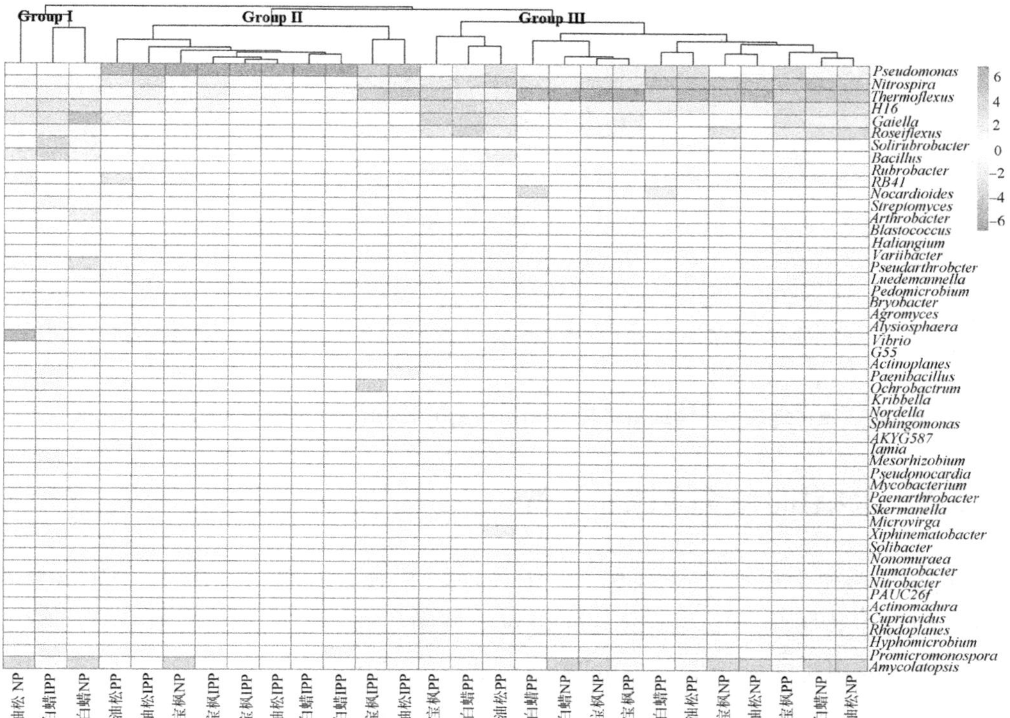

图 5–6 硬化地表下土壤细菌优势属热图及细菌群落组成聚类分析（60 ～ 80 cm）

80 ~ 100 cm 土层，在属水平上，利用热图分析了土壤样品中相对丰度排名前 50 的属（图 5-7）。27 个土壤样品被分成 2 类，Group Ⅰ包含了透水硬化地表下的全部样品和对照地表下的大部分样品，Group Ⅱ包含了不透水硬化地表下的全部样品和对照地表下的 2 个样品，表明在 80 ~ 100 cm 土层不透水硬化地表是影响土壤细菌群落结构的主要因素。同一树种下的样品未聚集在一起，表明树种对细菌群落结构无显著影响。*Pseudomonas* 属的相对丰度在不透水硬化地表下高于透水和对照地表，*Nitrospira*、*Thermoflexus*、*H16*、*Gaiella* 和 *Roseiflexus* 属的相对丰度在透水硬化和对照地表下高于不透水硬化地表。

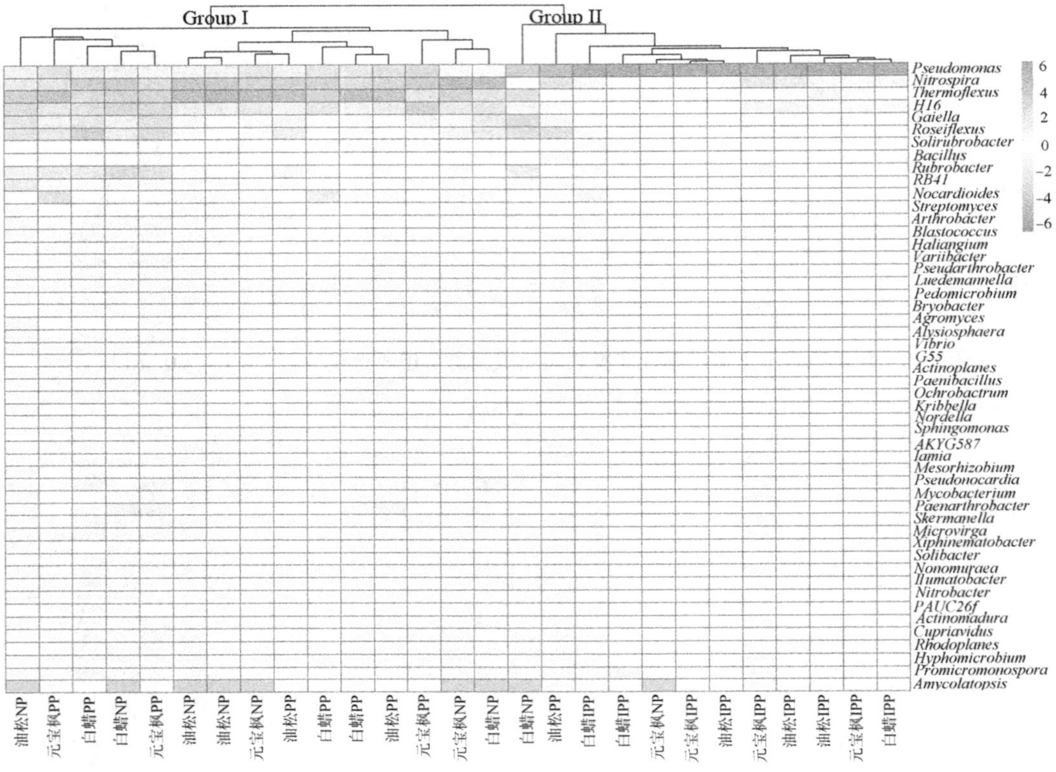

图 5-7 硬化地表下土壤细菌优势属热图及细菌群落组成聚类分析（80 ~ 100 cm）

5.2 土壤细菌多样性

硬化地表和土层对土壤细菌 Chao1 多样性和香农 – 威纳指数（Shannon Wiener indes）均有显著影响，二者的交互作用对土壤细菌香农 – 威纳指数有显著影响（表 5-3）。硬化处理对油松土壤细菌 α 多样性的影响在 0 ~ 40 cm 土层均不显著，与 NP 相比，PP 使油松树下土壤细菌香农 – 威纳指数在 60 ~ 80 cm 和 80 ~ 100 cm 土层分别显著降低 6.02% 和 7.82%（$P < 0.05$），可见，透水硬化地表对油松底层土壤细菌 α 多样性影响较大。对白蜡而言，与 NP 相比，PP 和 IPP 使土壤细菌 chao1 多样性在 40 ~ 60 cm 土层分别显著降低 25.48% 和 27.15%（$P < 0.05$），PP 使土壤细菌 chao1 多样性在 60 ~ 80 cm 和 80 ~ 100 cm 土层分别显著降低 34.56% 和 8.69%（$P < 0.05$）。对元宝枫而言，与 NP 相比，PP 和 IPP 使土壤细菌 chao1 多样性在 20 ~ 40 cm 土层分别显著降低 44.14% 和 39.61%（$P < 0.05$），PP 使土壤细菌香农 – 威纳指数在 20 ~ 40 cm 土层显著降低 4.6%（$P < 0.05$），PP 使土壤细菌 chao1 多样性和香农 – 威纳指数在 80 ~ 100 cm 土层下分别显著降低 15.83% 和 6.56%（$P < 0.05$），IPP 使土壤细菌 chao1 多样性在 80 ~ 100 cm 土层下显著升高 17.21%（$P < 0.05$）；与 PP 相比，IPP 使土壤细菌 chao1 多样性和香农 – 威纳指数在 60 ~ 80 cm 土层分别显著升高 31.79% 和 6.9%（$P < 0.05$），使土壤细菌 chao1 多样性和香农 – 威纳指数在 80 ~ 100 cm 土层分别显著升高 39.26% 和 10.03%（$P < 0.05$）。

可见，硬化地表降低土壤细菌 α 多样性，但对表层土壤细菌 α 多样性的影响并不大，对 3 个树种 α 多样性的影响也表现为油松＜白蜡＜元宝枫。硬化地表对土壤细菌 α 多样性的影响伴随土层深度的增加而增加。

表 5–3　土壤细菌多样性

树种	土层	处理	多样性指数	
			Chao1	Shannon Wiener indes
油松 *Pinus tabulaeformis*	0 ~ 20 cm	NP	2 551 ± 406a	10.26 ± 0.05a
		PP	2 473 ± 102a	10.04 ± 0.12a
		IPP	2 053 ± 305a	10.08 ± 0.18a
	20 ~ 40 cm	NP	2 375 ± 412a	10.25 ± 0.06a
		PP	2 524 ± 333a	9.98 ± 0.23a
		IPP	2 476 ± 421a	10.25 ± 0.08a
	40 ~ 60 cm	NP	1 982 ± 357a	9.85 ± 0.13ab
		PP	1 879 ± 51a	9.40 ± 0.07b
		IPP	2 474 ± 229a	9.98 ± 0.19a
	60 ~ 80 cm	NP	2 281 ± 341a	9.92 ± 0.10a
		PP	1 749 ± 22a	9.32 ± 0.01b
		IPP	2 294 ± 197a	9.84 ± 0.14a
	80 ~ 100 cm	NP	2 144 ± 214a	9.85 ± 0.14a
		PP	1 812 ± 63a	9.08 ± 0.15b
		IPP	2 013 ± 103a	9.64 ± 0.15a

续表

树种	土层	处理	多样性指数	
			Chao1	Shannon Wiener indes
白蜡 *Fraxinus chinensis*	0 ~ 20 cm	NP	2 652 ± 36a	10.14 ± 0.05ab
	20 ~ 40 cm	PP	2 157 ± 227a	10.28 ± 0.07a
		IPP	2 110 ± 353a	10.00 ± 0.05b
	40 ~ 60 cm	NP	3 084 ± 267a	10.39 ± 0.07a
		PP	2 226 ± 244a	9.53 ± 0.47a
		IPP	2 859 ± 347a	10.03 ± 0.18a
		NP	3 087 ± 48a	10.30 ± 0.07a
		PP	2 300 ± 122b	9.55 ± 0.27a
		IPP	2 249 ± 229b	9.67 ± 0.26a
	60 ~ 80 cm	NP	2 739 ± 266a	9.97 ± 0.24a
		PP	1 793 ± 36b	9.15 ± 0.43a
		IPP	2 240 ± 218ab	9.75 ± 0.15a
	80 ~ 100 cm	NP	2 168 ± 336a	9.71 ± 0.31a
		PP	1 669 ± 84a	8.87 ± 0.07b
		IPP	2 310 ± 97a	9.86 ± 0.13a
元宝枫 *Acer truncatum*	0 ~ 20 cm	NP	2 403 ± 52a	10.06 ± 0.12a
		PP	2 233 ± 297a	10.13 ± 0.08a
		IPP	2 326 ± 322a	10.08 ± 0.07a
	20 ~ 40 cm	NP	3 341 ± 173a	10.44 ± 0.08a
		PP	1 866 ± 294b	9.96 ± 0.07b
		IPP	2 018 ± 350b	10.20 ± 0.09ab
	40 ~ 60 cm	NP	2 367 ± 243a	10.21 ± 0.11a
		PP	2 246 ± 286a	9.74 ± 0.23a
		IPP	2 460 ± 141a	10.09 ± 0.07a
	60 ~ 80 cm	NP	1 926 ± 66ab	9.64 ± 0.06ab
		PP	1 762 ± 161b	9.17 ± 0.21b
		IPP	2 322 ± 215a	9.81 ± 0.10a
	80 ~ 100 cm	NP	1 948 ± 97b	9.61 ± 0.09a
		PP	1 639 ± 77c	8.98 ± 0.29b
		IPP	2 283 ± 58a	9.88 ± 0.04a
	处理		**	**
	树种		ns	ns

续表

树种	土层	处理	多样性指数	
			Chao1	Shannon Wiener indes
	土层		**	**
	处理 × 树种		ns	ns
	处理 × 土层		ns	*
	树种 × 土层		ns	ns
	处理 × 树种 × 土层		ns	ns

注：同列不同字母表示差异显著（$P < 0.05$）；$^{**}P < 0.01$，$^{*}P < 0.05$；ns 表示处理间差异不显著。

5.3　与土壤细菌群落组成和丰度相关的因子

比较不同类型硬化地表、土层和树种对土壤细菌门水平优势属的影响（表5-4）。硬化地表对Proteobacteria、Chloroflexi和Acidobacteria有显著影响，土层对Actinobacteria、Proteobacteria、Chloroflexi、Acidobacteria、Gemmatimonadetes和Nitrospirae有显著影响，树种对Actinobacteria、Acidobacteria和Nitrospirae有显著影响。硬化地表和土层的交互作用对Actinobacteria、Proteobacteria、Chloroflexi和Gemmatimonadetes有显著影响，硬化地表和树种的交互作用对Acidobacteria、Actinobacteria和Nitrospirae有显著影响。可见，土壤细菌门水平优势属受环境因子的影响很大。

表 5-4　门水平优势属在不同硬化处理、土层和树种下多元方差分析结果

	Actinobacteria	Proteobacteria	Chloroflexi	Acidobacteria	Gemmatimonadetes	Nitrospirae
处理	ns	**	*	**	ns	ns
土层	**	**	**	**	**	**
树种	**	ns	ns	*	ns	**
处理 × 土层	*	**	**	ns	**	ns
处理 × 树种	**	ns	ns	**	ns	*
土层 × 树种	ns	ns	ns	ns	ns	ns
处理 × 土层 × 树种	ns	ns	ns	ns	ns	ns

注：$^{*}P < 0.05$，$P^{**} < 0.01$；ns 表示处理间差异不显著。

OTU水平上不同土层土壤细菌群落组成采用NMDS分析显示：0～20 cm土层3种不同类型硬化地表能显著区分开；20～40 cm土层，不硬化对照地表与不透水和透水硬化地表能显著区分开，2种类型硬化地表并不能显著区分开（图5-8、彩图5-8）。相似性分析（ANOSIM analysis）进一步显示，0～20 cm土层（R=0.558，P=0.001）和20～40 cm土层（R=0.17，P=0.006）土壤细菌在不同硬化地表间差异极显著，其他土层土壤细菌群落在不同硬化地表下差异并不显著。

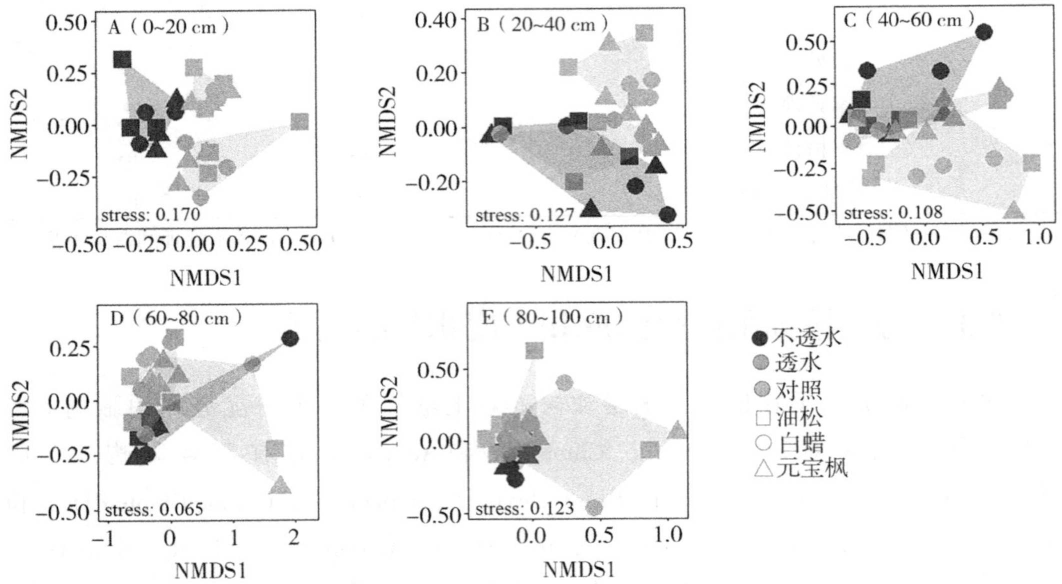

图 5-8　非度量多维尺度分析不同土层土壤细菌群落的变化

CCA 和 Mantel 分析表明，土壤细菌群落与土壤性质之间有相关性（图 5-9、彩图 5-9，表 5-5）。0 ～ 20 cm 土层，土壤细菌群落与土壤 pH 值、速效钾显著正相关。20 ～ 40

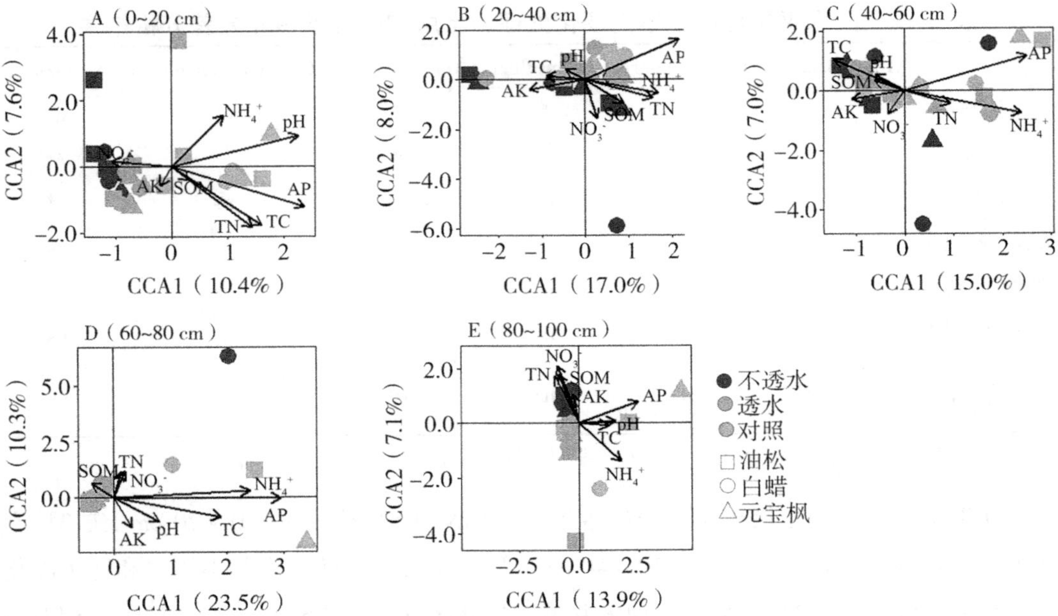

图 5-9　不同土层土壤细菌群落与土壤指标之间的 CCA 分析

cm 土层，土壤细菌群落与全碳、速效磷显著正相关。40 ~ 60 cm 土层，土壤细菌群落与土壤 pH 值、全氮、铵态氮、速效磷显著正相关。60 ~ 80 cm 土层，土壤细菌群落与土壤全碳、全氮、铵态氮、速效磷显著正相关。80 ~ 100 cm 土层，土壤细菌群落与土壤速效磷显著正相关。

表 5-5　土壤细菌群落结构与土壤环境因子之间的 Mantel 分析

	0 ~ 20 cm		20 ~ 40 cm		40 ~ 60 cm		60 ~ 80 cm		80 ~ 100 cm	
	R	*P*	*R*	*P*	*R*	*P*	*R*	*P*	*R*	*P*
pH 值	0.139	0.043	−0.107	0.814	0.163	0.037	0.103	0.192	0.057	0.23
TC	0.04	0.291	0.242	0.028	0.074	0.205	0.331	0.032	0.141	0.109
TN	−0.081	0.791	0.182	0.055	0.221	0.027	0.405	0.012	0.126	0.199
SOM	−0.002	0.503	0.164	0.052	0.064	0.194	0.186	0.069	0.158	0.112
NH_4^+	−0.022	0.539	0.151	0.173	0.445	0.001	0.718	0.001	0.414	0.054
NO_3^-	0.022	0.371	0.055	0.264	0.067	0.238	0.253	0.066	0.069	0.238
AP	0.119	0.087	0.396	0.001	0.596	0.001	0.829	0.001	0.311	0.026
AK	0.23	0.011	0.168	0.067	0.042	0.306	0.192	0.105	0.121	0.237

土壤细菌 α 多样性与土壤理化性质之间的关系（表5-6），在0 ~ 20 cm土层，土壤细菌chao1多样性与土壤铵态氮显著负相关。在20 ~ 40 cm土层，土壤细菌chao1多样性和香农-威纳指数均与土壤速效磷显著正相关。在40 ~ 60 cm土层，土壤细菌香农- 威纳指数与土壤铵态氮、速效磷显著正相关。在60 ~ 80 cm土层，土壤细菌chao1多样性与土壤全氮、硝态氮显著负相关；土壤细菌香农- 威纳指数与土壤有机质、速效钾显著负相关。在80 ~ 100 cm土层，土壤细菌chao1多样性与土壤硝态氮显著负相关；土壤细菌香农-威纳指数与土壤全碳显著正相关，与土壤全氮、有机质、硝态氮显著负相关。底层土壤细菌 α 多样性与土壤环境因子的关系更紧密。

表 5-6　土壤细菌 α 多样性与土壤理化性质之间的关系

	0 ~ 20 cm		20 ~ 40 cm		40 ~ 60 cm		60 ~ 80 cm		80 ~ 100 cm	
	chao1	Shannon Wiener indes	Chao1	Shannon Wiener indes	Chao1	Shannon Wiener indes	Chao1	Shannon Wiener indes	Chao1	Shannon Wiener indes
pH 值	−0.185	0.126	0.097	0.156	0.081	0.148	0.068	0.02	−0.135	0.063
TC	0.205	0.237	−0.125	−0.151	−0.278	−0.326	−0.121	0.178	0.275	0.385*
TN	0.191	0.183	−0.192	−0.01	−0.06	0.15	−0.459*	−0.249	−0.267	−0.383*
SOM	0.094	−0.324	−0.146	−0.101	−0.332	−0.356	−0.379	−0.399*	−0.334	−0.529**
NH_4^+	−0.38*	−0.159	0.007	0.088	0.107	0.532**	0.044	0.38	−0.237	−0.085
NO_3^-	−0.017	−0.134	−0.195	−0.263	−0.195	−0.257	−0.55**	−0.33	−0.464*	−0.628**
AP	0.156	0.221	0.412*	0.528**	−0.038	0.515**	−0.29	0.241	−0.202	0.094
AK	−0.103	0.058	−0.075	−0.153	−0.292	−0.188	−0.229	−0.39*	−0.093	−0.092

注：$^{**}P < 0.01$，$^{*}P < 0.05$。

5.4 讨论

5.4.1 地表硬化对土壤细菌群落组成的影响

本研究中土壤细菌门水平的优势菌主要有Actinobacteria、Proteobacteria、Chloroflexi、Acidobacteria、Gemmatimonadetes和Nitrospirae，它们占总序列数的80%~96%，这与前人对城市土壤细菌的研究一致（Xu et al.，2014；Yan et al.，2016；Hu et al.，2021）。土地利用形式的转变会改变土壤细菌群落组成（Thomson et al.，2015），城市土壤受人为干扰程度增强，土地覆盖类型的转变造成土壤理化性质的改变，对土壤细菌群落组成有显著影响（Li et al.，2019；Sun et al.，2020），本试验通过研究不同类型硬化地表下土壤细菌群落，发现硬化地表下土壤细菌群落组成与对照之间存在差异，透水和不透水硬化地表对土壤细菌群落组成的影响不同，这与之前的研究结果一致（Hu et al.，2018；Hu et al.，2021；Yu et al.，2019）。

本试验研究了不同土层土壤细菌门水平优势菌的相对丰度，发现2种类型硬化地表对门水平优势菌相对丰度的影响因土层而异，对0~20 cm土层优势菌的影响相对较大，如土壤Gemmatimonadetes在3个树种下受不透水硬化地表的影响主要表现为升高，土壤Actinobacteria在白蜡树下受不透水硬化地表的影响表现为升高，白蜡树下土壤Gemmatimonadetes在透水硬化地表下也表现为升高，而40~100 cm土层土壤Gemmatimonadetes受到硬化地表的影响主要表现为降低。Gemmatimonadetes是最普遍和最强烈的耐盐耐碱类群，主要存在于超干旱和半干旱及盐渍土壤中（Guan et al.，2021；Ahmed et al.，2018；Neilson et al.，2017）；而Actinobacteria为厌氧菌，更容易适应硬化地表下的缺氧环境。可见，2种类型硬化地表下0~20 cm土层土壤细菌群落受到的环境压力都比较大（Yu et al.，2019），不透水硬化地表下土壤细菌群落受到环境压力可能更大（Wei et al.，2014），同时硬化地表下土壤理化性质的改变也可能是土壤细菌变化的主要原因（表5-1）。本研究中透水和不透水硬化地表使土壤Acidobacteria在0~20 cm土层表现为降低；不透水硬化地表升高了20~40 cm土层土壤Chloroflexi和60~100 cm土层土壤Proteobacteria的相对丰度，这可能是由于不透水硬化地表导致的干旱所致，有研究发现干旱会改变土壤细菌群落组成，降低Acidobacteria的相对丰度，升高绿弯菌门（Chloroflexi）和变形菌门（Proteobacteria）的相对丰度（Maestrea et al.，2015），说明不透水硬化地表对土壤细菌群落的负面影响更大。但本研究发现不透水硬化地表降低了60~100 cm土层土壤绿弯菌门（Chloroflexi）的相对丰度。

硬化地表改变城市表层土壤微生物群落结构和功能多样性，降低土壤微生物量及土壤微生物活性（Wei et al.，2013；Zhao et al.，2012b），本研究中0~20 cm土层土壤细菌属水平上优势菌的聚类分析显示透水和不透水硬化地表整体聚为一支，而60～100 cm土层细菌属水平上优势菌在不透水硬化地表下聚为一支，透水和对照地表聚类关系更近，可见两种类型硬化地表对0～20 cm土层土壤细菌的影响都很大。而不透水硬化地表对60～100 cm土层细菌的影响也很大，土壤细菌优势属随土壤深度变化而变化（Shigyo et al.，2019），表层土和底层土的环境条件决定了土壤微生物群落的丰度和功能，有研究发现5～10 cm的表层和110～115 cm的底层土壤细菌对土壤碳源的利用不同（Preusser et al.，2019），本研究中表层和底层土壤细菌的变化可能与此有关。

本研究发现20～40 cm土层土壤细菌在属水平和门水平上的变化都不大，有研究发现硬化地表对20～80 cm土层土壤细菌群落的组成影响都不大，本试验与之相一致（Yu et al.，2019）。但也有研究发现硬化地表对0～40 cm土层土壤微生物量氮和土壤酶活性均有影响，0～10 cm和30～40 cm 土层土壤受到的影响更大（Zhao et al.，2012a），本研究与之并不完全一致，但研究结果与之也并不相悖，可能由于取样土层的差异以及硬化地表的长期作用使树木根系已经形成了一定的适应硬化地表环境的能力，根系分泌物与土壤微生物达到一定的平衡，促使土壤细菌组成接近于自然土壤（Grabosky and Bassuk，2016）。本研究发现，与自然地表相比，透水和不透水硬化地表下土壤细菌门水平和属水平优势菌均发生变化，且两种类型硬化地表间也存在差异，已有研究普遍认为透水和不透水硬化地表对土壤微生物的影响不同（Wei et al.，2013；Wei et al.，2014），本研究与之相一致。本研究还发现3个树种下透水和不透水硬化地表对土壤细菌群落的影响也存在一定的差异，一方面树种本身特性的差异造成根系分泌物的不同（Hui et al.，2017），另一方面不同树种对透水和不透水硬化地表的响应也不相同，从而造成土壤细菌群落对硬化地表响应的差异（Montague and Kjelgren，2004）。

5.4.2　地表硬化对土壤细菌多样性的影响

土壤微生物多样性在维持生态系统服务中起着重要作用，包括养分循环和凋落物分解（Wolinska et al.，2017；Delgado-Baquerizo et al.，2016）。硬化地表阻碍凋落物进入土壤（Piotrowska-Długosz and Charzyński，2015），降低土壤含水量（Wang et al.，2019c；Wang et al.，2019b），升高土壤温度（Chen et al.，2017a；Chen et al.，2016），引起土壤碳流失（Seto et al.，2012），改变土壤环境条件。表土和底土的不同环境条件对土壤微生物群落的丰度起决定作用（Preusser et al.，2019）。本研究发现硬化地表和土层对土壤细菌chao1多样性和香农-威纳指数均有显著影响，二者的交互作用对土壤细菌香农-威纳指数有显著影响，表明硬化地表可能通过改变土壤环境条件改变土壤微生物群落多样性。已有研究通过实地取样发现城市硬化地表会降低表层土壤微生物功能多样性和细菌群落多样性（Wei et al.，2013；Hu et al.，2018），也有研究发现硬化地表降低表层土壤细菌香农-威纳指数和20～80 cm土层土壤细菌chao1多样性。本研究发现硬化地表对3个树种林下土壤细菌群落多样性的影响主要集中在20～100 cm土层，对80～100 cm土层土壤细菌多样性的影响更大，对0～20 cm土层土壤细菌群落多样性并无影响。表明硬化地表对土壤细菌群落α多样性的影响随土层深度增加而增加。

硬化地表降低土壤细菌多样性，两种类型硬化地表对土壤细菌多样性的影响不同（Pengthamkeerati et al.，2011；Wei et al.，2013），本研究发现透水和不透水硬化地表均降低白蜡树下40～60 cm土层土壤细菌chao1多样性，透水硬化地表降低油松和白蜡树下80～100 cm土层土壤细菌α多样性。而对元宝枫而言，透水硬化地表降低了20～40 cm和80～100 cm土层的土壤细菌chao1多样性及香农-威纳指数；不透水硬化地表降低了20～40 cm土层的土壤细菌chao1多样性，却升高了80～100 cm土层土壤细菌chao1多样性，植物根系在底层可能通过根际效应对微生物群落产生积极影响（Koranda et al.，2011）。3个树种林下不同土层土壤细菌α多样性对硬化地表响应表明，硬化地表对元宝枫树下土壤细菌α多样性的影响更大，透水硬化地表对土壤细菌α多样性的影响大于不透水硬化地表。有研究通过研究城市表层土壤细菌发现透水硬化地表比不透水硬化地表更利于土壤细菌群落的多样性（Hu et al.，2018），本研究发现底层土壤细菌群落多样性在透水硬化地表下的降低程度反而更大，进一步说明硬化地表对土壤细菌的影响不能仅仅考虑表层土，底层土壤细菌群落受硬化地表影响产生的差异不容忽视。

5.4.3 环境因子对土壤细菌群落组成和多样性的影响

城市硬化地表改变土壤细菌群落组成，降低土壤细菌群落多样性（Sun et al.，2020；Yu et al.，2019；Hu et al.，2021），土层和树种的差异也会造成细菌群落组成的差异（Yu et al.，2019；Hu et al.，2021）。本研究发现，硬化地表、土层、树种对土壤细菌群落门水平优势属的相对丰度均有影响，土层的差异对门水平相对丰度的影响最大，硬化地表和土层、土层和树种的交互作用对土壤细菌群落组成均有显著影响。具体来看，硬化地表对Proteobacteria、Chloroflexi和Acidobacteria有显著影响，土层对Actinobacteria、Proteobacteria、Chloroflexi、Acidobacteria、Gemmatimonadetes和Nitrospirae有显著影响，树种对Actinobacteria、Acidobacteria和Nitrospirae有显著影响。硬化地表和土层的交互作用对Actinobacteria、Proteobacteria、Chloroflexi和Gemmatimonadetes有显著影响，硬化地表和树种的交互作用对Acidobacteria、Actinobacteria和Nitrospirae有显著影响。硬化地表会改变放线菌的数量，对土壤碳、氮等养分的循环和有效性的改变可能会影响土壤Nitrospirae（Lorenz and Lal，2009），硬化地表降低土壤水分则会改变土壤细菌Proteobacteria、Chloroflexi、Acidobacteria和Gemmatimonadetes的相对丰度（Maestrea et al.，2015；Guan et al.，2021）。

NMDS分析OTU水平上土壤细菌群落组成发现0～20 cm土层透水硬化地表、不透水硬化地表和对照地表3种类型硬化地表均能区分开，表明硬化地表对表层土壤细菌群落组成的影响比较大。已有的关于硬化地表的研究多为表层土，一般认为硬化地表改变土壤微生物群落组成及多样性，2种类型硬化地表之间也存在差异（Hu et al.，2021；Yu et al.，2019；Hu et al.，2018；Kou et al.，2018），本研究与之相一致。本研究中20～40 cm土层土壤细菌群落组成在透水硬化地表和不透水硬化地表下不能区分开，但二者都能与对照地表区分开，而40～100 cm土层土壤细菌群落组成在3种类型地表下均不能区分开。Zhao等通过研究城市0～40 cm土层土壤微生物量和活性发现，硬化地表对土壤微生物的影响随土层而变化，对0～10 cm土层土壤微生物的影响最大；Yu等（2019）通过研究0～100 cm土层土壤细菌群落的变化，发现硬化地表对20～80 cm土层土壤细菌群落的组成影响都不大。本研究与之并不完全一致，可能由于树木根系对长期硬化地表环境形成了适应（Grabosky and Bassuk，2016），也可能是实验地环境因子及试验地种植树木种类的差异导致（Volder et al.，2009；Zhao et al.，2013）。

土壤理化性质是影响土壤细菌群落丰度和多样性的主要因素，硬化地表改变土地利用形式，将土壤与大气隔开，阻碍雨水及植物凋落物进入土壤（Wei et al.，2014），增加土壤温度（Chen et al.，2017），改变土壤理化性质（Zhao et al.，2012b；Morgenroth et al.，2013），对土壤细菌群落造成显著影响（Li et al.，2019a；Sun et al.，2020），有研究发现土壤细菌的相对丰度和多样性均与pH值正相关（Rousk et al.，2010）。土壤中碳、氮、磷、钾等营养元素与土壤容重关系密切（Setälä et al.，2017），硬化地表增加土壤容重（Jensen et al.，1996），改变土壤中营养元素的含量，有研究发现不透水硬化地表下土壤碳、氮含量降低（Raciti et al.，2012），土壤氮素在推动土壤微生物群落变化中起关键作用（Wang et al.，2019a）。本研究发现土壤细菌群落组成与土壤养分关系密切，如土壤细菌群落在0～20 cm土层与土壤pH值、速效钾显著正相关，在20～100 cm土层与土壤速效磷显著正相关，在40～80 cm土层与全氮、铵态氮显著正相关。土壤中速效养分和有机质对于土壤养分的保持非常重要，硬化地表对土壤的物理压实及阻隔，改变了土壤元素的生物化学循环（卢瑛等，2001），土壤生物学过程也变得很复杂。本研究发现土壤细菌chao1多样性在0～20 cm和80～100 cm土层均与土壤硝态氮显著负相关，60～80 cm与土壤全氮、硝态氮显著负相关，而在20～40 cm与土壤速效磷正相关。土壤细菌香农-威纳指数在60～80 cm土层与土壤有机质、速效钾显著负相关，在80～100 cm土层与土壤全氮、有机质、硝态氮显著负相关；而在20～60 cm与土壤速效磷显著正相关，在80～100 cm土层与土壤全碳显著正相关。有研究认为细菌多样性主要由土壤pH决定（Sun et al.，2015；Zhalnina et al.，

2015），本研究认为土壤其他理化参数也可以影响细菌群落的组成和多样性。也有研究发现植物根系在20～80 cm土层可能通过根际效应对微生物群落组成产生积极影响（Koranda et al.，2011），本研究认为40～80 cm土层土壤群落组成及多样性受硬化地表的影响较大。

5.5 小结

（1）本研究中土壤细菌门水平的优势菌主要有Ctinobacteria、Proteobacteria、Chloroflexi、Acidobacteria、Gemmatimonadetes和Nitrospirae，它们占总序列数的80%～96%。硬化地表对土壤细菌门水平的优势菌的影响主要集中在0～20 cm和60～100 cm土层。0～20 cm土层土壤Gemmatimonadetes和Actinobacteria的相对丰度在不透水硬化地表下升高；0～60 cm土层土壤Acidobacteria在透水和不透水硬化地表下均降低；60～100 cm土层，不透水硬化地表升高了土壤Proteobacteria的相对丰度。

（2）硬化地表对Proteobacteria、Chloroflexi和Acidobacteria有显著影响，土层对Actinobacteria、Proteobacteria、Chloroflexi、Acidobacteria、Gemmatimonadetes和Nitrospirae有显著影响，树种对Actinobacteria、Acidobacteria和Nitrospirae有显著影响。硬化地表和土层的交互作用对Actinobacteria、Proteobacteria、Chloroflexi和Gemmatimonadetes有显著影响，硬化地表和树种的交互作用对Acidobacteria、Actinobacteria和Nitrospirae有显著影响

（3）聚类分析显示：0～20 cm土层土壤细菌属水平上优势菌在透水和不透水硬化地表整体聚为一支，60～100 cm土层细菌属水平上优势菌在不透水硬化地表下聚为一支，表明透水和不透水硬化地表均改变0～20 cm土层土壤细菌属水平上优势菌，60～100 cm土层细菌属水平上优势菌受不透水硬化地表的影响更大。

（4）硬化地表通过改变土壤环境条件改变土壤微生物群落多样性，本研究发现硬化地表和土层对土壤细菌 chao1 多样性和香农－威纳指数均有显著影响，二者的交互作用对土壤细菌香农－威纳指数有显著影响。硬化地表对 3 个树种林下土壤细菌群落多样性的影响主要集中在 20 ～ 100 cm 土层，对 80 ～ 100 cm 土层土壤细菌多样性的影响更大。

（5）硬化地表降低土壤细菌 α 多样性，3 个树种林下不同土层土壤细菌 α 多样性对硬化地表响应表明，硬化地表对元宝枫树下土壤细菌 α 多样性的影响大于油松和白蜡，透水硬化地表对土壤细菌 α 多样性的影响大于不透水硬化地表。透水和不透水硬化地表均降低白蜡树下 40 ～ 60 cm 土层土壤细菌 chao1 多样性，透水硬化地表降低油松和白蜡树下 80 ～ 100 cm 土层土壤细菌 α 多样性。对元宝枫而言，透水硬化地表降低了

20 ~ 40 cm 和 80 ~ 100 cm 土层的土壤细菌 chao1 多样性及香农 – 威纳指数；不透水硬化地表降低了 20 ~ 40 cm 土层的土壤细菌 chao1 多样性，却升高了 80 ~ 100 cm 土层土壤细菌 chao1 多样性。

（6）NMDS 分析 OTU 水平上土壤细菌群落组成显示：0 ~ 20 cm 土层硬化地表改变土壤细菌群落组成，透水和不透水硬化地表之间存在差异；20 ~ 40 cm 土层硬化地表改变了土壤细菌群落组成，透水和不透水硬化地表间无差异。可见硬化地表对土壤细菌群落的影响主要集中在表层土。

（7）硬化地表改变了土壤细菌群落及多样性与土壤理化性质之间的关系。土壤细菌群落与土壤性质之间的相关性分析表明土壤细菌群落主要与土壤 pH 值、全碳、全氮、铵态氮、速效磷和速效钾显著正相关。土壤细菌 α 多样性与土壤环境因子之间的相关分析显示：土壤细菌 α 多样性与 20 ~ 60 cm 土层土壤铵态氮和速效磷显著正相关，土壤香农 – 威纳指数与 80 ~ 100 cm 土层土壤全碳显著正相关；土壤细菌 α 多样性与 60 ~ 100 cm 土层土壤全氮、有机质、硝态氮、速效钾显著负相关，土壤细菌 chao1 多样性与 0 ~ 20 cm 土层土壤铵态氮显著负相关。土壤细菌 α 多样性受底层土壤理化性质的影响更大。

第六章　城市地表硬化对林木生长的影响

硬化地表改变了城市植物赖以生存的环境条件（如土壤紧实度增加，土壤孔隙度降低，土壤温度提高，土壤含水量降低等），限制了土壤水分和养分的有效性，导致大量城市绿化植物处于亚健康状态，甚至出现生长衰退死亡的现象（Grabosky et al., 2001）。因此，城市绿化植物面临着严重的挑战。比较不同硬化地表类型下城市植物生长态势的变化，筛选出利于植物生长的城市硬化地表材料，对城市绿化建设与管理十分必要。

6.1　成活率

6.1.1　成活率概述

在林木生长稳定 3 个月后（2012 年 8 月）对林木存活率进行调查，油松、白蜡和元宝枫平均成活率分别为 99.15% ± 1.83%、59.26% ± 18.12% 和 67.63% ± 17.64%。比较不同树种、硬化地表和种植密度对林木成活率的影响，结果表明，树种对植物成活率的影响达到极显著水平，可见植物的成活率主要与植物的种类有关。树种和硬化地表类型之间的交互作用对林木成活率存在极显著的影响（表 6–1）。

表 6–1　不同树种、种植密度和地表类型处理下林木成活率的三因素方差分析结果

影响因素	F	P
树种	63.182	< 0.001
种植密度	0.133	0.876
硬化地表	0.161	0.851
树种 × 种植密度	2.092	0.095
树种 × 硬化地表	4.759	0.002
种植密度 × 硬化地表	1.848	0.133
树种 × 种植密度 × 硬化地表	1.2	0.317

不同树种其成活率对硬化地表和种植密度的响应不同。油松成活率最高，基本无死亡，不同硬化地表和种植密度间无显著差异（图 6–1）。不同硬化地表和种植密度间

白蜡成活率均较低，尽管在 1.0 m 和 2.0 m 种植密度下白蜡成活率表现为透水地表>对照>不透水地表，但各处理间均未表现出显著差异。不同硬化地表和种植密度对元宝枫成活率均存在显著影响（$P < 0.05$），且硬化地表和种植密度间对元宝枫的成活率的影响存在交互作用。硬化地表相比于对照显著降低了元宝枫成活率（$P < 0.05$），且透水地表上生长的元宝枫成活率显著低于不透水地表（$P < 0.05$）；对照地表上生长的元宝枫不同种植密度间表现为 1.0 m > 2.0 m > 0.5 m，透水地表和不透水地表均表现为 0.5 m > 1.0 m > 2.0 m（图 6-1）。不同硬化地表类型间白蜡平均成活率无显著差异，可能与其自身的生长特性有关。硬化地表形成的热胁迫对元宝枫的生长产生了抑制作用，造成元宝枫死亡率增大。

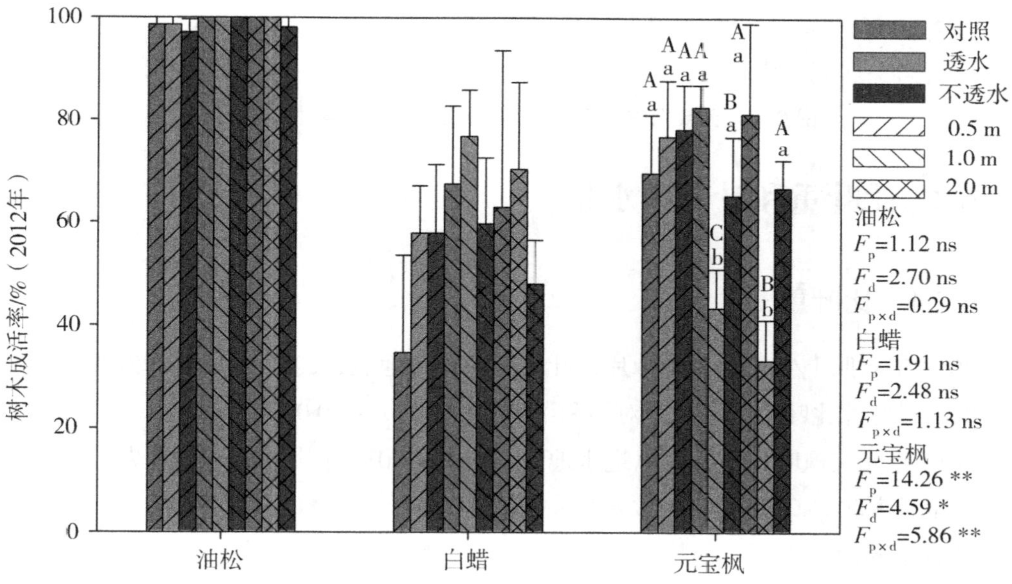

图 6-1　3 种树木不同地表类型和种植密度下成活率

注：图中测定值表示为均值 ± 标准差；** 表示处理间差异达到0.01的显著水平，* 表示处理间差异达到0.05的显著水平，ns表示处理间差异不显著；不同大写字母表示同一种植密度下不同地表类型间存在显著差异$P<0.05$；不同小写字母表示同一地表类型下不同种植密度间存在显著差异$P<0.05$。

6.1.2　成活率与环境因子的关系

硬化地表上生长的元宝枫成活率显著低于对照。硬化地表改变了环境因子，主要表现在地表温度和土壤含水量的变化。元宝枫成活率与地表温度呈极显著负相关（R^2=0.49，$P < 0.001$），与土壤含水量也呈显著负相关（R^2=0.25，P=0.010）（图 6-2、彩图 6-2）。油松和白蜡成活率与地表温度和土壤含水量均无显著相关性。

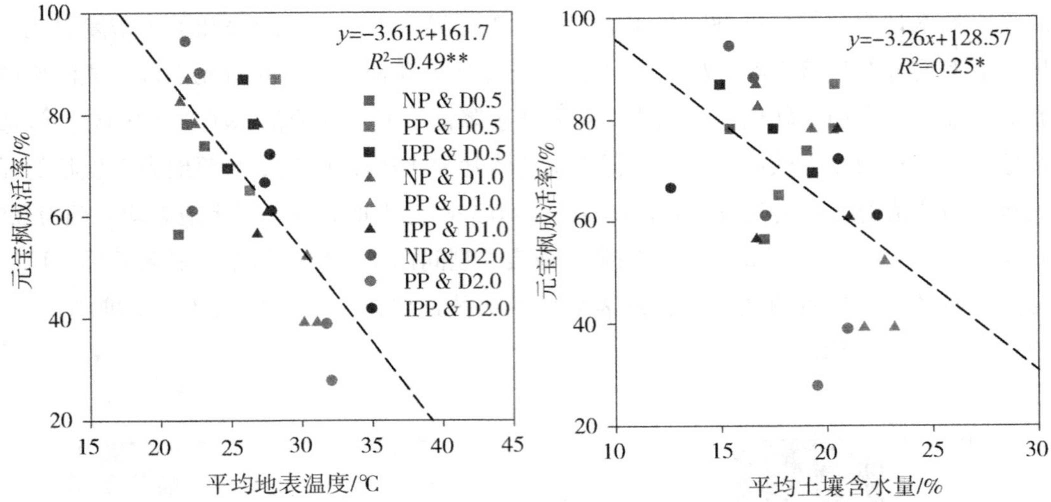

图 6–2　元宝枫成活率与平均地表温度和土壤含水量的关系

6.2　比叶重和叶片含水量

6.2.1　比叶重

2013 年对照上生长的白蜡叶片比叶重低于硬化地表，2014 年则表现为透水地表上生长的白蜡叶片比叶重显著低于对照和不透水地表（$P < 0.05$）（图 6–3）。

2013 年元宝枫叶片比叶重以透水地表上最大，2014 年则以不透水地表上生长的叶片比叶重最大。

结合不同地表类型对白蜡和元宝枫生境的影响，不透水地表上生长的白蜡受到干旱胁迫，2013 年透水地表上生长的元宝枫受到高温胁迫，随着树木的生长 2014 年透水地表高温胁迫得到缓解，不透水地表上生长的元宝枫受到干旱胁迫。树木在受到胁迫时，为了适应胁迫条件，叶片厚度增加，面积减小，使得叶片比叶重增大。

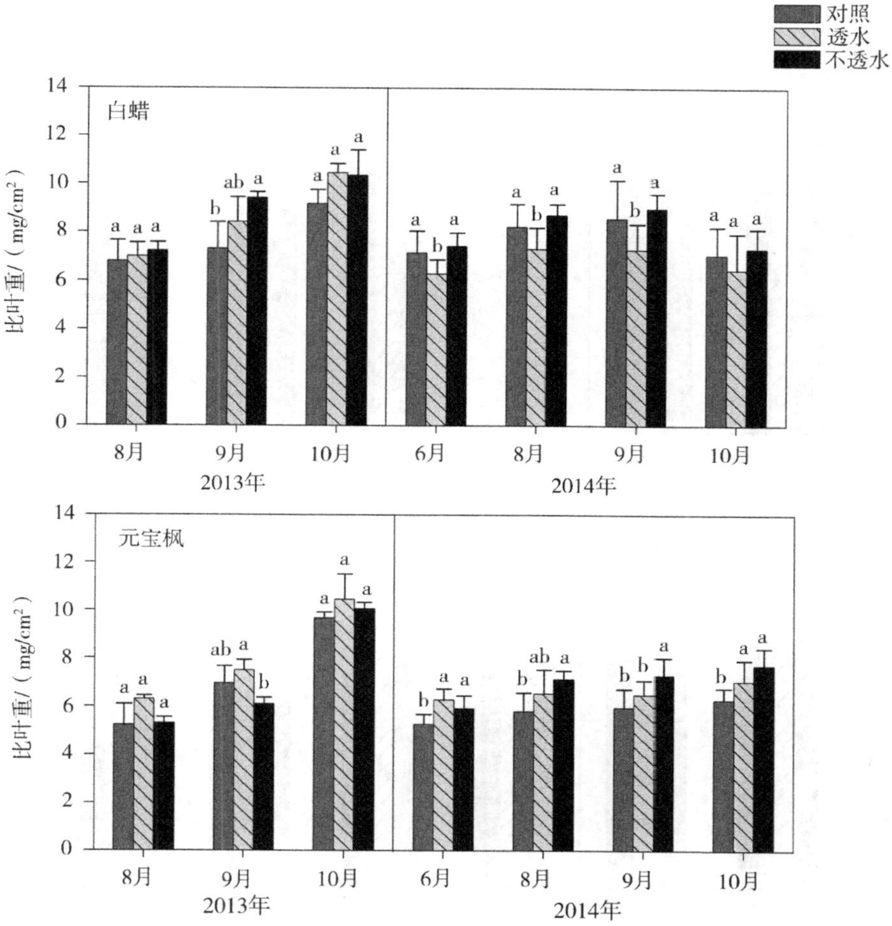

图 6–3　不同地表类型间白蜡和元宝枫叶片比叶重变化

注：图中不同小写字母表示同一生长时期不同地表类型比叶重存在显著差异 $P < 0.05$。

6.2.2　叶片含水量

2013 年 8 月对照上生长的油松叶片含水量显著高于硬化地表（$P < 0.05$），2014 年油松叶片含水量则表现为透水地表上显著高于不透水地表（$P < 0.05$）（图 6–4）。

2013 年 8 月透水地表上生长的白蜡叶片含水量显著高于对照和不透水地表（$P < 0.05$），2014 年 8 月和 10 月白蜡叶片含水量表示为对照和透水地表显著高于不透水地表（$P < 0.05$）。

2013 年对照上生长的元宝枫叶片含水量显著高于硬化地表（$P < 0.05$），2014 年透水地表土壤含水量高于对照和不透水地表，其上生长的元宝枫土壤水分较充足，满足了植株对水分的需求；透水地表上元宝枫叶片含水量显著高于不透水地表（$P < 0.05$）。

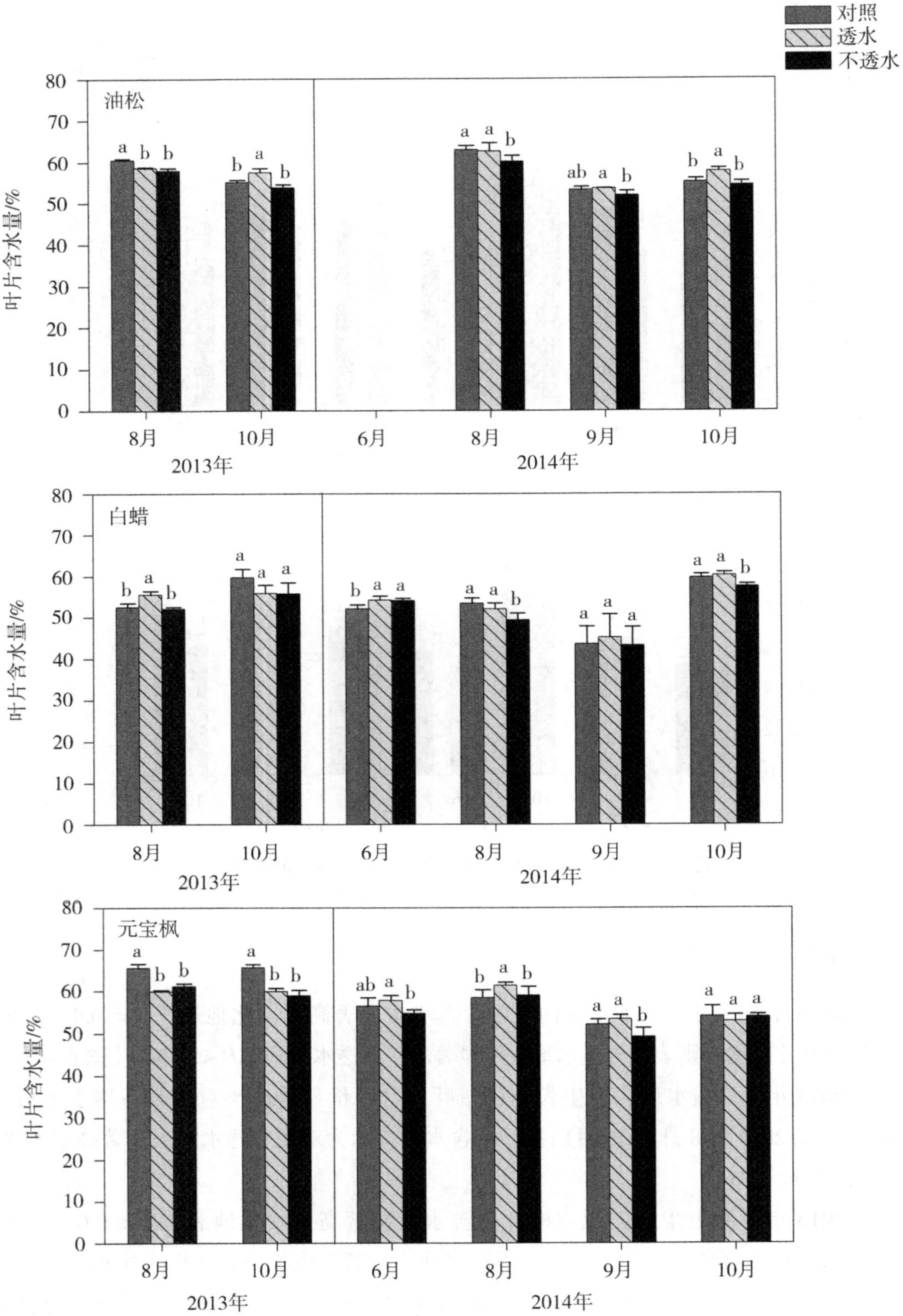

图 6-4　3 种树木不同地表类型间叶片含水量变化

注：图中不同小写字母表示同一生长时期不同地表类型间叶片含水量存在显著差异 $P < 0.05$。

6.3 生长

6.3.1 株高

6.3.1.1 不同硬化地表和种植密度间林木株高比较

与对照相比，硬化地表上生长的油松株高明显降低，且透水地表上生长的油松株高高于不透水地表（图 6-5）。随着种植密度的增加，硬化地表上生长的油松株高逐渐增加，不同地表类型间油松株高的差异逐渐缩小。

白蜡与油松生长趋势不同，透水地表并没有降低其株高的生长量，反而在一定程度上促进了其生长。不透水地表下因土壤含水量低，限制了白蜡的生长，导致不透水地表上生长的白蜡株高生长量显著低于对照和透水地表。随着种植密度的增加，白蜡

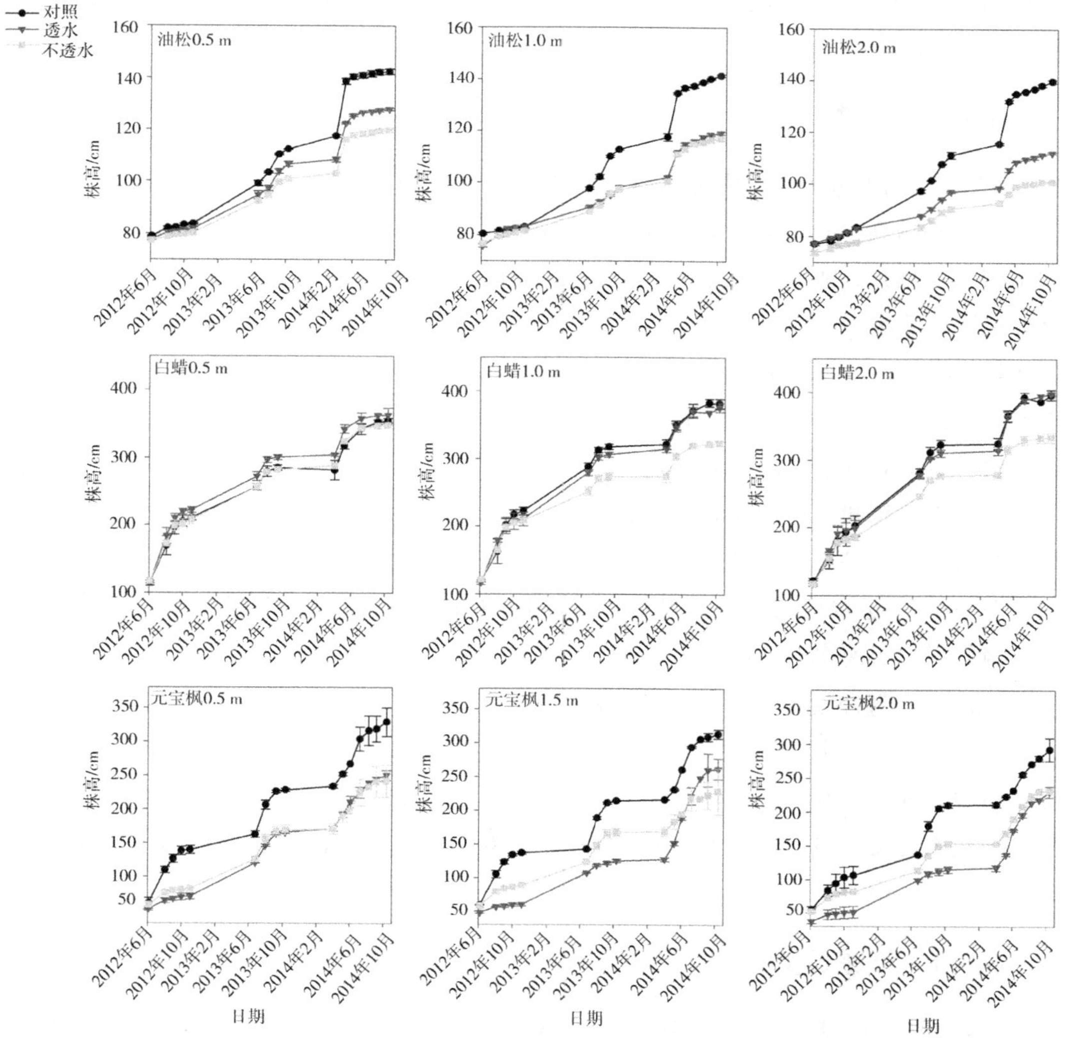

图 6-5　3 种树木不同地表类型和种植密度下株高变化

株高逐渐增加，且不同地表类型间白蜡株高的差异也逐渐缩小。

与对照相比，硬化地表上生长的元宝枫株高明显降低。在元宝枫新栽种的两年内，透水地表对元宝枫株高生长的抑制作用高于不透水地表，透水地表温度过高对元宝枫的生长构成了热胁迫。随着生长年份的延长，元宝枫树冠层增大，缓解了透水地表的热胁迫作用，元宝枫对硬化地表产生了适应性，在 2014 年透水地表上生长的元宝枫株高增长速率急速加大，最终透水地表上生长的元宝枫株高高于不透水地表。同样随着种植密度的增加，元宝枫株高逐渐增加。

6.3.1.2　株高生长与环境因子的关系

油松和元宝枫株高的生长与地表温度（R^2=0.58，$P<0.001$；R^2=0.93，$P<0.001$）和土壤含水量（R^2=0.67，$P<0.001$；R^2=0.28，P=0.005）均存在极显著的负相关。白蜡株高的生长与地表温度和土壤含水量无显著相关性（R^2=0.14，$P>0.05$）（图 6–6、彩图 6–6）。

6.3.2　基径

6.3.2.1　不同硬化地表和种植密度间林木基径比较

与油松株高生长相似，硬化地表上生长的油松基径明显低于对照（图 6–7）。随着种植密度的增加，硬化地表上生长的油松基径逐渐减小，不同地表类型间油松基径的差异也逐渐缩小。

透水地表上生长的白蜡基径生长与株高生长相似，透水地表在一定程度上促进了白蜡基径的生长。不透水地表限制了白蜡基径的生长，导致不透水地表上生长的白蜡基径生长量显著低于对照和透水地表。随着种植密度的增加，白蜡基径的差异逐渐降低，且不同地表类型间白蜡株高的差异也逐渐缩小。

元宝枫基径生长规律与株高生长类似。硬化地表显著抑制了元宝枫基径的生长。同样在 2014 年透水地表上生长的元宝枫基径生长速率明显加快。随着种植密度的增加，元宝枫基径生长速率逐渐降低。

6.3.2.2　基径生长与环境因子的关系

油松基径的生长与地表温度和土壤含水量无显著相关性。白蜡基径的生长与土壤含水量存在显著正相关（R^2=0.23，$P<0.05$），与地表温度无显著相关性。元宝枫基径生长与地表温度极显著负相关（R^2=0.49，$P<0.001$），与土壤含水量无显著相关性（图 6–8、彩图 6–8）。

6.3.3　年增长量

油松和白蜡株高和基径年增长量 2013 年高于 2014 年，元宝枫株高和基径年增长

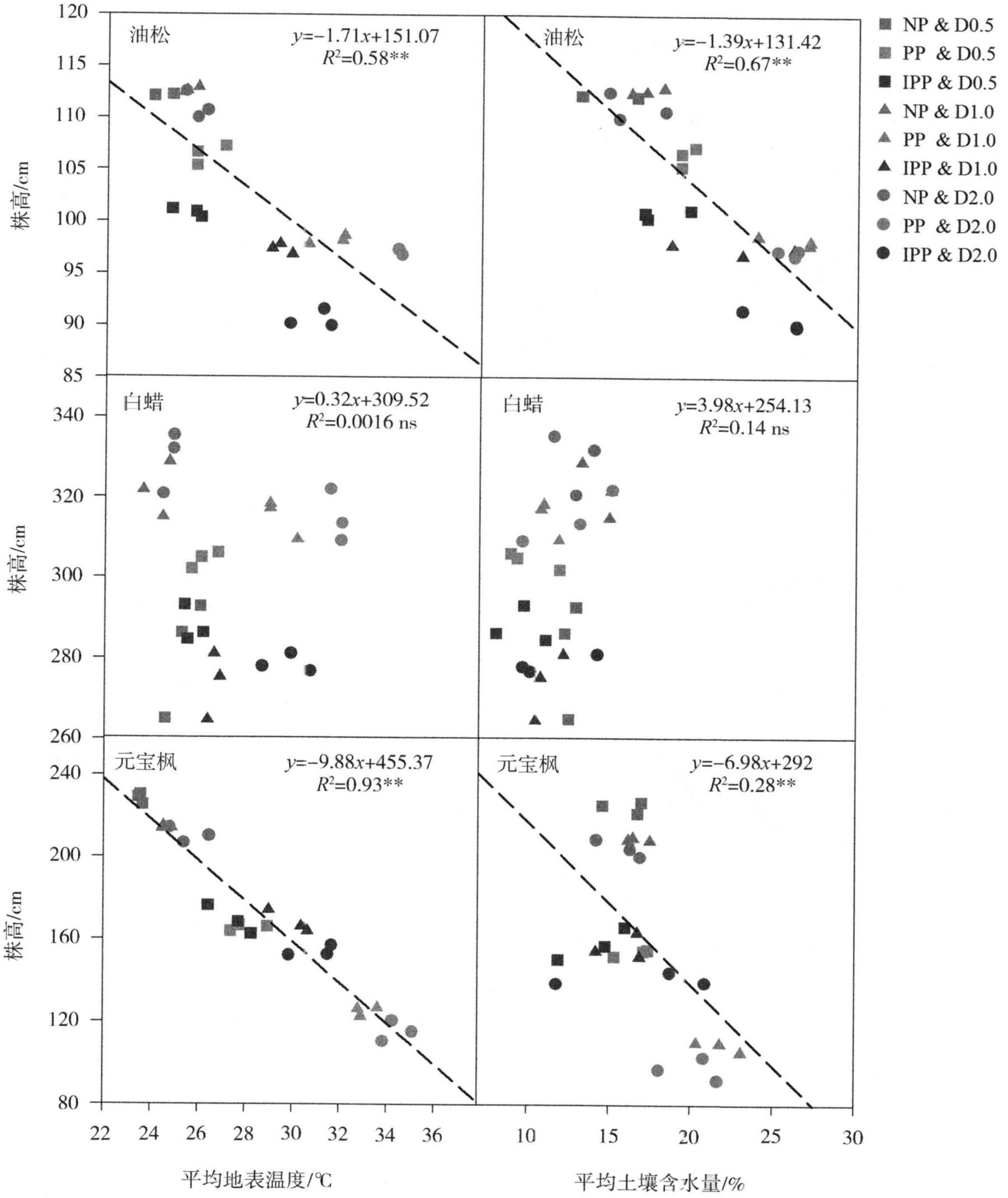

图 6-6 3 种树木株高与平均地表温度和土壤含水量的关系

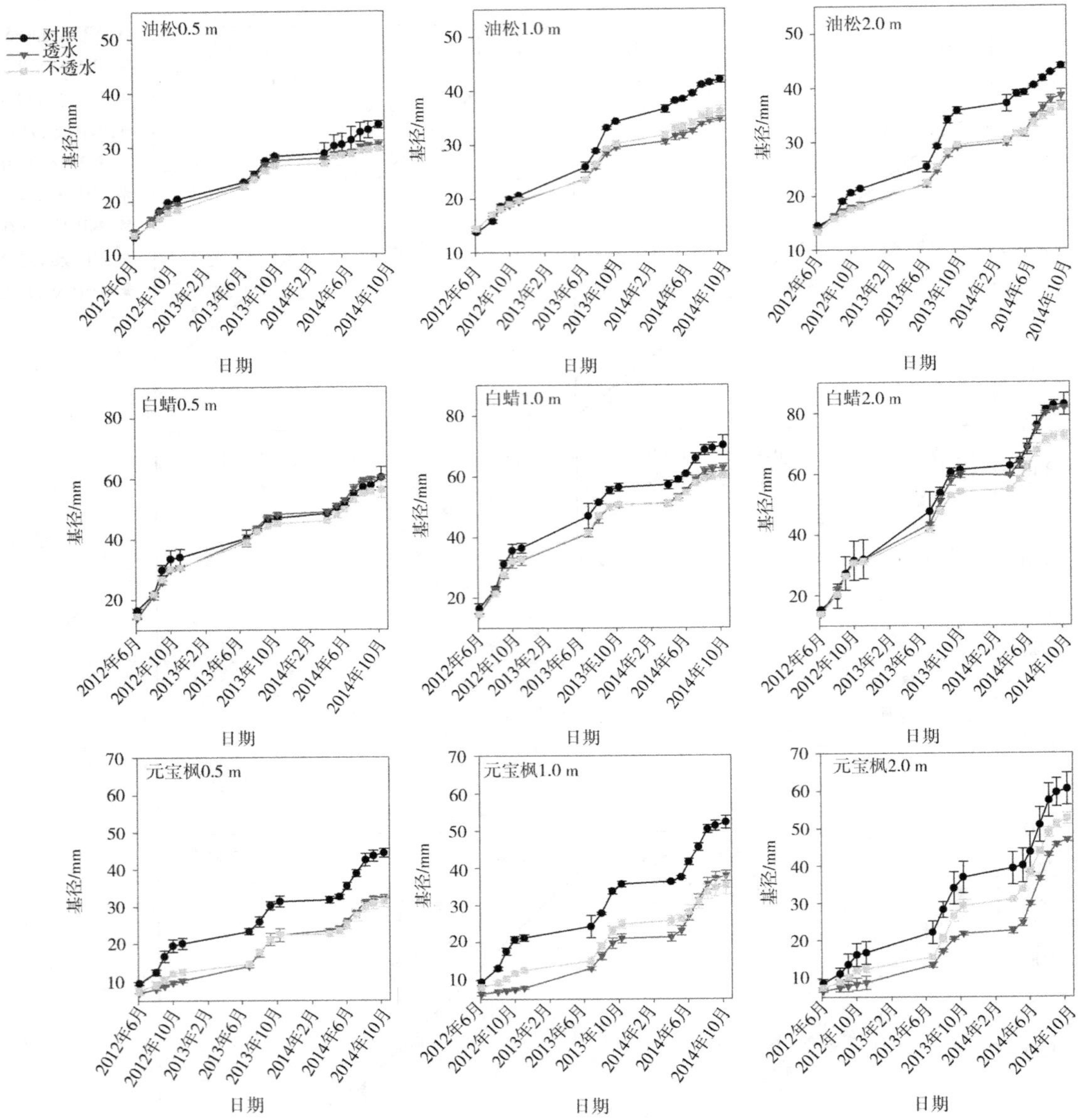

图 6-7　3 种树木不同地表类型和种植密度下基径变化

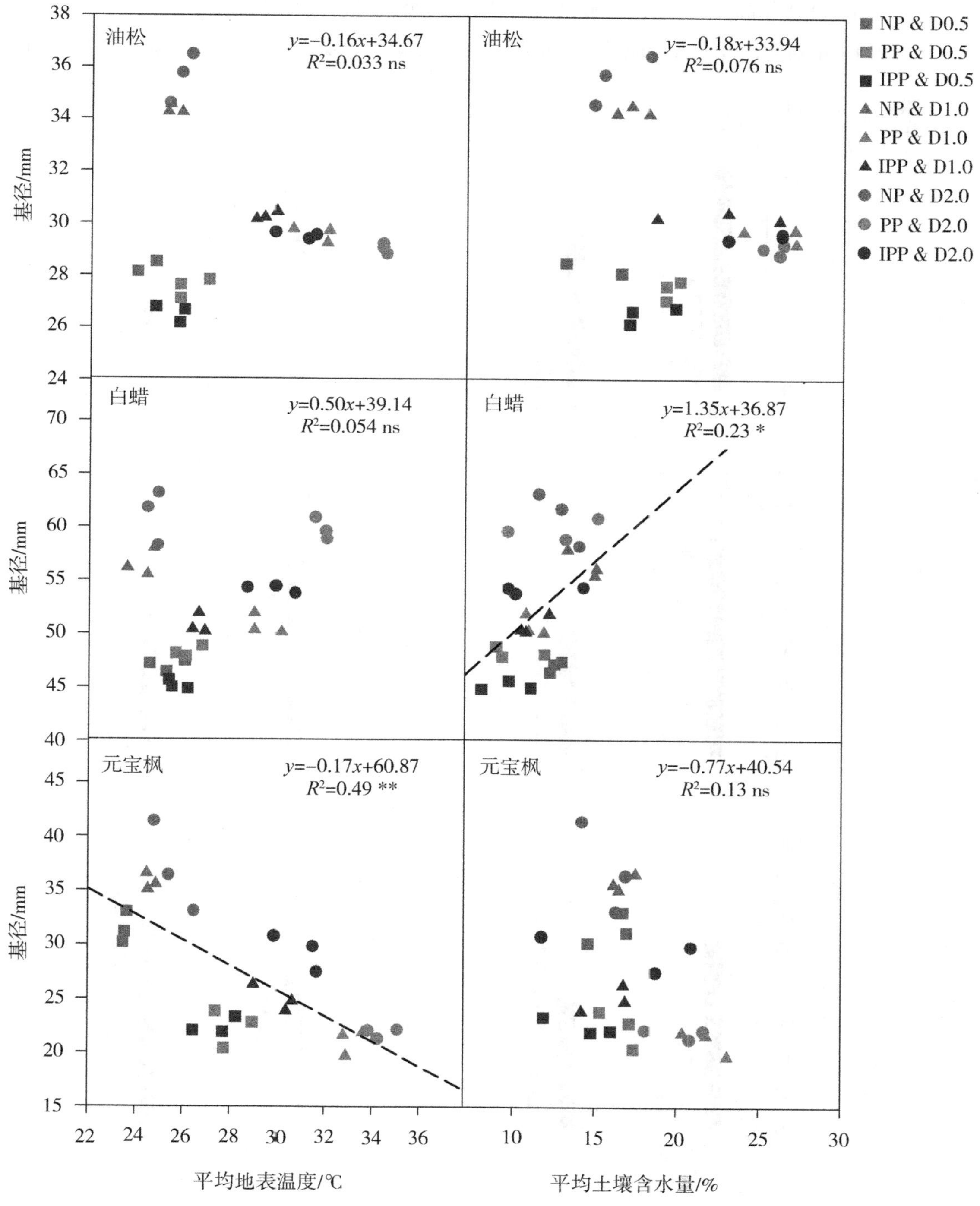

图 6-8 3 种树木基径与平均地表温度和土壤含水量的关系

量对照上 2013 年高于 2014 年，硬化地表上 2013 年低于 2014 年（图 6–9）。

2013 年对照上生长的树木株高和基径年增长量高于硬化地表。透水地表上生长的

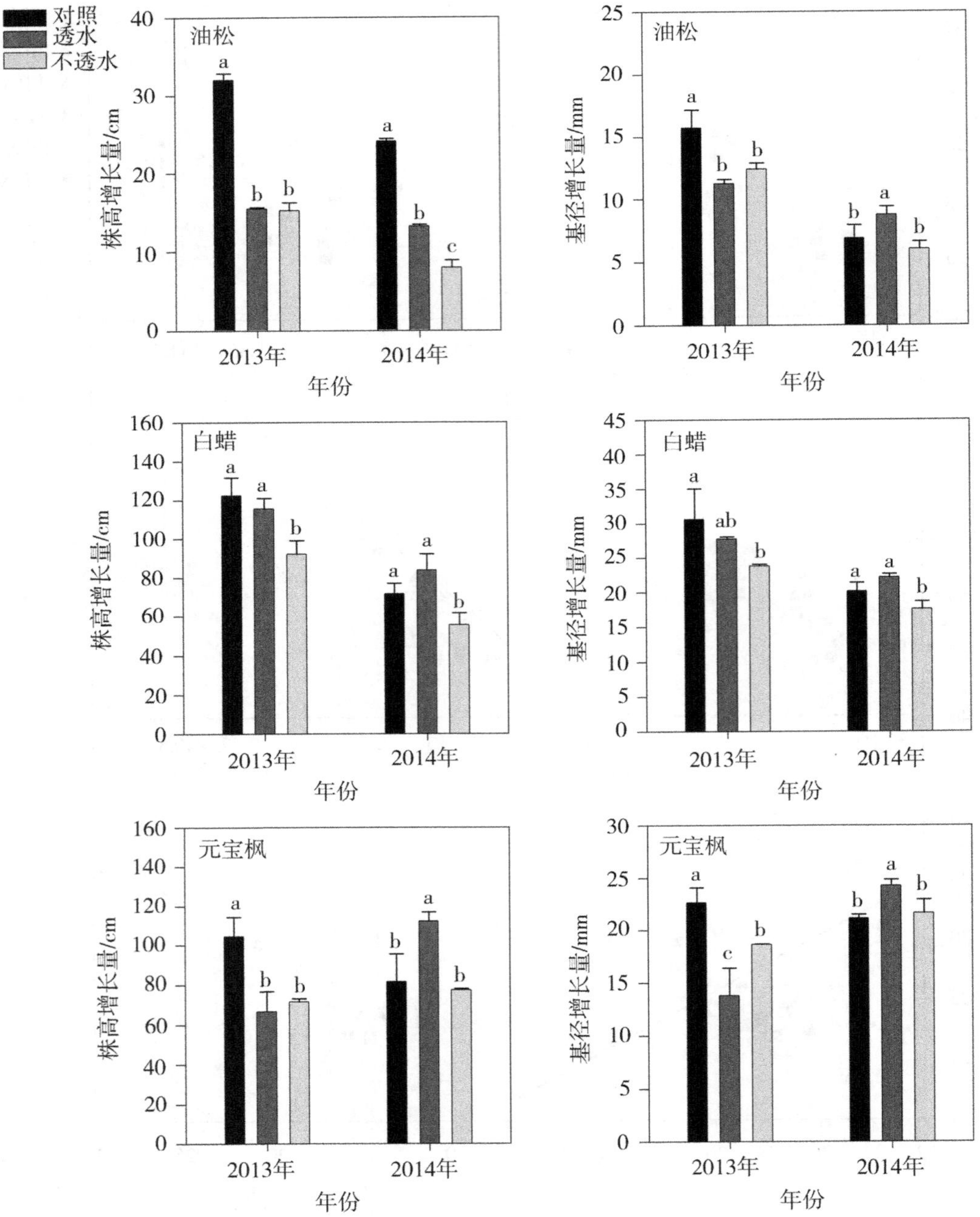

图 6–9　不同年份 3 种树木不同地表类型间株高和基径变化

注：图中不同小写字母表示同一年份不同地表类型间株高和基径存在显著差异 $P < 0.05$。

油松和元宝枫幼苗株高、基径年增长量分别比对照显著降低 51.6% 和 36.2%、28.5% 和 39.0%（$P < 0.05$），不透水地表分别比对照显著降低 52.3% 和 31.5%、21.2% 和 17.8%（$P < 0.05$），油松的株高、基径年增长量和元宝枫的株高年增长量在透水和不透水地表间差异不显著，元宝枫的基径年增长量透水地表比不透水地表显著降低 25.8%（$P < 0.05$）。对照上生长的白蜡株高和基径年增长量比不透水地表显著提高 33.0% 和 28.8%（$P < 0.05$），透水地表上生长的白蜡株高年增长量比不透水地表显著提高 25.5%（$P < 0.05$），但透水地表和不透水地表间基径年增长量差异不显著。

2014 年透水地表上生长的树木株高和基径年增长量高于对照和不透水地表（除油松株高）。不同地表类型间油松株高年增长量表现为对照 > 透水 > 不透水（$P < 0.05$）。油松基径、元宝枫株高、元宝枫基径的年增长量透水地表比对照和不透水地表显著增加了 27.4%、37.5%、14.9% 和 45.8%、44.7%、12.3%（$P < 0.05$），对照和不透水地表间无显著差异；白蜡株高和基径的年增长量在对照和透水地表间无显著差异，但对照和透水地表均显著高于不透水地表（$P < 0.05$）。

6.4 讨论

6.4.1 地表硬化对林木成活率的影响

树木成活率受多种因素影响，包括树种特性、种植密度（He and Duncan，2000）、地表覆盖（Gillespie et al.，1995）、土壤压实（Ampoorter et al.，2011）、温度（Niu et al.，2012）、大气二氧化碳浓度和氮沉降（Sefcik et al.，2007）等。在本研究中，我们发现不同的树种成活率对硬化地表的响应规律不同，不同硬化地表类型对油松和白蜡无显著影响，但元宝枫成活率在不同硬化地表类型间表现出了显著的差异，透水地表元宝枫平均成活率最低，不透水地表次之，对照最低。同时元宝枫成活率与地表温度呈显著负相关，即温度越高，元宝枫成活率越低。这可能与 3 种植物自身的遗传物质与生理机制有关。元宝枫自身不耐高温，硬化地表显著提高了地表温度和土壤温度，高温（日最高温> 40℃）天数占到了树木整个生长季的 23.9% 以上，超出了元宝枫生长的适温范围，长期高温环境下树木的生理生化指标受到影响（夏钦等，2010），导致生长衰退甚至死亡。Kolb 和 Robberecht（1996）也曾研究表明土壤温度越高，树木成活率越低。硬化地表上生长的树木成活率还可能受其他因子的影响，如土壤紧实度，Ampoorter 等（2011）研究发现粉沙质土壤经压实后其上生长的树木成活率降低。硬化地表提高了土壤二氧化碳浓度（Byrne et al.，2008），对植物根系的生长构成威胁，也是降低树木成活率的一个潜在影响因子（Viswanathan et al.，2011）。

6.4.2 地表硬化对林木生长的影响

地表硬化改变了城市植物赖以生存的环境条件，限制了植物对土壤水分和养分的有效利用（宋永昌，2000；赵丹等，2012），导致大量城市绿化植物处于亚健康状态，甚至出现生长衰退死亡的现象（Grabosky et al.，2001）。大量研究已证实硬化地表对树木生长及其功能特性的发挥确实存在影响（Morgenroth and Visser，2011；Viswanathan et al.，2011；Volder et al.，2009），硬化地表降低了树木生长速率（Quigley，2004）。

本研究结果表明，硬化地表上生长的油松、白蜡（除 0.5 m 种植密度）和元宝枫株高和基径显著低于对照（图 6–5 和图 6–7）。硬化地表显著提高了地表温度和土壤温度，油松和元宝枫株高与平均地表温度呈显著负相关（图 6–6），元宝枫基径也与平均地表温度呈显著负相关（图 6–8）。硬化地表上温度升高超过了油松和元宝枫生长适宜温度范围（Celestian and Martin，2004），长期高温环境下油松和元宝枫生理机能紊乱，抑制了树木生长。硬化地表对土壤水分的影响存在很大争议，硬化地表降低了雨水的入渗，减少了土壤水分含量，但也有研究表明硬化地表下土壤含水量增加（Wagar and Franklin，1994；Morgenroth et al.，2013）。土壤含水量降低，对树木生长形成干旱胁迫，抑制树木生长，但土壤含水量过高同样会抑制树木的生长（Berrang et al.，1985）。土壤含水量对树木生长的作用过程复杂，目前树木生长对硬化地表土壤水分变化的响应机制还不清楚。本研究发现，油松和元宝枫株高生长与土壤含水量显著负相关，但白蜡生长与土壤含水量显著正相关。温度过高、极端水分条件和土壤压实抑制植物根系生长都是导致硬化地表上植物生长衰退的因素（Morgenroth，2010）。

2013 年不透水地表土壤含水量低于对照和透水地表，白蜡不透水地表土壤含水量维持在 10%，其他处理土壤含水量基本在 20% 左右，对树木未构成明显干旱胁迫。2014 年透水地表土壤含水量明显高于对照和不透水地表，对照和不透水地表土壤含水量基本在 15% 以下，各处理土壤含水量相比于 2013 年均有降低。地表温度日最高温大于 40℃和日均土壤含水量低于 15% 的天数在 2014 年明显多于 2013 年，这是造成油松和白蜡株高和基径年增长量 2013 年低于 2014 年的主要原因。

在今后的研究工作中需加强不同硬化地表类型间根际土壤环境的差异（土壤养分、土壤氧和二氧化碳通量，根系生长等），更全面地探索硬化地表对树木生长的影响。

6.4.3 透水地表和不透水地表间林木生长的差异

透水地表由于其高渗透性，增加了土壤含水量（Bean et al.，2007；Dietz，2007），在本研究中，透水地表下土壤含水量高于不透水地表下土壤含水量。这一结论与大多数研究结果一致（Mullaney et al.，2015b；Volder et al.，2009）。但也有研究表明透水地表相比于不透水地表并没有改善土壤的水分条件（Morgenroth and Buchan，2009；Volder et al.，2009）。透水地表下土壤含水量仅在近树干处高于不透水地表，在远茎干处两种硬化地表间无显著差异（Viswanathan，2010）。Volder 等（2009）研究表明除夏季外，其他季节透水地表下土壤含水量均高于不透水地表。Mullaney 等（2015b）研究提出透水地表下沙质土壤含水量高于不透水地表，而黏质土壤则相反。土壤含水量的变化与多种因素相关，如土壤性质、硬化地表材料、土壤温度、降水、种植密度和季节等。因此，在今后需要开展更多的工作探索硬化地表下土壤含水量的变化。

透水地表相比于不透水地表具有改善树木生境的潜在优势，其高透气性和透水性促进了树木根系的生长（Morgenroth et al.，2013），增加了树木株高、胸径和生物量（Morgenroth and Visser，2011）。我们的研究也发现透水地表上生长的油松和白蜡株高和基径均显著高于不透水地表。但透水地表上生长的元宝枫株高和基径则显著低于不透水地表，比较元宝枫透水地表和不透水地表下环境条件，发现透水地表下土壤含水量高于不透水地表，但透水地表也极大地提高了地表温度，在这种环境条件下，极端的高温条件掩盖了有利的土壤水分条件，导致透水地表上生长的元宝枫株高和基径低于不透水地表。Volder等（2009）的研究结果表明，透水地表和不透水地表上生长的树木树干相对生长率没有明显差异。因此，在城市建设中需谨慎选择使用透水硬化材料。

6.4.4　树种间林木生长差异

不同树种地表温度、土壤含水量、成活率以及生长指标对硬化地表类型的响应均存在差异（Gomez et al.，2002；Heninger et al.，2002）。不同树种冠层存在差异，树冠层大的树种遮阴作用明显，蒸腾冷却降低潜热比例，改变了地表温度和土壤温度。不同树种根系生长吸水能力不同，造成土壤含水量也存在差异。环境胁迫与树木生长之间存在此消彼长的关系，不同的环境条件必然导致树木生长存在差异，同时由于树木自身的生理特性对外界环境变化存在不同的适应性（Sefcik et al.，2007），也是造成不同树种对硬化地表响应存在差异的因素。不同硬化地表类型间树木生长的差异存在物种特异性。Grabosky 等（2001）调查 3 种不同树种（心叶椴、栓皮槭、海棠）对不同硬化地表类型的响应，结果表明透水地表下栓皮槭和心叶椴的根长大于不透水地表，3 种树木根深均大于不透水地表。本研究结果表明，白蜡对硬化地表构成的环境胁迫存在一定的自适应能力，硬化地表对油松和元宝枫构成了热威胁，抑制了油松和元宝枫的生长。

6.4.5 种植密度间林木生长差异

种植密度增加虽然能够提高树木总体生产力（Callesen and Wagenmakers，1989），但却降低了树木的成活率（Augspurger and Kelly，1984）。目前，在城市绿化建设中，行道树种植密度没有统一的标准，种植密度对城市绿化树群落结构的影响还不太清楚。

随着种植密度的增加，地表温度降低，但土壤含水量也随之减少（王延平等，2012）。0.5 m种植密度下土壤含水量明显低于1.0 m和2.0 m种植密度，高种植密度增加了土壤根系比例，加大了对土壤水分的吸收。种植密度增加，树冠层郁闭度增大，能够有效缓解硬化地表形成的高温胁迫，降低树木的死亡率。种植密度增加，油松、白蜡和元宝枫株高增加，基径减小，树木呈细高趋势生长。

6.5 小结

（1）不同树种成活率对硬化地表的响应存在差异。各处理下油松幼苗成活率高，基本无死亡；白蜡和元宝枫幼苗成活率相对较低。但不同硬化地表类型和种植密度对白蜡幼苗成活率无显著影响。不同硬化地表类型和种植密度间元宝枫幼苗成活率存在显著差异，表现为对照>不透水地表>透水地表（$P<0.05$），硬化地表上生长的元宝枫幼苗成活率随种植密度的增加而提高。

（2）在保证树木存活的情况下，硬化地表显著抑制了油松株高和基径的生长（$P<0.05$）。透水地表上生长的白蜡株高和基径与对照无显著差异，但不透水地表上生长的白蜡株高和基径显著低于对照和透水地表（$P<0.05$），透水地表相比于不透水地表促进了白蜡的生长。硬化地表抑制了元宝枫株高和基径的生长，透水地表对元宝枫的生长抑制作用更明显。

（3）城市硬化地表温度过高，是抑制油松和元宝枫生长的主要因素。透水地表提高土壤含水量，相比于不透水地表促进了白蜡的生长。对于元宝枫来说，2013年透水地表过高的地表温度掩盖了土壤水分的有利条件，导致元宝枫生长显著低于不透水地表（$P<0.05$）。随着生长年限的延长，元宝枫树冠层增大，缓解了透水地表形成的极端高温环境，透水地表上元宝枫生长适应能力增强，加快了透水地表上元宝枫株高和基径的增长速率。

（4）2013年对照上生长的树木株高和基径年增长量高于硬化地表。2014年透水地表上生长的树木株高和基径年增长量高于对照和不透水地表（除油松株高）。年际间比较发现，油松和白蜡株高和基径年增长量2013年高于2014年，硬化地表上生长的元宝枫株高和基径年增长量则2014年高于2013年。

2013年油松和元宝枫各处理间土壤含水量均较高，硬化地表温度过高，是抑制油松和元宝枫幼苗生长的主要因素。不透水地表土壤含水量降低是导致其上生长的白蜡株高和基径减少的主要原因。2014 年透水地表土壤含水量高于对照和不透水地表，土壤水分成为树木生长的主要影响因素，透水地表上树木的生长速率相比于对照和不透水地表增加。2014 年相比于 2013 年干旱少雨，地表温度增加，对照和不透水地表土壤含水量降低，是油松和白蜡 2014 年生长率普遍低于 2013 年的原因。

因此，在配置和种植城市绿化植物时，为缓解硬化地表对城市树木生长发育的不利影响，应选择适应高温和干旱的植物，并采取降温和灌溉措施来降低硬化地表的影响。从植株生长对不同地表类型的响应差异来看，白蜡相比于油松和元宝枫更适宜作为绿化树种。

第七章　城市地表硬化对林木物候的影响

城市硬化地表改变了气候和土壤等环境因子，造成硬化地表温度、土壤温度增加，土壤紧实度增加，土壤含水量降低，土壤养分含量减少等。树木物候是对环境变化最直接也是最敏感的响应指标之一（Neil and Wu，2006），与大气温度、降水、土壤含水量、光周期等密切相关。硬化地表引起环境变化势必影响树木物候期的改变。本章调查了不同硬化地表上生长的白蜡和元宝枫的春季发芽和秋季落叶过程，探讨了不同硬化地表类型下树木物候的变化规律及其影响因子，量化了不同硬化地表类型间白蜡和元宝枫物候的差异。

7.1　林木发芽率

2012 年 4 月 7 日调查并记录不同硬化地表和种植密度下白蜡和元宝枫发芽棵数，计算发芽棵数与总棵数的比值作为该处理下树木的发芽率，结果见图 7–1。经统计分析，硬化地表极显著地影响了白蜡的发芽率（$P < 0.01$），种植密度对白蜡发芽率无显著影响，硬化地表和种植密度对白蜡发芽率存在显著的交互作用（$P < 0.05$）。3 种种植密度下白蜡发芽率均表现为硬化地表显著高于对照（$P < 0.05$），对照上生长的白蜡的发芽率，在 1.0 m 种植密度下最低，为 5%；2.0 m 种植密度下最高，为 22.73%。2 种硬化地表上生长的白蜡的发芽率，2.0 m 种植密度透水地表上最高，达 88.38%；0.5 m 种植密度透水地表上最低，也达到了 47.93%，远高于对照上生长的白蜡的发芽率。但透水地表和不透水地表上生长的白蜡发芽率无显著差异。

不同硬化地表和种植密度间元宝枫的发芽率无显著差异，在 4 月 7 日元宝枫基本完全发芽，0.5 m 种植密度不透水地表上生长的元宝枫的发芽率最低，为 76.81%；1.0 m 种植密度透水地表上生长的元宝枫发芽率最高，为 87.59%（图 7–1）。

硬化地表改变了环境小气候，地表温度、土壤温度和土壤含水量均发生了变化（见第三章）。地表温度与土壤温度密切相关，在本节中主要分析土壤温度的变化与白蜡发芽率的关系。树木发芽与前 3 个月的环境因子直接相关，因此主要分析 2014 年 1 ~ 4 月不同硬化地表和种植密度下土壤温度、含水量和土壤养分变化对白蜡发芽率的影响。

对土壤温度和土壤含水量进行统计分析（配对 t 检验）（表 7–1），结果表明，在

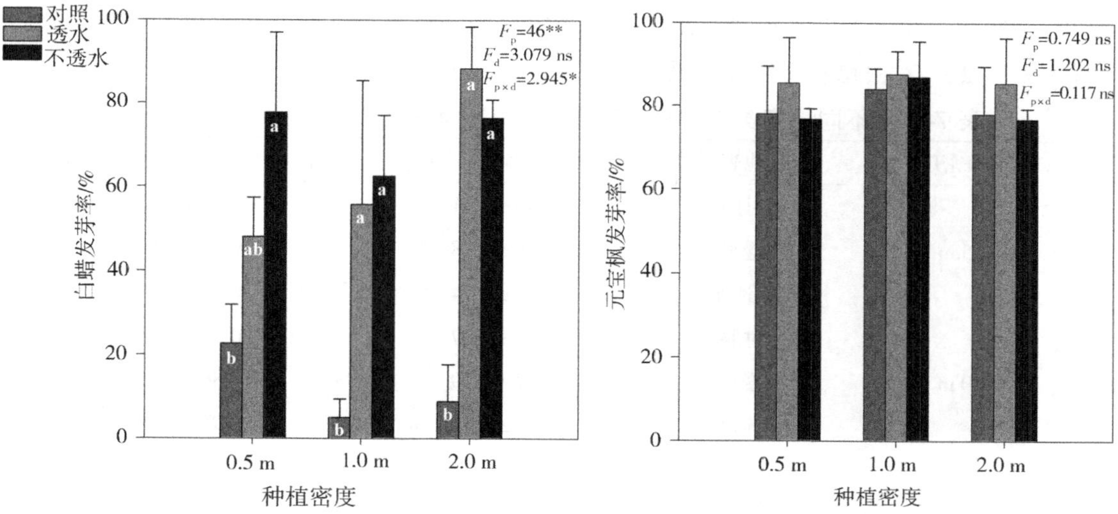

图 7-1　2014 年不同地表类型和种植密度下白蜡和元宝枫发芽率

注：图中测定值表示为均值 ± 标准差；** 表示处理间差异达到 0.01 的显著水平，* 表示处理间差异达到 0.05 的显著水平，ns 表示处理间差异不显著；不同字母表示同一种植密度下不同硬化地表间存在显著差异 $P < 0.05$。

3 种种植密度下白蜡透水地表和不透水地表相比于对照均极显著地提高了土壤温度（$P < 0.01$）。除了透水地表下白蜡 0.5 m 和 1.0 m 种植密度下土壤含水量无显著差异，其他处理间白蜡土壤含水量均存在极显著差异（$P < 0.01$），3 种种植密度下白蜡土壤含水量对照均高于不透水地表。

表 7-1　不同地表类型和种植密度间土壤温度和土壤含水量配对 *t* 检验（2014 年春季）

环境因子	密度	平均值差值			地表类型	平均值差值		
		PP–NP	IPP–NP	IPP–PP		D1.0–D0.5	D2.0–D0.5	D2.0–D1.0
土壤温度/℃	D0.5	2.00 ± 1.28**	2.44 ± 1.64**	0.43 ± 0.62**	NP	0.59 ± 1.07**	0.78 ± 0.91**	0.19ww ± 0.51**
	D1.0	2.09 ± 1.02**	1.60 ± 0.84**	−0.49 ± 0.44**	PP	0.68 ± 0.75**	0.38 ± 0.93**	−0.29 ± 0.74**
	D2.0	1.61 ± 1.31**	1.45 ± 1.21**	−0.16 ± 0.63**	IPP	−0.24 ± 0.29**	−0.20 ± 0.61**	0.04 ± 0.65**
土壤含水量/%	D0.5	−5.77 ± 1.08**	−3.91 ± 1.38**	1.86 ± 0.78**	NP	−6.21 ± 0.75**	−1.41 ± 0.84**	4.81 ± 0.79**
	D1.0	0.47 ± 0.91**	−2.06 ± 0.89**	−2.53 ± 1.18**	PP	0.03 ± 0.63 ns	3.27 ± 1.06**	3.24 ± 1.00**
	D2.0	−1.10 ± 0.84**	−5.07 ± 1.05**	−3.97 ± 1.15**	IPP	−4.36 ± 0.71**	−2.56 ± 0.57**	1.80 ± 0.59**

注：表中数据为均值 ± 标准差；** 表示处理间差异达到0.01的显著水平，* 表示处理间差异达到0.05的显著水平，ns 表示处理间无显著差异；D0.5表示0.5 m密度，D1.0表示1.0 m 密度，D2.0表示2.0 m 密度。

经统计分析，白蜡不同硬化地表和种植密度间土壤氮素和有机质含量均无显著差异（表 7-2），对白蜡春季发芽率没有影响。

表 7-2　不同地表类型和种植密度间土壤总氮和土壤有机质含量比较

种植密度	硬化地表类型	土壤总氮含量 /（g/kg）	土壤有机质含量 /（g/kg）
0.5 m	对照	1.00 ± 0.11	20.37 ± 1.73
	透水	1.08 ± 0.28	19.85 ± 5.00
	不透水	1.03 ± 0.24	20.12 ± 2.42
1.0 m	对照	1.02 ± 0.07	20.45 ± 1.19
	透水	0.97 ± 0.09	17.86 ± 1.12
	不透水	1.15 ± 0.01	20.91 ± 0.19
2.0 m	对照	1.13 ± 0.14	22.57 ± 3.17
	透水	0.97 ± 0.14	18.45 ± 3.10
	不透水	0.87 ± 0.16	16.52 ± 1.74
双因素方差分析结果			
硬化地表		ns	ns
种植密度		ns	ns
硬化地表 × 种植密度		ns	ns

注：表中数据为均值 ± 标准差；ns 表示处理间差异不显著。

经回归分析，白蜡发芽率与土壤含水量之间无显著相关性，关系图未在文中列出。但白蜡发芽率与土壤 ≥ 5℃积温表现出了极显著的正相关（$P < 0.01$）（图 7-2）。说明白蜡春季发芽率主要与土壤温度相关，而城市硬化地表显著提高了土壤温度，这也是常见到的城市植物在春季发芽早于郊区的原因之一，硬化地表提前了植物春季物候期。

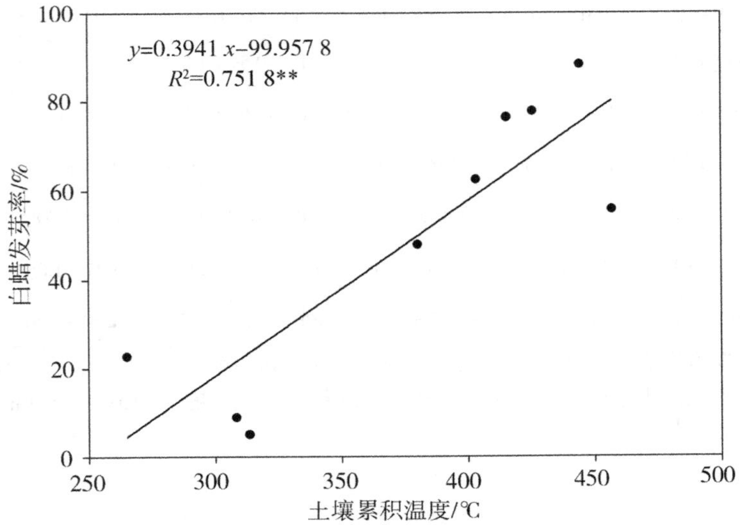

图 7-2　白蜡发芽率与土壤温度间的关系

本研究采用模拟硬化地表，不同硬化地表类型间距离小于 100 m，空气在不断流通交换的过程中小范围内大气温度差异不明显，因此，硬化地表上生长的白蜡春季发芽率增加，主要受土壤温度的影响。

7.2　林木物候期

2014 年调查不同处理下白蜡和元宝枫的发芽率，只是单纯地确定了硬化地表比对照提高了白蜡的发芽率，无法定量化硬化地表上生长的树木比对照发芽提前的时间。因此，2015 年对白蜡和元宝枫发芽和落叶时间进行了持续调查记录，以探讨不同处理间树木物候期的变化过程。

7.2.1　发芽期

根据第二章划分的树木发芽阶段，在 2015 年 3 ~ 5 月每隔一天调查记录白蜡和元宝枫发芽情况，计算各处理内树木发芽不同阶段的棵数在调查当日所占总棵数的比例，得到树木发芽过程谱状图，结果见图 7–3。从图中可以看出，硬化地表相比于对照提前了白蜡和元宝枫的发芽时间。白蜡发芽持续时间较长，硬化地表上生长的白蜡发芽比对照提前的规律更明显。元宝枫受降水的影响较大，在 4 月 1 日降水后迅速发芽，各处理间元宝枫发芽时间差异较小，但仍可以看出硬化地表上生长的元宝枫发芽比对照略微提前。

为了将树木发芽定量化，树木某一阶段发芽的棵数占总棵数的比例达到 50% 时的日期定义为树木该阶段的发芽时间，不同硬化地表和种植密度处理树木发芽时间的比较见图 7–4。硬化地表上生长的白蜡完全发芽的时间(阶段Ⅳ)比对照提前 0.7 ~ 9.3 d，硬化地表上生长的元宝枫完全发芽的时间比对照提前 0.3 ~ 2.3 d。2.0 m 种植密度下，透水地表和不透水地表上生长的白蜡各阶段发芽时间比对照均显著提前（$P < 0.05$），完全发芽时间（阶段Ⅳ）分别比对照显著提前了 9.3 d 和 6.0 d（图 7–4 和表 7–3）。透水地表上生长的白蜡发芽时间比不透水地表提前，但仅在阶段Ⅰ达到显著水平，其他阶段无显著差异。

2.0 m和1.0 m种植密度下生长的白蜡发芽时间分别比在0.5 m种植密度下提前了0.3 ~ 14.7 d和0.7 ~ 8.7 d，2.0 m和1.0 m种植密度下生长的元宝枫发芽时间分别比在0.5 m种植密度下提前了0.3 ~ 5.7 d和0 ~ 3.7 d。2.0 m种植密度下白蜡和元宝枫完全发芽的时间（阶段Ⅳ）分别比0.5 m种植密度下提前1 ~ 9 d和1.7 ~ 2.3 d（图7–4、彩图7–4）。

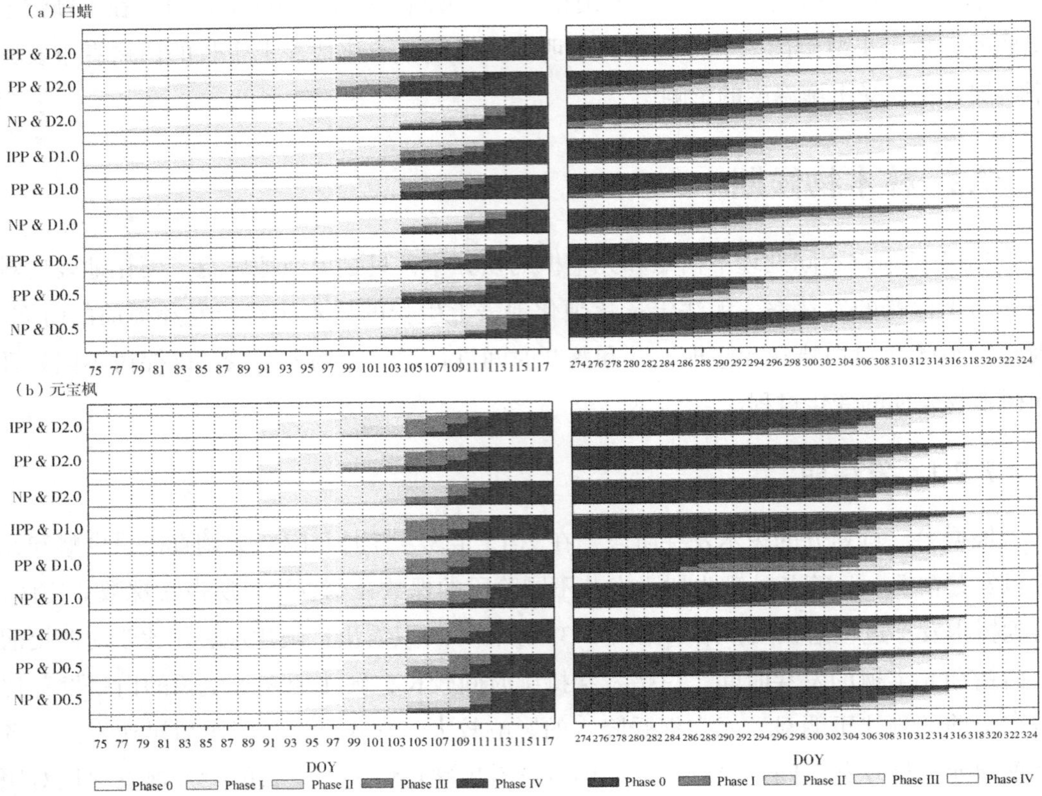

图 7-3　不同地表类型和种植密度下白蜡与元宝枫幼苗发芽和落叶过程

注：D0.5 表示 0.5 m 密度，D1.0 表示 1.0 m 密度，D2.0 表示 2.0 m 密度；DOY 表示日序数。

7.2.2　落叶期

树木落叶率情况的调查与分析处理同发芽率，结果见图 7-4。在 0.5 m 和 2.0 m 种植密度下硬化地表相比于对照提前了白蜡落叶时间，在 0.5 m 种植密度下硬化地表相比于对照提前了元宝枫落叶时间。在 0.5 m 种植密度下，透水地表和不透水地表上生长的白蜡开始落叶的时间（阶段Ⅰ）分别比对照提前了 6.7 d 和 6.0 d，透水地表和不透水地表上生长的元宝枫开始落叶的时间分别比对照提前了 3.0 d 和 3.7 d。

在大多数情况下，种植密度并没有显著影响树木落叶时间，但在不透水地表下生长的白蜡（阶段Ⅳ）和透水地表（阶段Ⅰ和阶段Ⅱ）、不透水地表（阶段Ⅰ）生长的元宝枫随着种植密度的增加落叶时间有提前的趋势（图 7-4）。

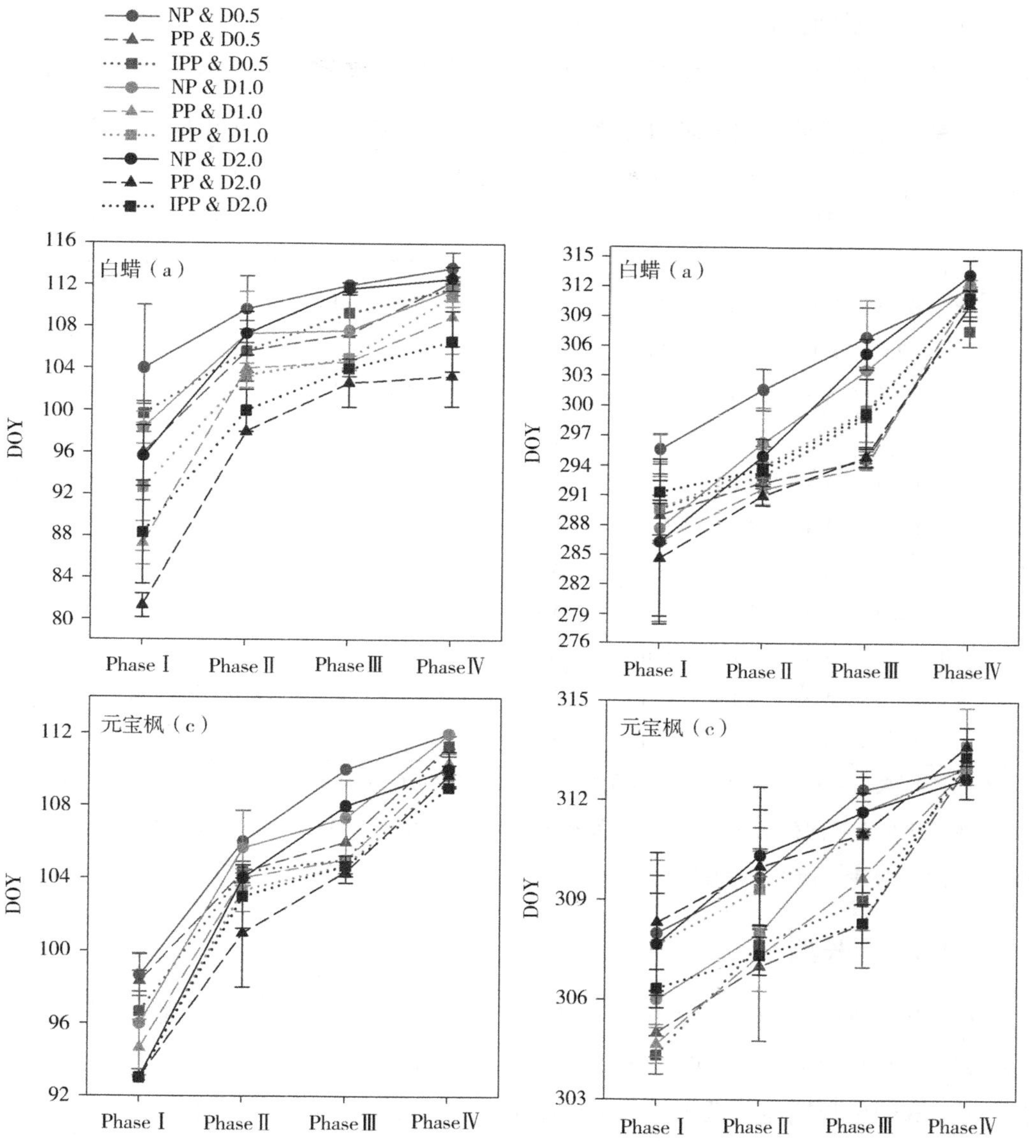

图 7-4　不同地表类型和种植密度下白蜡和元宝枫发芽和落叶时间

注：图中D0.5表示0.5 m密度，D1.0表示1.0 m 密度，D2.0表示2.0 m 密度；DOY表示日序数。

白蜡落叶持续时间长于元宝枫。白蜡开始落叶时间比元宝枫提前了 19.7 d。元宝枫落叶时间同样受降水的影响作用较大，在 11 月初一场降水后，元宝枫迅速落叶。

表 7–3　不同硬化地表和种植密度下白蜡和元宝枫发芽和落叶时间比较

树种	变量	密度	阶段 I			阶段 II			阶段 III			阶段 IV		
			NP	PP	IPP	NP	PP	IPP	NP	PP	IPP	NP	PP	IPP
白蜡	发芽时间	D0.5	A a	A a	A a	A a	A a	A a	A a	A a	A a	A a	A a	A a
		D1.0	A ab	B b	AB ab	A a	A a	A ab	A a	A a	A b	A a	A a	A a
		D2.0	A b	C c	B b	A a	B b	B b	A a	B a	B b	A a	B b	B b
	落叶时间	D0.5	A a	B a	B a	A a	B a	B a	A a	C a	B a	A a	A a	B b
		D1.0	A a	A a	A a	A b	A a	A a	A a	A a	A a	A a	A a	A a
		D2.0	A a	A a	A a	A b	B a	A a	A a	B a	B a	A a	B a	AB a
元宝枫	发芽时间	D0.5	A a	A a	A a	A a	A a	A a	A a	B a	B a	A a	A a	A a
		D1.0	A b	AB b	B a	A a	A a	A a	A b	AB a	B a	A a	B ab	B b
		D2.0	A c	A b	A a	A a	A a	A a	A ab	B a	B a	A b	A b	A b
	落叶时间	D0.5	A a	B b	B b	A a	A b	A a	A a	B a	B a	A a	A a	A a
		D1.0	A a	A b	A a	A a	A b	A a	A a	A a	A a	A a	A a	A a
		D2.0	A a	A a	A ab	A a	A a	A a	A a	A a	B a	A a	A a	A a

注：不同大写字母表示同一种植密度下不同地表类型间存在显著差异$P<0.05$，不同小写字母表示同一地表类型下不同种植密度间存在显著差异$P<0.05$。D0.5表示0.5 m密度，D1.0表示1.0 m 密度，D2.0表示2.0 m 密度；DOY表示日序数。

7.2.3　生长期

树木开始落叶时间与完全发芽时间的差值记为树木的生长期。不同硬化地表和种植密度下白蜡和元宝枫生长期如图 7–5 所示。0.5 m 种植密度下，硬化地表上生长的白蜡和元宝枫的生长期显著低于对照（$P < 0.05$）。透水和不透水地表上生长的白蜡生长期分别比对照减少 5.3 d 和 4.0 d，元宝枫生长期分别比对照减少 2.3 d 和 3.0 d。

种植密度对白蜡生长期无显著影响，但对元宝枫的生长期产生了显著影响（图 7–5）。在硬化地表下，元宝枫生长期随着种植密度的减小而延长。透水地表上生长的元宝枫生长期在 2.0 m 和 1.0 m 种植密度下分别比在 0.5 m 种植密度下增加 5.0 d 和 0.6 d。不透水地表上生长的元宝枫生长期在 2.0 m 和 1.0 m 种植密度下分别比 0.5 m 种植密度下增加 4.3 d 和 5.0 d。

元宝枫生长持续时间长于白蜡，其生长期比白蜡多了 8.3 ~ 25 d（图 7–5）。

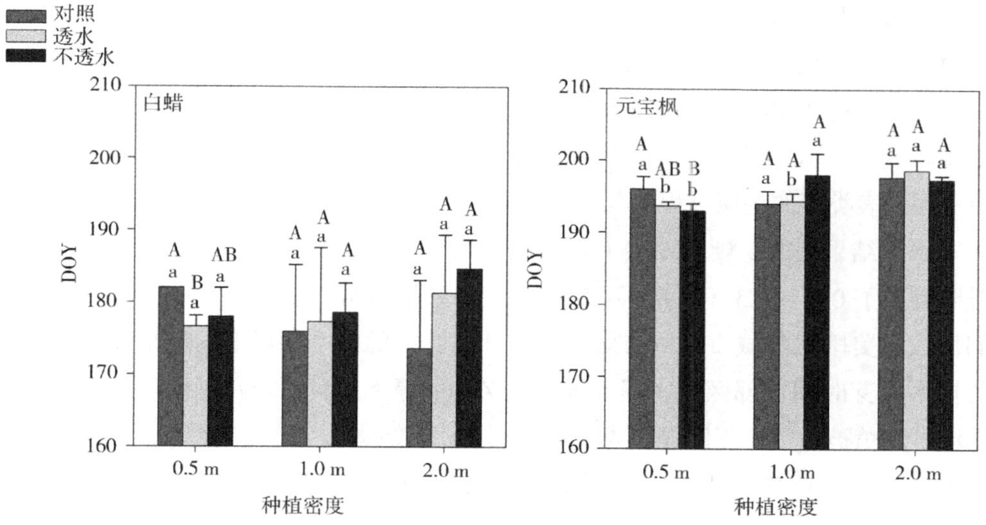

图 7–5　不同地表类型和种植密度下白蜡和元宝枫生长期

注：测定值表示为均值 ± 标准差；不同大写字母表示同一种植密度下不同地表类型间存在显著差异 $P < 0.05$，不同小写字母表示同一地表类型下不同种植密度间存在显著差异 $P < 0.05$；DOY 表示日序数。

7.3 讨论

7.3.1 地表硬化对林木物候期的影响

植物物候与大气温度、降水、土壤温度、土壤含水量、光周期等密切相关，植物物候对环境因子的变化存在趋利现象（Cleland et al.，2012；Springate and Kover，2014），是对环境变化最直接也是最敏感的响应指标之一（Neil and Wu，2006），通过比较植物发芽和落叶时间的差异可以探索植物物候对城市环境变化的响应规律。随着城市化进程的加速，硬化地表面积不断增加，城市约50%的地表被不透水硬化材料所覆盖（Ferguson，2005）。不透水硬化地表因其低渗透性通常导致其上生长的树木长势减弱甚至死亡（Grabosky et al.，2001；Bühler et al.，2007；Volder et al.，2014）。Mueller 和Day（2005）研究表明草坪附近生长的树木长势明显好于不透水地表附近生长的树木，自然地表上生长的树木的株高和胸径通常高于不透水硬化地表上的树木（Grabosky and Gilman，2004；Rahman et al.，2013；Mullaney et al.，2015b）。目前有关城市植物对硬化地表的响应的研究虽然有一些报道，但城市不同硬化地表类型对植物物候期的影响还未见报道。

城市热岛效应是城市化最直接的表象之一，引起了城市工作者的广泛关注，大量研究表明城市热岛效应是引起城市植物物候期提前的主要原因，但这些研究主要采用遥感数据和模型模拟来分析较长时间尺度内城市植物物候对城市化的响应（Zhao and Schwartz，2003；Badeck et al.，2004；Neil and Wu，2006），且仅限于研究城市植物物候的年际变化。城市硬化地表是城市化最重要的表征之一。因此，研究植物物候期对城市不同地表类型的响应过程及其两者之间的关系具有极其重要的生态学意义。

本研究结果表明，硬化地表上生长的白蜡和元宝枫发芽时间均提前于对照，分别比对照提前了0.7 ~ 9.3 d和0.3 ~ 2.3 d。这一结果与White等（2002）研究结果一致，他们比较了美国东部城市区域与郊区的落叶阔叶林的春季物候期，结果发现，城市生长的树木发芽时间比郊区树木提前5.7 d，Zhang等（2004）研究也发现北美洲东部城市区域自然植被通常比郊区提前4 ~ 9 d开始发芽变绿。

城市植物物候期的提前主要归因于大气和土壤温度的升高（Zhang et al.，2004；Chen et al.，2016）。温度升高能够加速植物生长过程（Hollister et al.，2005），是很多植物物候期发生变化的主要驱动因子（Morin et al.，2010；Lu et al.，2006）。硬化地表具有较高的吸热性、导热性和热储存能力，能够吸收和存储更多的太阳辐射能（Kjelgren and Montague，1998），其高的储热能力提高了地表温度。硬化地表通过其相对较高的热传导性能，将热能向下传导进入土壤使得土壤温度升高（Tang et al.，2011）。这一结论在第三章已表明。土壤温度升高能够促进植物根系新陈代谢，并加速可溶性碳水化合物（Browse，2002）和细胞分裂素合成（O' Hare，2004），有利于植物叶芽和叶片生长进而促进植物发芽提前（Loescher et al.，1990）。

土壤含水量作为植物生长的第二个驱动因子也可能影响某些植物的物候期（Pavon and Briones，2001），但其影响机制还不太清楚。Primack等（2004）研究表明土壤含水量可能促进植物物候期提前，但Sherry等（2007）提出很少有研究表明土壤水分的有效性是否对植物物候期存在影响，Morin等（2010）研究气候变化对三种树种物候期的影响，发现土壤含水量并没有显著地影响植物物候期。本研究发现硬化地表显著提高了土壤温度，使白蜡春季发芽提前，但土壤含水量对白蜡发芽期并没有显著影响，但这一结果并不能排除经过在硬化地表上长期生长后，白蜡的物候期仍不受土壤含水量的影响。硬化地表下土壤含水量的变化对树木物候期的影响需要更进一步的研究。

植物落叶期对城市化的响应很少被研究。植物落叶是其自身的一种正常生理现象，也是植物对低温干旱等不良气候条件的一种适应性。植物落叶是由内外因共同作用的结果。内部原因是叶片经过一定时期的生理活动，细胞内积累了大量的代谢产物引起叶细胞功能衰退、衰老直至死亡；外部原因是由于气候寒冷、光周期减小、水分供应不足等不良环境条件造成的植物叶片枯落。植物体内存在的脱落酸能够刺激植物叶片的脱落。随着秋天的到来，日照时间缩短，气温降低，大量脱落酸生成并快速转移到相关部位，促使叶柄基部脱离层的产生，促使叶片脱落（Smit-Spinks et al.，1985）。本研究发现在大部分情况下硬化地表显著提前了白蜡和元宝枫的落叶时间，尽管硬化地表对植物落叶的影响机制还不太清楚，但通常认为植物落叶主要受大气温度和日照时间的交互作用影响。有研究表明温度升高能推迟植物落叶时间（Norby et al.，2003），因此，硬化地表提高了土壤温度在理论上将推迟叶片脱落时间，但本研究结果与这一观点恰恰相反。硬化地表改变植物落叶时间可能不仅仅与土壤温度有关，还可能受其他土壤特性的影响。硬化地表土壤含水量降低、土壤养分减少和土壤压实性增大可能限制树木的生长，很多研究表明硬化地表上生长的植物叶片水势和光合特性显著低于无硬化地表上生长的植物叶片（赵丹等，2012；宋英石等，2013；宋英石等，2014），诱导硬化地表上生长的植物叶片长期处于干旱和碳饥饿胁迫条件下，硬化地表上植物叶片脱落时间提前可能是对环境胁迫的一种适应机制（Post and Pedersen，2008；Hegland et al.，2009）。

硬化地表下树木叶片发芽和落叶时间均提前，但如何影响树木生长期的变化还需进一步的研究。本研究表明，与对照相比，硬化地表上生长的白蜡和元宝枫的生长期仅在 0.5 m 种植密度显著缩短（$P < 0.05$），对在 1.0 m 和 2.0 m 种植密度下白蜡和元宝枫生长期并没有显著变化。树木生长期缩短可能减少陆地生态系统植物碳的吸收和物质量的积累（Cleland et al.，2007）。

7.3.2　透水地表和不透水地表间林木物候期差异

不透水硬化地表因其低水分渗透性，易导致树木生长受到干旱胁迫，有学者提出在城市建设中采用透水材料硬化地表以改善树木生长条件（Bean et al.，2007；Dietz，2007）。透水材料有较高的透水和透气性，有效改善城市树木生长环境并促进树木根系生长（Morgenroth and Buchan，2009），提高树木株高、胸径和生物量（Morgenroth and Visser，2011）。本研究中，2.0 m种植密度下透水地表相比于不透水地表显著提前了白蜡开始发芽的时间，可能原因是透水硬化地表比不透水硬化地表有更高的地表温度和土壤温度。透水地表有较高的孔隙度，具有较小的反射率和地面长波辐射损失，其高的储热能力使得透水地表温度较高。透水地表上生长的白蜡（0.5 m种植密度阶段Ⅲ和2.0 m种植密度阶段Ⅱ）相比于不透水地表落叶时间显著提前，但是透水硬化地表上生长的树木落叶时间比不透水地表提前的原因还不太清楚，仍需进一步研究。

7.3.3　树种间林木物候期对硬化地表响应的差异

白蜡和元宝枫是中国北方广泛种植的阔叶树种，两树种之间物候期存在差异，白蜡开始发芽和落叶的时间分别比元宝枫提前了 11.7 d 和 19.7 d，而元宝枫生长期比白蜡长 8.3 ~ 25 d。

树木发芽时间、落叶时间和生长期的变化直接影响树木生物量的形成过程和最终生物量的积累，将进一步改变植被的结构组成、土壤和大气间物质通量和陆地生态系统生产力。透水地表和不透水地表上生长的白蜡开始发芽时间比元宝枫分别提前了 4.3 ~ 14.3 d 和 0 ~ 3.0 d，并且透水地表和不透水地表上白蜡发芽持续时间比元宝枫分别多 32.0 d 和 19.0 d。树木发芽时间提前存在一定的危害性，树木较早发芽芽孢受到霜害和冻害的可能性增加，进一步影响树木生长过程中生物量的累积。不同树种物候期对硬化地表类型的响应不同，可能导致群落间对环境资源的竞争发生较大的变化（Rathcke and Lacey，1985），逐渐改变植物群落结构。这些变化可能导致城市生态系统稳定性降低，功能性发生紊乱，进而影响城市生态系统服务功能。树种对硬化地表的响应不同还可能受到其他生态因子的影响（McCarty，2001），如植物功能类型、基因型和植物适应性等。在今后的研究中可以从细胞和分子尺度上研究植物物候对城市硬化地表的响应机制。

7.3.4 种植密度对林木物候期的影响

在自然群落中树木的种植密度会影响其生长和繁殖等过程，也是影响植物物候期的另一个重要因子（Khalil et al.，2010），通常随着种植密度的降低植物的发芽期提前（Schmitt et al.，1987），但是硬化地表下种植密度对树木生长的影响较少被报道。本研究中随着种植密度的降低，白蜡和元宝枫的发芽时间显著提前，可能原因在于低种植密度下地表能够接收更多的光能和太阳辐射能，提高了大气温度和土壤温度，进而导致树木发芽时间提前。

7.4 小结

（1）硬化地表显著提高了土壤温度，促使白蜡发芽时间提前。

（2）硬化地表上生长的白蜡和元宝枫完全发芽的时间（阶段Ⅳ）比对照分别提前了 0.7 ~ 9.3 d 和 0.3 ~ 2.3 d。透水地表上生长的白蜡发芽时间比不透水地表提前，但仅在阶段Ⅰ达到显著水平。2.0 m 和 1.0 m 种植密度下白蜡发芽时间分别比 0.5 m 种植密度下提前了 0.3 ~ 14.7 d 和 0.7 ~ 8.7 d，元宝枫发芽时间分别比在 0.5 m 种植密度下提前了 0.3 ~ 5.7 d 和 0 ~ 3.7 d。

（3）在 0.5 m 种植密度下，硬化地表相比于对照提前了白蜡和元宝枫的落叶时间。透水地表和不透水地表上生长的白蜡开始落叶的时间（阶段Ⅰ）分别比对照提前 6.7 d 和 6.0 d，透水地表和不透水地表上生长的元宝枫开始落叶时间分别比对照提前 3.0 d 和

3.7 d。在大多数情况下，种植密度并没有显著影响树木落叶时间。

（4）0.5 m 种植密度下，透水和不透水地表上生长的白蜡生长期分别比对照减少 5.3 d 和 4.0 d，元宝枫生长期分别比对照减少 2.3 d 和 3.0 d。种植密度对白蜡生长期无显著影响，但显著影响了元宝枫生长期。在硬化地表下，元宝枫生长期随着种植密度的减小而延长。

（5）树木物候期的改变增加了植物器官受环境胁迫的风险。在中国北方的气候条件下，倒春寒现象时有发生，发芽时间提前导致树木芽孢遭受霜冻的可能性增加。种植密度越低，硬化地表上树木发芽时间提前越多，表明低种植密度下硬化地表对树木的影响更大。

第八章　地表硬化对城市林木叶片光合特性的影响

光合作用是植物赖以生存的基础，植物通过光合作用合成有机物并获取能量。光合作用是植物受到外界胁迫后影响其生长的最初环节。目前，越来越多的学者开始关注硬化地表对城市植物生长的影响，但在城市植物生长对硬化地表的响应机制方面研究较少。本章通过观测不同硬化地表类型上油松、白蜡和元宝枫叶片气体交换和叶绿素荧光等参数的变化，揭示油松、白蜡和元宝枫生理生态指标对硬化地表的响应特征，从而为探讨城市硬化地表对树木生长的影响提供理论依据，为城市绿化管理提供参考基础数据。

8.1　叶片生理胁迫

丙二醛（MDA）含量是活性氧自由基对细胞膜脂质过氧化伤害的最终产物之一（Martireau et al.，1979），MDA 含量增加，植物叶片抵御氧化胁迫的能力下降，主要抗氧化剂含量的降低不能保证细胞的正常功能。本研究测定了 2013 年 3 种树木不同地表类型下的叶片 MDA 含量，结果发现，油松叶片 MDA 含量表现为不透水地表＞透水地表＞对照（$P < 0.05$）（图 8-1），白蜡表现为不透水地表显著高于对照和透水地表（P

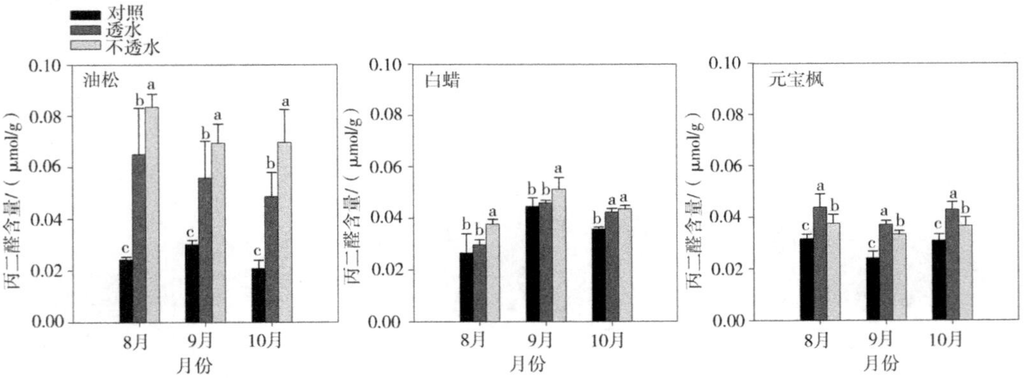

图 8-1　3 种树木不同地表类型间叶片丙二醛（MDA）含量变化

注：图中测定值表示为均值 ± 标准差；不同字母表示不同硬化地表类型间植物叶片丙二醛含量存在显著差异 $P < 0.05$。

< 0.05），元宝枫幼苗叶片 MDA 含量表现为透水地表>不透水地表>对照（$P < 0.05$）。

8.2 叶片光合色素

硬化地表上生长的油松叶片光合色素含量显著低于对照（$P < 0.05$），且表现为透水地表的抑制作用高于不透水地表（图 8-2）。2013 年油松叶片叶绿素含量总体上高于 2014 年。油松叶绿素 a/b 值在 2013 年不同地表类型间无显著差异，2014 年透水地表显著高于对照和不透水地表（$P < 0.05$）。

不同硬化地表类型间白蜡叶片叶绿素含量总体上呈现透水地表上最高，不透水地表最低（图 8-3）。2014 年不透水地表上生长的白蜡叶片叶绿素含量减少更明显。白蜡叶绿素 a/b 值在 2013 年不同地表类型间无显著差异，2014 年透水地表显著低于对照和不透水地表（$P < 0.05$）。

透水地表上生长的元宝枫叶片叶绿素含量显著低于对照和不透水地表（图 8-4）。随着生长年限的延长，透水地表上生长的元宝枫叶片叶绿素含量升高，到 2014 年 9 月与对照无显著差异。

8.3 叶片光合生理参数

8.3.1 气体交换参数

8.3.1.1 日变化

（1）净光合速率。3 种树木不同地表类型间叶片净光合速率日变化结果见图 8-5，叶片光合特性日均值比较见表 8-1。

油松和元宝枫叶片净光合速率日变化均呈微弱的双峰曲线，在早晨 8:00 出现第一个峰值，14:00 达到低谷，之后在 16:00 有所回升，但回升的速率远小于中午下降的速率。在硬化地表上生长的油松和元宝枫叶片净光合速率日均值均显著低于对照（$P < 0.05$），2 种硬化地表间差异不显著。透水和不透水地表上生长的油松叶片净光合速率日均值分别比对照低 19.9% 和 24.6%，元宝枫叶片净光合速率日均值分别比对照低 40.1% 和 28.9%。

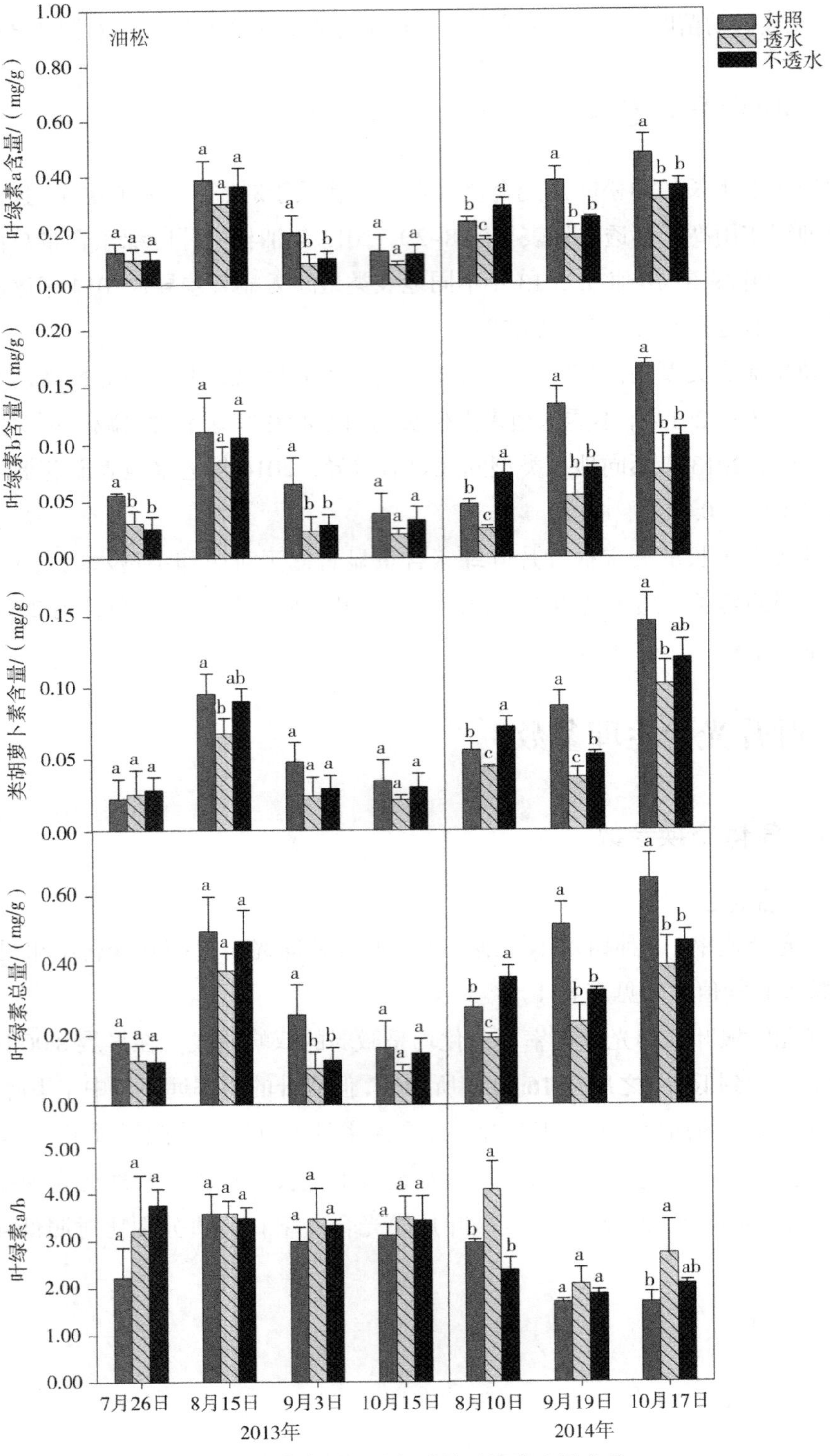

图 8-2　不同地表类型间油松叶片叶绿素含量变化

注：图中测定值表示为均值 ± 标准差；不同字母表示不同硬化地表类型间植物叶片叶绿素含量存在显著差异 $P < 0.05$。

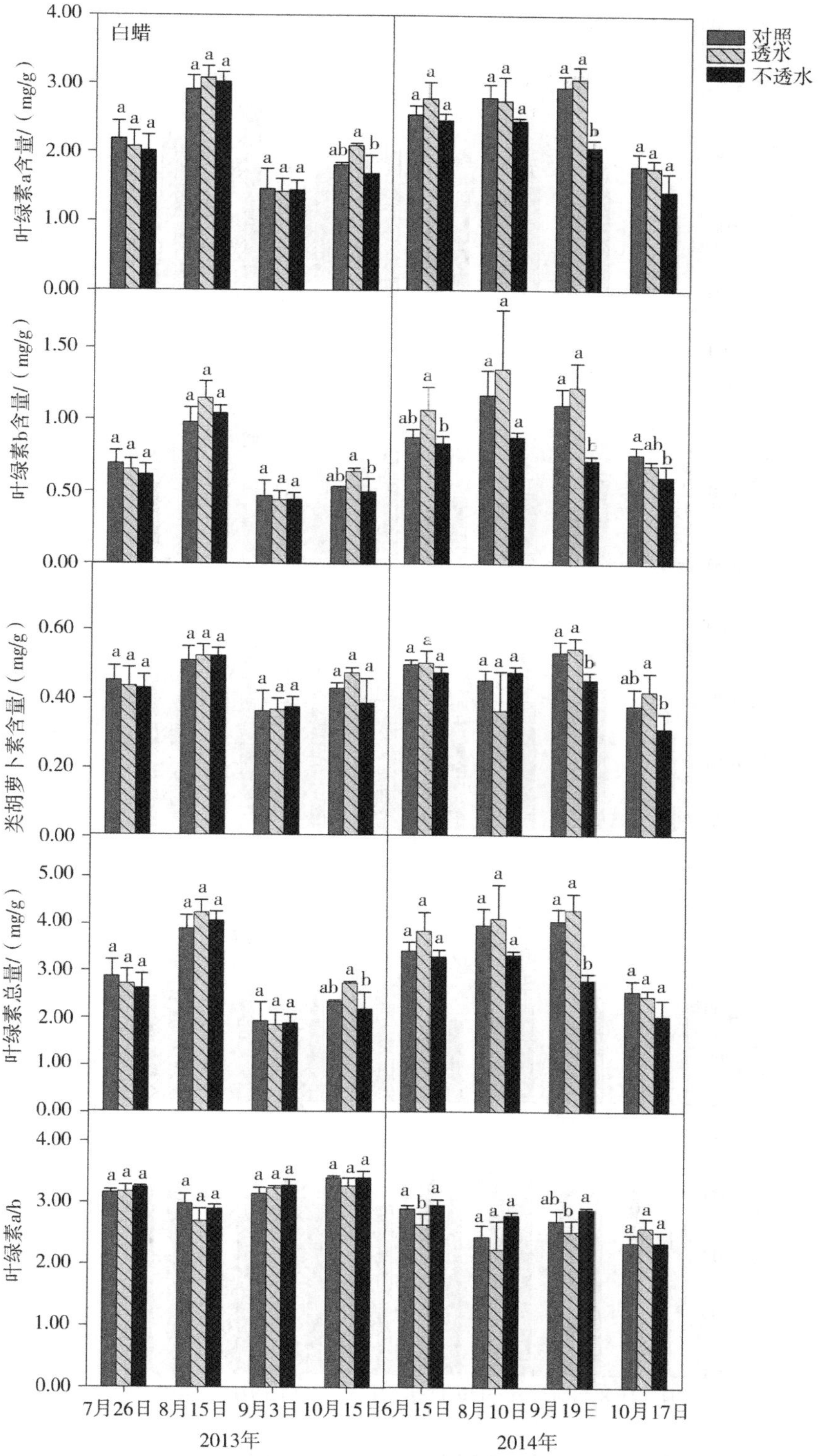

图 8-3　不同地表类型间白蜡叶片叶绿素含量变化

注：图中测定值表示为均值 ± 标准差；不同字母表示不同硬化地表类型间植物叶片叶绿素含量存在显著差异 $P < 0.05$。

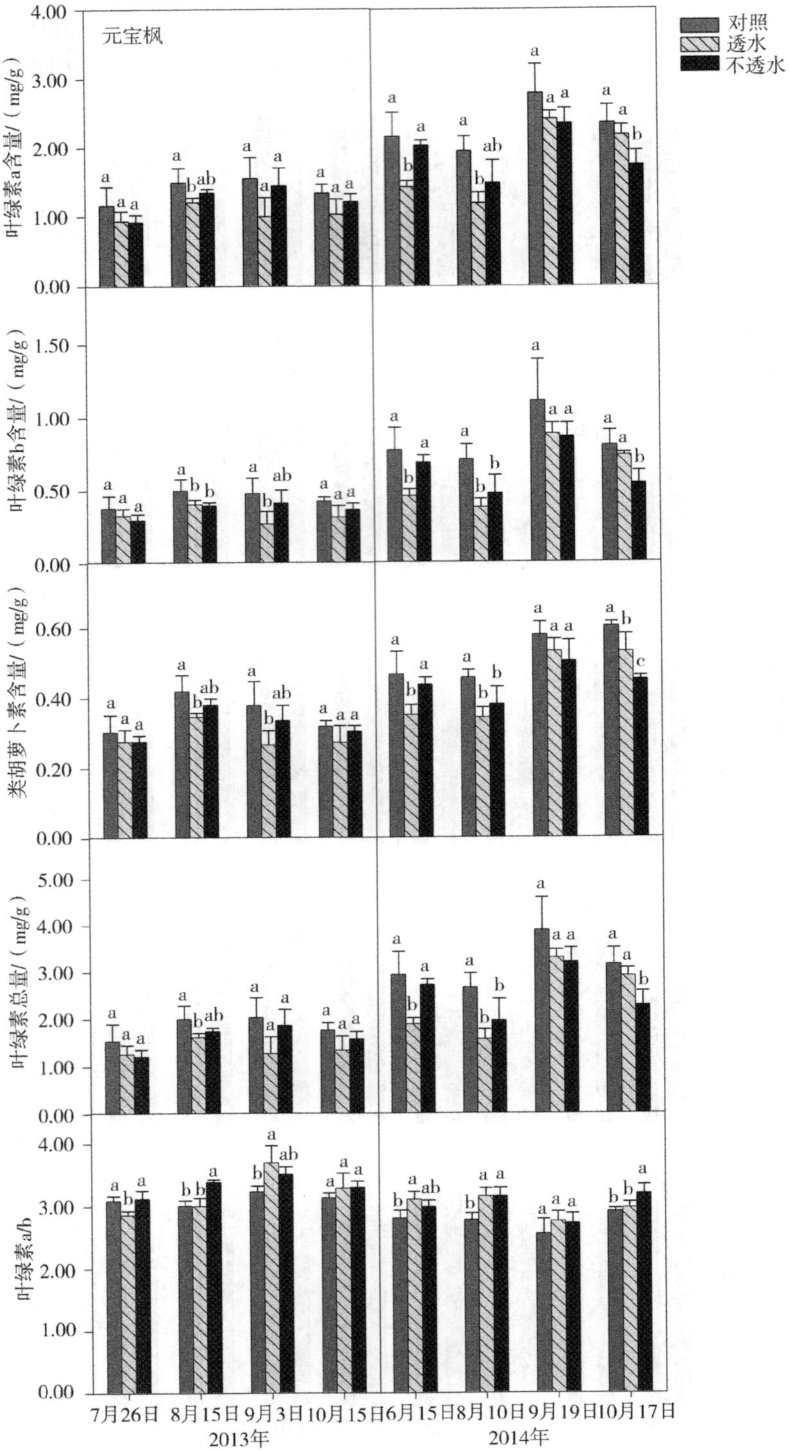

图 8–4 不同地表类型间元宝枫叶片叶绿素含量变化

注：图中测定值表示为均值 ± 标准差；不同字母表示不同硬化地表类型间植物叶片叶绿素含量存在显著差异 $P < 0.05$。

白蜡净光合速率日变化呈单峰曲线，日最高值出现在 10:00 ~ 12:00。白蜡叶片净光合速率日变化过程虽然表现出硬化地表高于对照，但 3 种地表类型间叶片净光合速率日均值差异不显著。

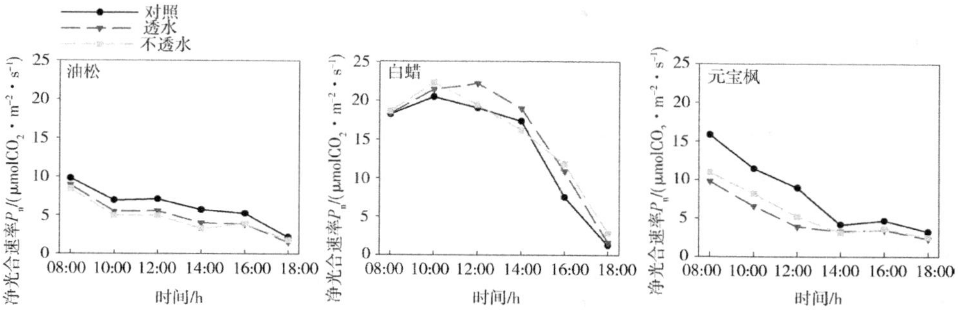

图 8–5　3 种树木不同地表类型间叶片净光合速率日变化

表 8–1　3 种树木不同地表类型间叶片光合特性日均值比较

树种	变量	对照	透水	不透水
油松	净光合速率 P_n /（μmolCO_2 · m^{-2} · s^{-1}）	6.75 ± 2.81 a	5.41 ± 2.48 b	5.09 ± 2.67 b
	气孔导度 g_s /（molH_2O · m^{-2} · s^{-1}）	0.09 ± 0.04 a	0.06 ± 0.03 b	0.07 ± 0.04 b
	胞间 CO_2 浓度 C_i /（μmol · mol^{-1}）	256.3 ± 32.8 a	235.6 ± 28.6 b	250.0 ± 41.3 ab
	气孔限制值 L_s	0.36 ± 0.07 b	0.41 ± 0.07 a	0.37 ± 0.10 ab
白蜡	净光合速率 P_n /（μmolCO_2 · m^{-2} · s^{-1}）	14.8 ± 7.0 a	16.7 ± 6.9 a	15.9 ± 6.7 a
	气孔导度 g_s /（molH_2O · m^{-2} · s^{-1}）	0.25 ± 0.13 a	0.29 ± 0.13 a	0.23 ± 0.12 a
	胞间 CO_2 浓度 C_i /（μmol · mol^{-1}）	272.0 ± 29.5 a	269.2 ± 36.9 a	257.6 ± 36.7 a
	气孔限制值 L_s	0.29 ± 0.07 b	0.29 ± 0.09 b	0.33 ± 0.09 a
元宝枫	净光合速率 P_n /（μmolCO_2 · m^{-2} · s^{-1}）	8.27 ± 5.06 a	4.95 ± 3.30 b	5.88 ± 4.17 b
	气孔导度 g_s /（molH_2O · m^{-2} · s^{-1}）	0.11 ± 0.06 a	0.07 ± 0.04 b	0.07 ± 0.05 b
	胞间 CO_2 浓度 C_i /（μmol · mol^{-1}）	240.4 ± 31.9 a	240.1 ± 31.6 a	235.9 ± 30.3 a
	气孔限制值 L_s	0.36 ± 0.08 a	0.37 ± 0.08 a	0.39 ± 0.08 a

注：表中数据为平均值 ± 标准差，同一行数据后不同字母表示不同地表类型间光合特征存在显著差异 $P < 0.05$。

（2）气孔导度、胞间二氧化碳浓度和气孔限制值。油松、白蜡和元宝枫 3 种地表类型间叶片气孔导度日变化趋势和净光合速率日变化趋势相似（图 8–6）。在硬化地表上生长的油松和元宝枫叶片气孔导度日均值均显著低于对照（$P < 0.05$）（表 8–1），2 种硬化地表间差异不显著。3 种地表类型间白蜡叶片气孔导度日均值差异不显著。

油松、白蜡和元宝枫叶片胞间二氧化碳浓度呈现先降低后升高的趋势，在中午 12:00 左右达到最低值。透水地表上生长的油松叶片胞间二氧化碳浓度日均值显著低于对照（$P < 0.05$）。3 种地表类型间白蜡和元宝枫叶片胞间二氧化碳浓度日均值无显著

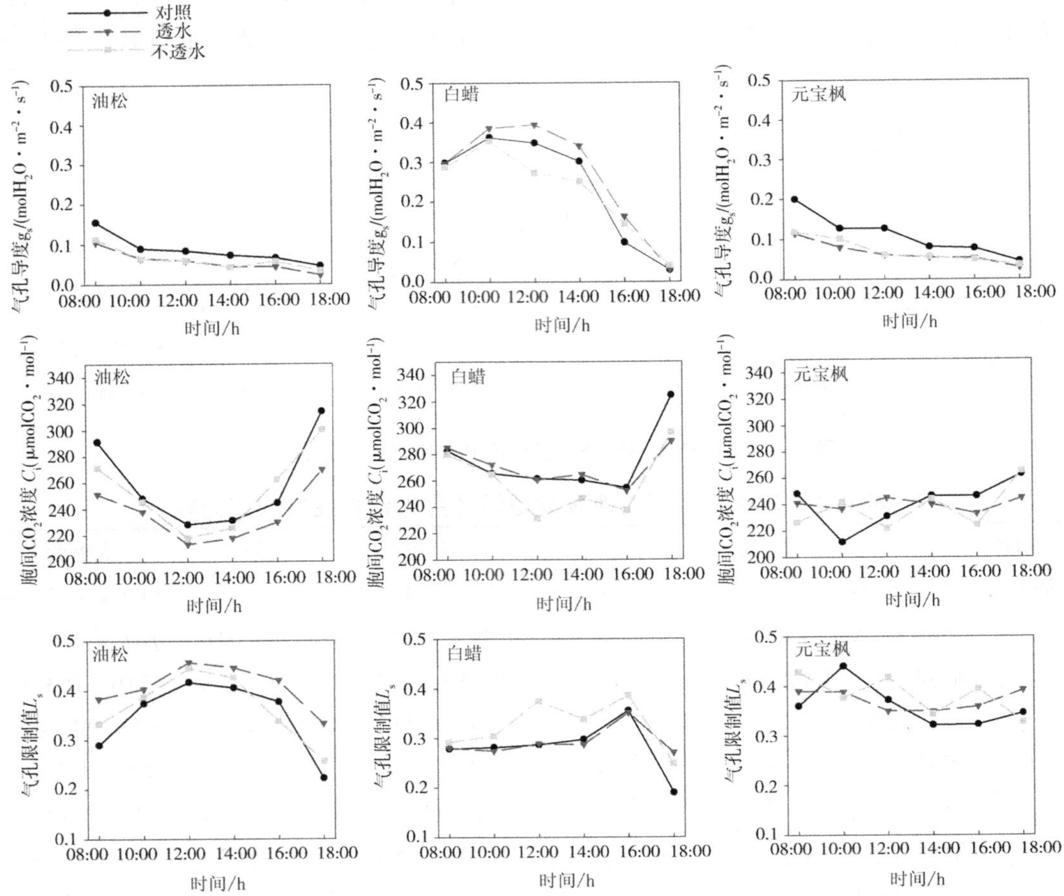

图 8-6　3 种树木不同地表类型间叶片气孔导度、胞间二氧化碳浓度和气孔限制值日变化

差异。

油松、白蜡和元宝枫叶片气孔限制值呈现先升高后降低的趋势，油松在中午 12:00 左右达到最大值，白蜡在 16:00 左右达到最大值，元宝枫叶片气孔限制值一直处于比较高的状态，在一天中出现多次波动。透水地表上生长的油松叶片气孔限制值日均值最高，对照最低；不透水地表上生长的白蜡叶片气孔限制值显著高于对照和透水地表（$P < 0.05$）。3 种地表类型间元宝枫叶片气孔限制值日均值无显著差异。

（3）蒸腾速率。采用便携式 LI-6400 光合仪测定树木叶片蒸腾速率。3 种树木不同地表类型间叶片蒸腾速率日变化规律见图 8-7。

对照和透水地表上生长的油松和元宝枫叶片蒸腾速率呈单峰曲线，不透水地表上则呈双峰曲线，透水和不透水地表上生长的油松和元宝枫叶片蒸腾速率日均值显著低于对照（$P < 0.05$）（表 8-2）。3 种地表类型上生长的白蜡叶片蒸腾速率均呈单峰曲线，且 3 种地表类型间叶片蒸腾速率日均值差异不显著。

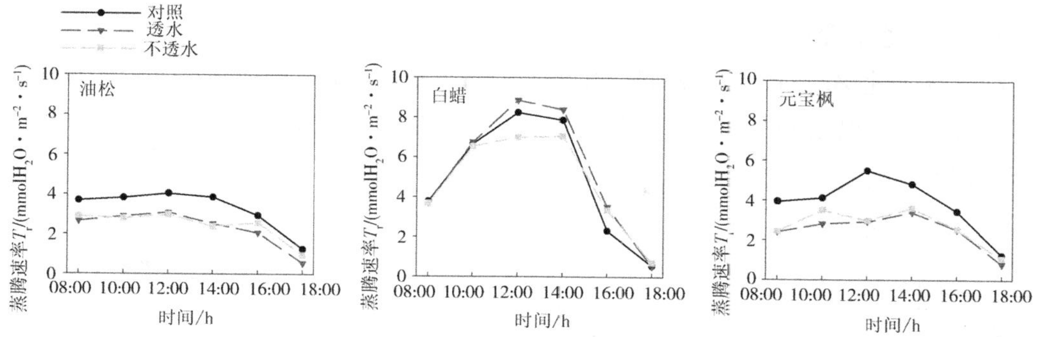

图 8-7 3 种树木不同地表类型间叶片蒸腾速率日变化

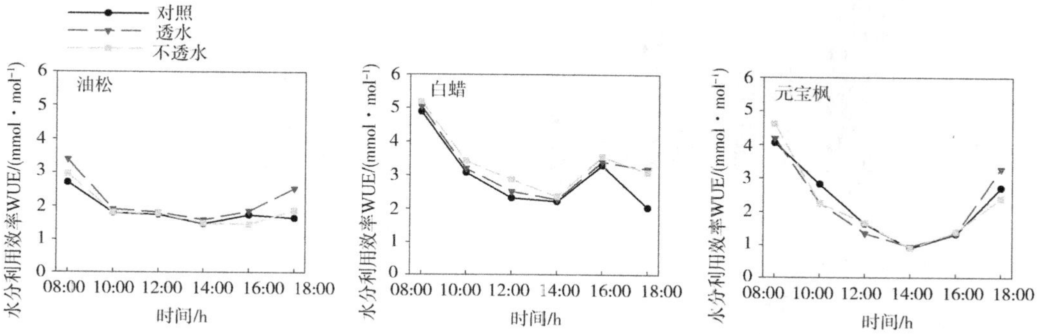

图 8-8 3 种树木不同地表类型间叶片水分利用效率日变化

（4）水分利用效率。采用叶片净光合速率与蒸腾速率的比值计算得到水分利用效率。3 种树木不同硬化地表类型下叶片水分利用效率日变化规律见图 8-8。

油松和元宝枫水分利用效率呈先减小后增加的趋势，白蜡水分利用效率在16:00出现次高峰。8:00光合有效辐射和空气相对湿度较高而空气温度较低，水分利用效率最高，随着光合有效辐射增加，空气温度上升，叶片表面蒸发力增强，使得蒸腾速率增加，油松和元宝枫净光合速率降低，白蜡净光合速率增加，但增加速率小于蒸腾速率，3种树木水分利用效率均降低；14:00以后光合有效辐射降低，3种树木净光合速率和蒸腾速率降低，但净光合速率降速低于蒸腾速率，水分利用效率增加。3种树木不同硬化地表类型间水分利用效率日均值差异不显著（表8-2）。

表 8-2 3 种树木不同地表类型间叶片蒸腾速率和水分利用效率日均值比较

树种	变量	对照	透水	不透水
油松	蒸腾速率 T_r /（mmolH$_2$O · m^{-2} · s^{-1}）	3.49 ± 1.26 a	2.43 ± 0.87 b	2.60 ± 1.08 b
	水分利用效率 WUE /（mmol · mol^{-1}）	1.91 ± 0.53 a	2.21 ± 0.81 a	1.98 ± 0.75 a
白蜡	蒸腾速率 T_r /（mmolH$_2$O · m^{-2} · s^{-1}）	5.17 ± 2.90 a	5.68 ± 2.93 a	4.93 ± 2.57 a
	水分利用效率 WUE /（mmol · mol^{-1}）	3.03 ± 1.13 a	3.28 ± 1.43 a	3.43 ± 1.25 a
元宝枫	蒸腾速率 T_r/（mmolH$_2$O · m^{-2} · s^{-1}）	3.96 ± 1.61 a	2.47 ± 1.34 b	2.73 ± 1.42 b
	水分利用效率 WUE /（mmol · mol^{-1}）	2.23 ± 1.20 a	2.26 ± 1.33 a	2.28 ± 1.32 a

注：表中数据为均值 ± 标准差；同一行数据后不同字母表示不同地表类型间叶片蒸腾速率和水分利用效率存在显著差异 $P < 0.05$。

8.3.1.2 季节变化

（1）光合速率。油松对照净光合速率显著高于硬化地表，白蜡为透水地表净光合速率较高，元宝枫 2013 年透水地表净光合速率显著低于对照和不透水地表，2014 年则相反（图 8–9）。

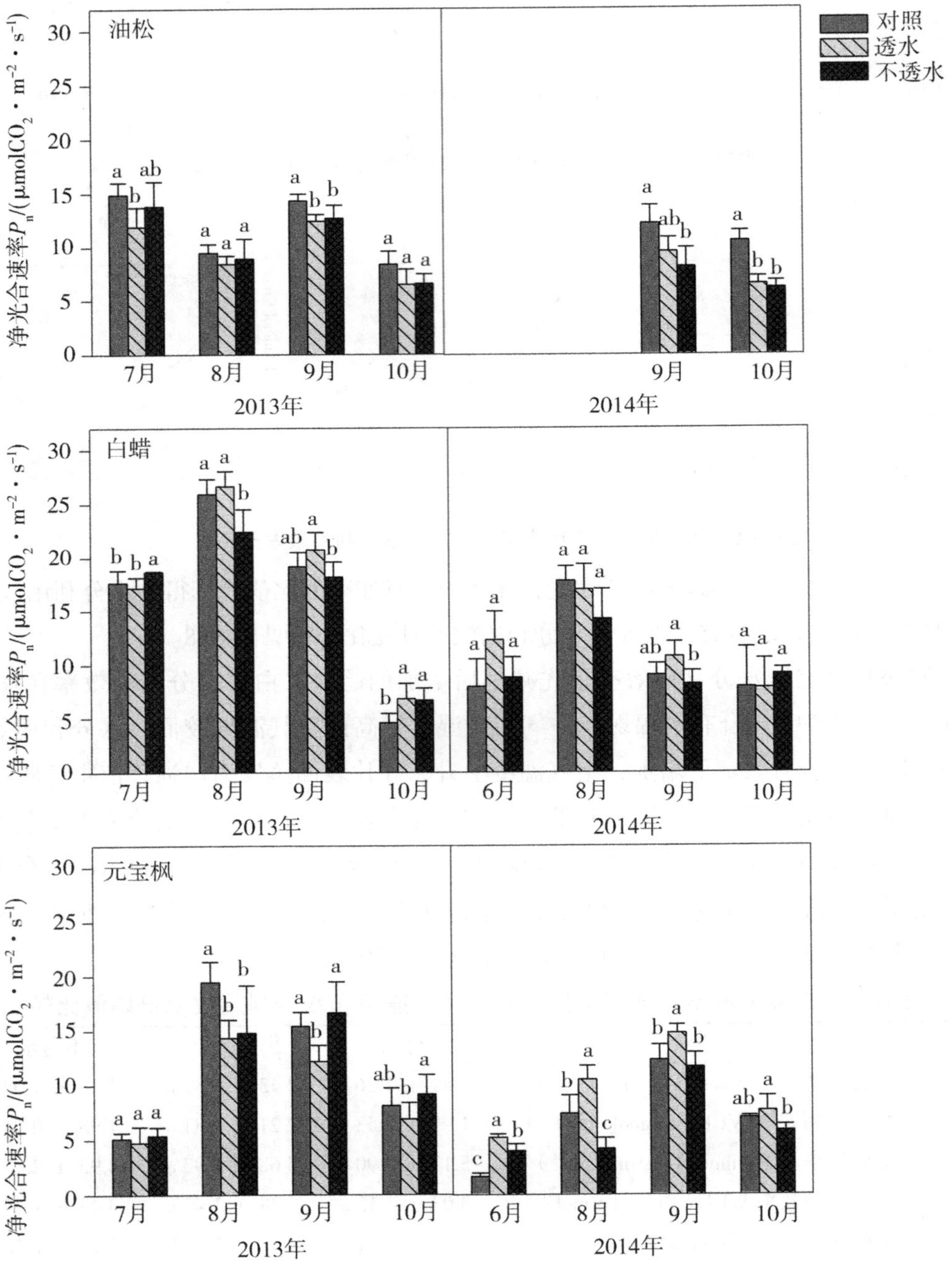

图 8–9　3 种树木不同地表类型间叶片净光合速率季节变化

注：图中测定值表示为均值 ± 标准差；不同字母表示不同硬化地表类型间植物叶片净光合速率存在显著差异 $P < 0.05$。

从图 8-9 中可以看出，油松叶片的净光合速率为对照最高，不透水地表次之，透水地表最低。油松叶片的净光合速率 2013 年 7 月透水和不透水地表分别比对照低 19.8% 和 7.2%，9 月分别比对照显著低 13.3% 和 11.5%（$P < 0.05$）。在 2014 年透水和不透水地表油松叶片净光合速率显著低于对照（$P < 0.05$）。

白蜡叶片的净光合速率总体上以透水地表上最高，对照次之，不透水地表最低，且随季节变化表现出一定的差异。白蜡叶片净光合速率 2013 年 8 月不透水地表比对照和透水地表分别显著降低了 13.4% 和 15.8%，2013 年 9 月不透水地表上比透水地表显著低 12.4%（$P < 0.05$）。2014 年 9 月透水地表上生长的白蜡叶片净光合速率显著高于不透水地表（$P < 0.05$）。2014 年白蜡叶片净光合速率总体上低于 2013 年。

2013 年和 2014 年元宝枫不同硬化地表类型间叶片净光合速率表现差异不同。2013 年元宝枫叶片净光合速率总体上以透水地表最低，不透水地表和对照之间的差异随季节变动发生相应的变化。2013 年 8 月透水地表和不透水地表上生长的元宝枫叶片净光合速率显著降低（$P < 0.05$）。2013 年 9 月透水地表上生长的元宝枫叶片净光合速率为 12.21 $\mu molCO_2 \cdot m^{-2} \cdot s^{-1}$，比对照显著降低了 21.1%，比不透水显著降低了 26.9%（$P < 0.05$）。2014 年元宝枫叶片净光合速率则以透水地表上最高，对照次之，不透水地表上最低。

（2）气孔导度。叶片气孔导度变化规律与净光合速率相似。气孔导度是影响净光合速率的主要因素。3 种树木不同地表类型间叶片气孔导度的季节变化结果见图 8-10。

从图 8-10 中可以看出，油松叶片气孔导度为对照最高，不透水地表次之，透水地表最低。油松叶片气孔导度在 2013 年 7 月达到最大值，透水和不透水地表分别比对照显著降低了 43.8% 和 17.8%（$P < 0.05$）；2013 年 8 月透水和不透水地表分别比对照显著降低 30.3% 和 22.5%（$P < 0.05$）。在 2014 年透水和不透水地表油松叶片气孔导度显著低于对照（$P < 0.05$）。

白蜡叶片气孔导度总体上以透水地表上最高，对照次之，不透水地表最低，且随季节变化表现出一定的差异。白蜡叶片气孔导度 2013 年 9 月不透水地表比对照和透水地表分别显著降低了 21.2% 和 25.3%（$P < 0.05$）。2014 年 9 月透水地表上生长的白蜡叶片气孔导度显著高于不透水地表（$P < 0.05$）。2014 年白蜡叶片气孔导度总体上低于 2013 年。

2013 年和 2014 年元宝枫不同硬化地表类型间叶片气孔导度表现差异不同。2013 年元宝枫叶片气孔导度总体上以透水地表最低，不透水地表和对照之间的差异随季节变动发生相应的变化。2013 年 8 月透水地表和不透水地表上生长的元宝枫叶片气孔导度显著降低（$P < 0.05$）。2013 年 9 月透水地表上生长的元宝枫叶片气孔导度为 0.14 $molH_2O \cdot m^{-2} \cdot s^{-1}$，比对照显著降低了 38.8%，比不透水地表显著降低了 33.7%（$P < 0.05$）。

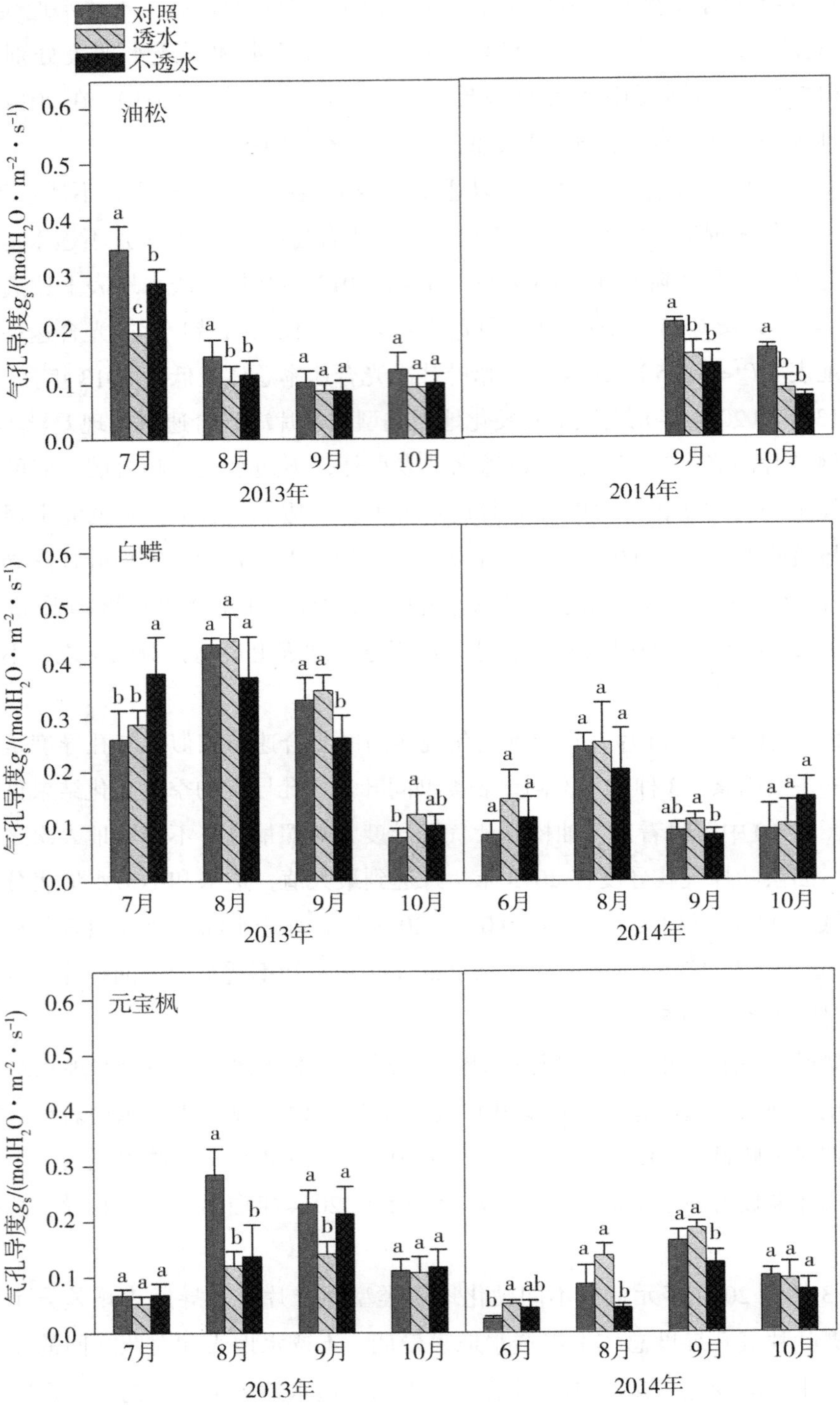

图 8–10　3 种树木不同地表类型间叶片气孔导度季节变化

注：图中测定值表示为均值 ± 标准差；不同字母表示不同硬化地表类型间植物叶片气孔导度存在显著差异$P<0.05$。

2014 年元宝枫叶片净光合速率则以透水地表上最高，对照次之，不透水地表上最低。

（3）蒸腾速率。不同硬化地表类型间油松、白蜡和元宝枫叶片蒸腾速率每月测定一次，结果见图 8-11。

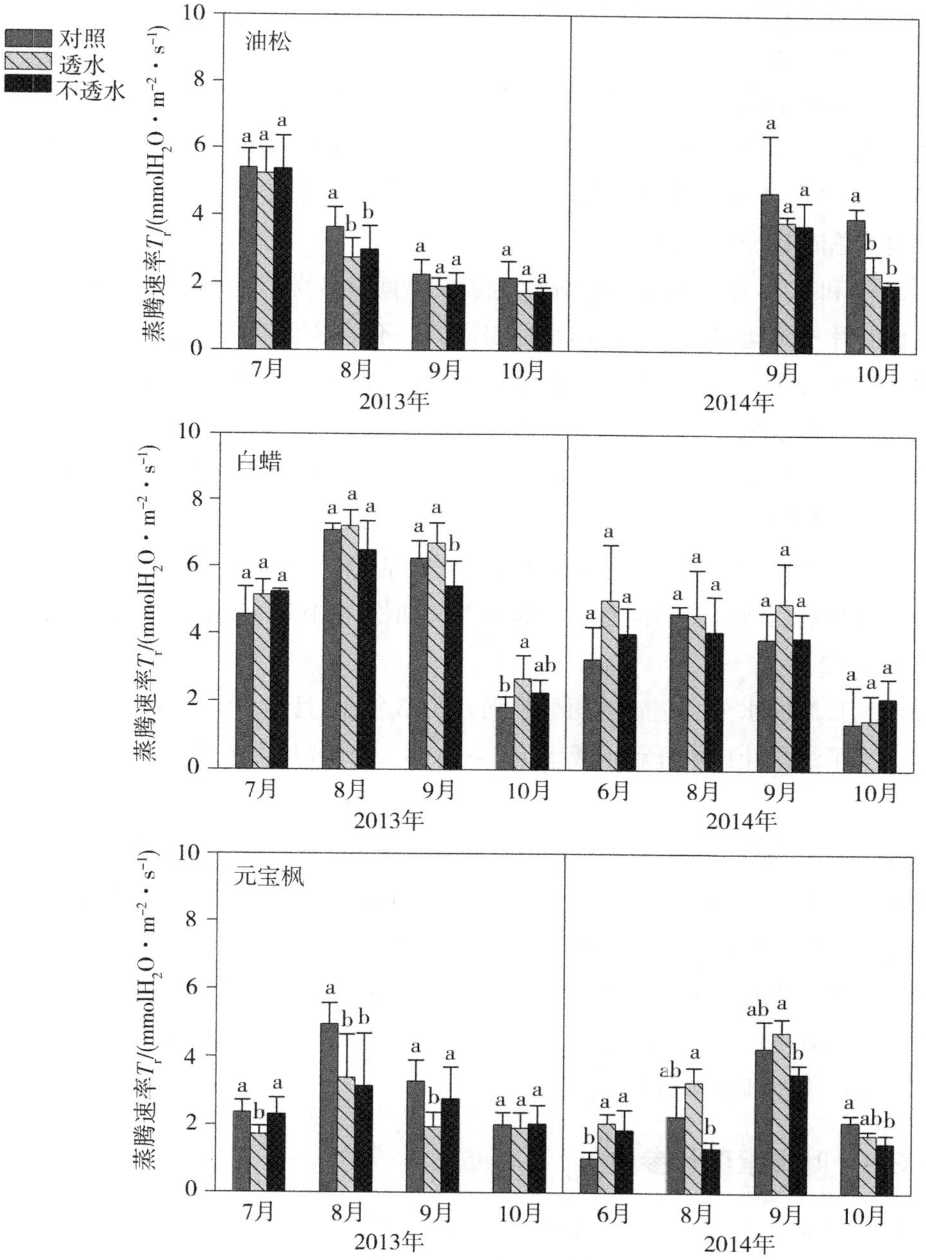

图 8-11　3 种树木不同地表类型间叶片蒸腾速率变化

注：图中测定值表示为均值 ± 标准差；不同字母表示不同硬化地表类型间植物叶片蒸腾速率存在显著差异 $P < 0.05$。

相比于对照，硬化地表降低了油松叶片蒸腾速率，但透水地表和不透水地表2种硬化类型间油松叶片蒸腾速率无显著差异。油松叶片蒸腾速率在2013年8月透水和不透水地表分别比对照显著降低24.7%和18.3%（$P < 0.05$）。在2014年10月透水和不透水地表分别比对照显著低23.9%和46.3%（$P < 0.05$）。其他月份不同硬化地表间油松叶片蒸腾速率无显著差异。

不同硬化地表类型间白蜡叶片蒸腾速率总体上以透水地表上最高。白蜡叶片蒸腾速率2013年9月不透水地表比对照和透水地表分别显著降低了13.2%和19.0%（$P < 0.05$）。2014年不同硬化地表类型间白蜡叶片蒸腾速率无显著差异。2014年白蜡叶片蒸腾速率总体上低于2013年。

2013年和2014年元宝枫不同硬化地表类型间叶片蒸腾速率表现差异不同。2013年元宝枫叶片蒸腾速率总体上以透水地表最低，不透水地表和对照之间的差异随季节变动发生相应的变化。2014年元宝枫叶片蒸腾速率则以透水地表上最高。2013年8月透水地表和不透水地表上生长的元宝枫叶片蒸腾速率显著低于对照（$P < 0.05$）。9月透水地表上生长的元宝枫叶片蒸腾速率为1.94 $mmolH_2O \cdot m^{-2} \cdot s^{-1}$，比对照显著降低了40.8%，比不透水地表显著降低了30.3%（$P < 0.05$）。2014年8月和9月不透水地表上生长的元宝枫叶片蒸腾速率比透水地表上分别显著降低了66.7%和31.9%。

（4）水分利用效率。不同硬化地表类型间油松、白蜡和元宝枫水分利用效率测定结果见图8-12。

油松生长后期水分利用效率明显增加。2013年10月和2014年硬化地表相比于对照显著提高了油松叶片水分利用效率（$P < 0.05$），其他月份各硬化地表类型间无显著差异。

2013年不同硬化地表类型间白蜡水分利用效率无显著差异，随着树木的生长，2014年后期白蜡水分利用效率在不同硬化地表间的差异开始显现，透水地表上生长的白蜡水分利用效率显著高于对照和不透水地表（$P < 0.05$）。

硬化地表上生长的元宝枫水分利用效率显著高于对照（$P < 0.05$）。元宝枫生长季后期水分利用效率增加。2014年元宝枫水分利用效率相比于2013年有所减少。元宝枫水分利用效率高于油松和白蜡。

8.3.2 叶绿素荧光参数

不同硬化地表类型间油松、白蜡和元宝枫叶片叶绿素荧光参数的变化见表8-3。2013年和2014年油松叶片开放的PSII有效光化学量子产量（F_v'/F_m'）、PSII实际光化学量子效率（Φ_{PSII}）、电子传递速率（ETR）均表现为对照高于硬化地表。

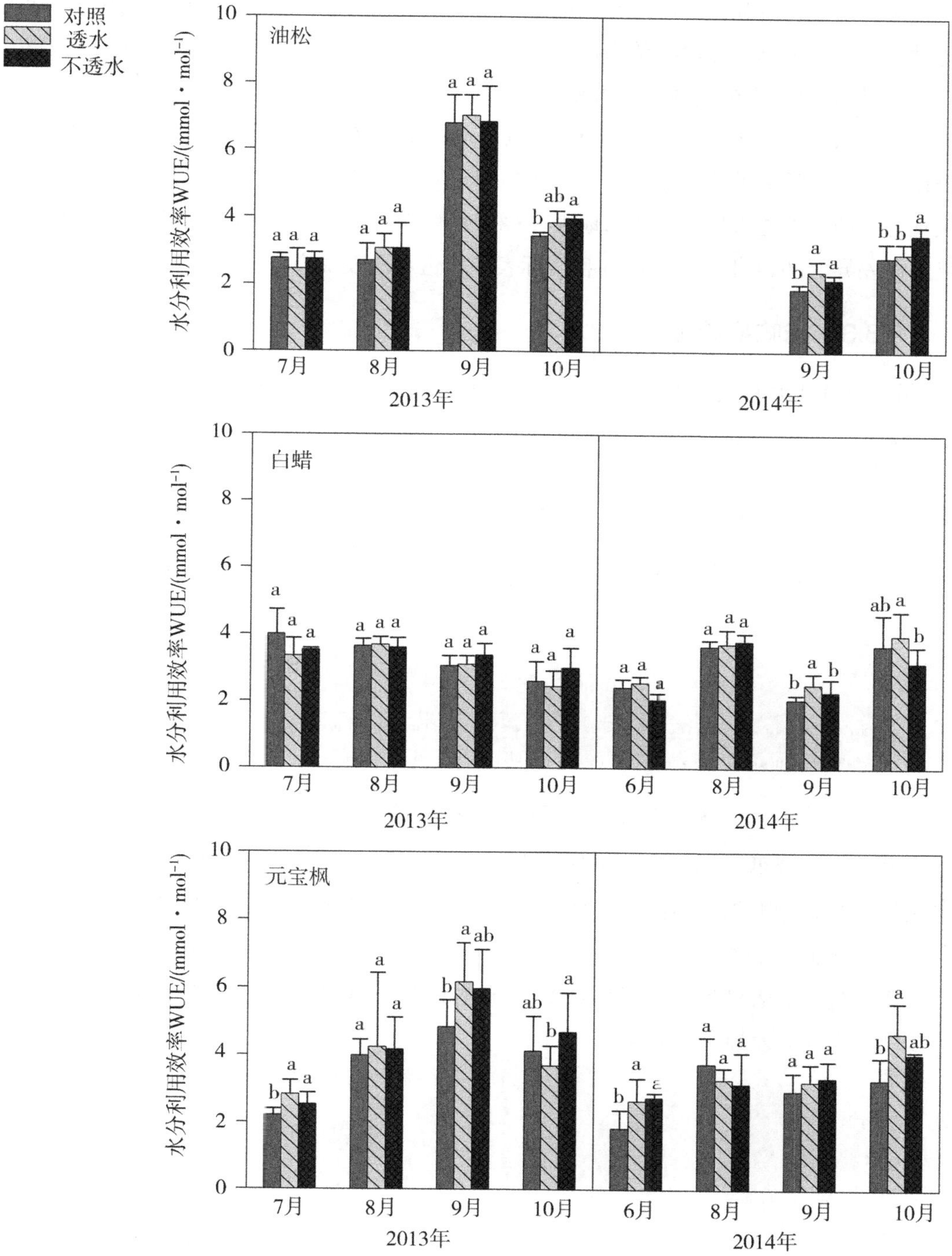

图 8–12　3 种树木不同地表类型间叶片水分利用效率变化

注：图中测定值表示为均值 ± 标准差；不同字母表示不同硬化地表类型间植物叶片水分利用效率存在显著差异 $P < 0.05$。

不同地表类型间白蜡叶片开放的 PSII 有效光化学量子产量（F_v'/F_m'）、PSII 实际光化学量子效率（Φ_{PSII}）、电子传递速率（ETR）、光化学淬灭系数（qP）基本无显著差异。仅 2014 年 6 月各指标表现为透水地表最高，不透水地表最低。

2013 年 8 月 3 种地表类型间元宝枫开放的 PSII 有效光化学量子产量（F_v'/F_m'）、PSII 实际光化学量子效率（Φ_{PSII}）、电子传递速率（ETR）均存在显著差异（$P < 0.05$），表现为对照＞不透水地表＞透水地表。3 种地表类型间元宝枫光化学淬灭系数（qP）无显著性差异。2014 年元宝枫叶片各指标表现为透水地表最高。

8.3.3 光响应特征

在 2013 年 8 月测定油松、白蜡和元宝枫叶片光合响应曲线，结果见图 8–13。

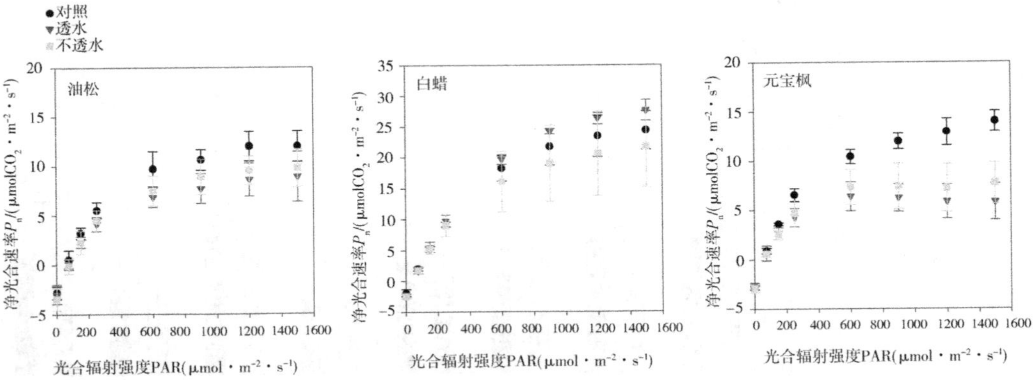

图 8–13　3 种树木不同地表类型间叶片光响应曲线

硬化地表降低了油松和元宝枫净光合速率光响应峰值，光饱和点减小，光抑制现象增加。对元宝枫的抑制作用更为明显。白蜡 3 种地表类型间叶片光响应曲线差异较小。

分析不同地表类型间叶片光合响应特征参数，结果发现油松和白蜡叶片最大净光合速率（P_{max}）、表观量子效率（AQY）、光饱和点（LSP）和光补偿点（LCP）3 种地表类型间均无显著差异（表 8–4）。

表 8–3　3 种树木不同地表类型间叶片叶绿素荧光参数

年	月	变量	油松			白蜡			元宝枫		
			对照	透水	不透水	对照	透水	不透水	对照	透水	不透水
2013 年	8 月	PSII 有效光化学量子产量 F_v'/F_m'	0.64 ± 0.02 a	0.60 ± 0.04 b	0.60 ± 0.04 b	0.62 ± 0.03 a	0.64 ± 0.02 a	0.61 ± 0.04 a	0.55 ± 0.03 a	0.43 ± 0.03 c	0.48 ± 0.06 b
		PSII 实际光化学量子效率 Φ_{PSII}	0.44 ± 0.02 a	0.42 ± 0.04 a	0.43 ± 0.04 a	0.45 ± 0.03 a	0.46 ± 0.03 a	0.44 ± 0.04 a	0.39 ± 0.03 a	0.29 ± 0.03 c	0.32 ± 0.03 b
		电子传递速率 ETR	150.2 ± 7.6 a	142.5 ± 13.1 a	145.3 ± 15.0 a	227.0 ± 12.8 a	236.8 ± 13.7 a	225.9 ± 22.5 a	201.5 ± 14.2 a	146.5 ± 13.9 c	165.4 ± 17.0 b
		光化学淬灭系数 qP	0.69 ± 0.02 a	0.70 ± 0.03 a	0.71 ± 0.06 a	0.71 ± 0.03 a	0.72 ± 0.03 a	0.73 ± 0.03 a	0.72 ± 0.05 a	0.65 ± 0.06 a	0.67 ± 0.03 a
	9 月	PSII 有效光化学量子产量 F_v'/F_m'	0.62 ± 0.03 a	0.60 ± 0.03 a	0.59 ± 0.03 a	0.59 ± 0.02 a	0.61 ± 0.02 a	0.61 ± 0.02 a	0.57 ± 0.03 ab	0.54 ± 0.05 b	0.60 ± 0.05 a
		PSII 实际光化学量子效率 Φ_{PSII}	0.35 ± 0.02 a	0.34 ± 0.02 ab	0.32 ± 0.04 b	0.38 ± 0.03 a	0.39 ± 0.02 a	0.39 ± 0.02 a	0.30 ± 0.04 ab	0.27 ± 0.04 b	0.32 ± 0.05 a
		电子传递速率 ETR	180.0 ± 10.0 a	171.6 ± 12.3 ab	162.3 ± 21.6 b	196.0 ± 17.2 a	201.5 ± 8.8 a	196.9 ± 11.6 a	152.5 ± 20.2 ab	136.6 ± 19.6 b	164.6 ± 26.7 a
		光化学淬灭系数 qP	0.57 ± 0.04 a	0.56 ± 0.04 a	0.54 ± 0.07 a	0.65 ± 0.07 a	0.65 ± 0.03 a	0.64 ± 0.04 a	0.53 ± 0.08 a	0.50 ± 0.09 a	0.53 ± 0.07 a
	10 月	PSII 有效光化学量子产量 F_v'/F_m'	0.56 ± 0.03 a	0.52 ± 0.05 a	0.54 ± 0.02 a	0.45 ± 0.04 a	0.47 ± 0.06 a	0.45 ± 0.05 a	0.55 ± 0.03 ab	0.52 ± 0.05 b	0.56 ± 0.03 a
		PSII 实际光化学量子效率 Φ_{PSII}	0.31 ± 0.02 a	0.27 ± 0.04 b	0.30 ± 0.02 ab	0.17 ± 0.04 a	0.17 ± 0.04 a	0.20 ± 0.02 a	0.33 ± 0.03 a	0.30 ± 0.02 a	0.33 ± 0.05 a
		电子传递速率 ETR	118.5 ± 8.5 a	102.6 ± 14.2 b	113.2 ± 7.6 ab	79.9 ± 18.3 a	78.1 ± 17.8 a	94.6 ± 11.6 a	112.6 ± 10.0 a	101.1 ± 8.1 a	112.3 ± 16.9 a

续表

年	月	变量	油松			白蜡			元宝枫		
			对照	透水	不透水	对照	透水	不透水	对照	透水	不透水
2013年	10月	光化学淬灭系数 qP	0.55 ± 0.05 a	0.52 ± 0.07 a	0.55 ± 0.04 a	0.38 ± 0.09 ab	0.36 ± 0.07 b	0.45 ± 0.07 a	0.60 ± 0.06 a	0.58 ± 0.05 a	0.59 ± 0.09 a
2014年	6月	PSII 有效光化学量子产量 F_v'/F_m'	–	–	–	0.63 ± 0.03 ab	0.67 ± 0.02 a	0.60 ± 0.02 b	0.36 ± 0.02 b	0.48 ± 0.03 a	0.42 ± 0.03 a
		PSII 实际光化学量子效率 Φ_{PSII}	–	–	–	0.45 ± 0.02 b	0.49 ± 0.02 a	0.41 ± 0.01 c	0.19 ± 0.02 c	0.33 ± 0.04 a	0.27 ± 0.01 b
		电子传递速率 ETR	–	–	–	144.2 ± 5.8 b	156.1 ± 6.6 a	130.6 ± 2.8 c	64.7 ± 5.5 c	113.3 ± 12.3 a	93.0 ± 3.7 b
		光化学淬灭系数 qP	–	–	–	0.72 ± 0.02 ab	0.73 ± 0.02 a	0.68 ± 0.03 b	0.53 ± 0.02 b	0.70 ± 0.03 a	0.65 ± 0.03 a
	8月	PSII 有效光化学量子产量 F_v'/F_m'	–	–	–	0.67 ± 0.01 a	0.67 ± 0.02 a	0.63 ± 0.02 b	0.49 ± 0.06 a	0.58 ± 0.02 a	0.50 ± 0.05 a
		PSII 实际光化学量子效率 Φ_{PSII}	–	–	–	0.48 ± 0.01 a	0.47 ± 0.02 a	0.46 ± 0.02 a	0.30 ± 0.04 a	0.34 ± 0.00 a	0.30 ± 0.03 a
		电子传递速率 ETR	–	–	–	163.8 ± 2.2 a	159.3 ± 7.5 a	157.1 ± 8.3 a	127.0 ± 17.8 a	145.4 ± 1.8 a	125.6 ± 11.5 a
		光化学淬灭系数 qP	–	–	–	0.72 ± 0.00 ab	0.70 ± 0.02 b	0.73 ± 0.01 a	0.61 ± 0.07 a	0.59 ± 0.03 a	0.59 ± 0.02 a
	9月	PSII 有效光化学量子产量 F_v'/F_m'	0.61 ± 0.03 a	0.58 ± 0.04 ab	0.52 ± 0.04 b	0.53 ± 0.02 a	0.55 ± 0.02 a	0.49 ± 0.01 b	0.48 ± 0.04 b	0.54 ± 0.02 a	0.53 ± 0.01 a
		PSII 实际光化学量子效率 Φ_{PSII}	0.28 ± 0.01 a	0.28 ± 0.03 a	0.26 ± 0.04 a	0.34 ± 0.02 a	0.35 ± 0.04 a	0.32 ± 0.02 a	0.26 ± 0.05 b	0.34 ± 0.03 a	0.31 ± 0.03 ab

续表

年	月	变量	油松			白蜡			元宝枫		
			对照	透水	不透水	对照	透水	不透水	对照	透水	不透水
2014年	9月	电子传递速率 ETR	144.1 ± 8.2 a	142.1 ± 16.5 a	134.8 ± 18.1 a	145.1 ± 8.6 a	150.6 ± 16.3 a	135.6 ± 9.3 a	136.0 ± 23.8 b	175.8 ± 11.1 a	158.9 ± 13.9 ab
		光化学淬灭系数 qP	0.47 ± 0.05 a	0.49 ± 0.09 a	0.51 ± 0.07 a	0.64 ± 0.06 a	0.64 ± 0.05 a	0.64 ± 0.04 a	0.55 ± 0.09 a	0.63 ± 0.07 a	0.59 ± 0.05 a
	10月	PSII 有效光化学量子产量 F_v'/F_m'	0.58 ± 0.02 a	0.52 ± 0.01 b	0.49 ± 0.04 b	0.47 ± 0.04 a	0.46 ± 0.03 a	0.44 ± 0.01 a	0.52 ± 0.02 a	0.52 ± 0.02 a	0.47 ± 0.02 b
		PSII 实际光化学量子效率 Φ_{PSII}	0.29 ± 0.03 a	0.25 ± 0.01 a	0.26 ± 0.02 a	0.18 ± 0.04 a	0.17 ± 0.03 a	0.21 ± 0.01 a	0.21 ± 0.04 a	0.23 ± 0.04 a	0.19 ± 0.07 a
		电子传递速率 ETR	126.9 ± 7.5 a	106.9 ± 2.0 b	111.5 ± 7.6 b	75.0 ± 18.6 a	82.0 ± 8.8 a	89.0 ± 2.4 a	91.1 ± 17.1 a	100.4 ± 13.7 a	81.0 ± 28.9 a
		光化学淬灭系数 qP	0.50 ± 0.07 a	0.48 ± 0.01 a	0.54 ± 0.01 a	0.37 ± 0.05 a	0.37 ± 0.08 a	0.48 ± 0.03 a	0.41 ± 0.06 a	0.45 ± 0.08 a	0.40 ± 0.13 a

注：表中数据为均值 ± 标准差；不同字母表示不同地表类型间叶绿素荧光参数存在显著差异 $P < 0.05$。

与对照相比，硬化地表显著降低了元宝枫叶片最大净光合速率（P_{max}）和光饱和点（LSP）（$P < 0.05$），2 种硬化地表类型间差异不显著。3 种地表类型间元宝枫叶片表观量子效率（AQY）和光补偿点（LCP）无显著性差异（表 8–4）。

表 8–4　3 种树木不同地表类型间叶片光合响应特征参数

树种	变量	对照	透水	不透水
油松	最大净光合速率 P_{max} / (μmol · m^{-2} · s^{-1})	12.87 ± 1.54 a	9.55 ± 2.43 a	10.43 ± 1.82 a
	表观量子效率 AQY / (μmol · m^{-2} · s^{-1})	0.028 ± 0.005 a	0.020 ± 0.003 a	0.023 ± 0.007 a
	光饱和点 LSP / (μmol · m^{-2} · s^{-1})	1 156.5 ± 94.9 a	1 038.1 ± 302.8 a	1063.7 ± 156.1 a
	光补偿点 LCP / (μmol · m^{-2} · s^{-1})	16.51 ± 3.01 a	24.00 ± 2.99 a	21.76 ± 6.19 a
白蜡	最大净光合速率 P_{max} / (μmol · m^{-2} · s^{-1})	25.64 ± 3.55 a	29.33 ± 1.93 a	23.02 ± 7.14 a
	表观量子效率 AQY / (μmol · m^{-2} · s^{-1})	0.046 ± 0.002 a	0.048 ± 0.006 a	0.043 ± 0.009 a
	光饱和点 LSP / (μmol · m^{-2} · s^{-1})	1 532.2 ± 171.0 a	1 704.6 ± 148.6 a	1 491.9 ± 309.9 a
	光补偿点 LCP / (μmol · m^{-2} · s^{-1})	9.00 ± 0.01 a	9.75 ± 1.50 a	10.20 ± 2.69 a
元宝枫	最大净光合速率 P_{max} / (μmol · m^{-2} · s^{-1})	14.36 ± 1.07 a	6.66 ± 1.59 b	8.09 ± 2.09 b
	表观量子效率 AQY / (μmol · m^{-2} · s^{-1})	0.031 ± 0.003 a	0.024 ± 0.005 a	0.024 ± 0.005 a
	光饱和点 LSP / (μmol · m^{-2} · s^{-1})	1 212.8 ± 156.9 a	532.3 ± 55.5 b	658.2 ± 69.4 b
	光补偿点 LCP / (μmol · m^{-2} · s^{-1})	16.00 ± 1.72 a	20.25 ± 4.51 a	20.24 ± 3.77 a

注：表中数据为均值 ± 标准差；同一行数据后不同字母表示不同地表类型间叶片光合响应特征参数存在显著差异 $P < 0.05$。

8.4 讨论

6 ~ 9 月是北京全年最为炎热的季节，也是树木生长的旺盛期，温度过高，容易对树木造成热胁迫，抑制叶片的光合作用，进而影响树木生长。本研究中硬化地表显著提高了油松和元宝枫的地表温度，以透水地表对地表温度的影响更为显著。长期的高温环境对油松和元宝枫幼苗造成了热胁迫，抑制了油松和元宝枫的光合作用。白蜡株高达 3 m 左右，在生长旺盛期有较大冠幅，郁闭度高。因此，其地表日最高温超过 40 ℃，相比油松和元宝枫有所降低，白蜡对于硬化地表形成的热胁迫有一定的缓解作用。

不透水地表因其低渗透性，3 种树木不透水地表土壤日均含水量均显著降低，其中对白蜡的影响最大。白蜡生长下的不透水地表土壤日均含水量低于 15% 的天数在 2013 年达 120 d，2014 年更是达 153 d，土壤含水量显著降低对白蜡构成了干旱胁迫。本研究比较了透水地表和不透水地表下土壤含水量，结果发现透水地表相比于不透水地表确实提高了土壤含水量。油松和元宝枫连续两年生长季 3 种地表类型下土壤含水量均维持在 20% 左右，不透水地表对油松和元宝枫未造成明显的干旱胁迫。

硬化地表在不同树种下形成的环境条件不同，对树木生长的影响也表现出一定的差异。本研究结果表明，硬化地表对油松和元宝枫幼苗的影响主要源于硬化地表形成的高温胁迫，以透水地表影响更为明显，而对白蜡幼苗的影响主要源于不透水地表形成的干旱胁迫。高温胁迫对油松和元宝枫幼苗的影响主要表现为净光合速率、气孔导度、叶绿素含量显著下降，光系统受到损坏，产生光抑制现象。干旱胁迫对白蜡幼苗的影响主要表现为净光合速率、气孔导度、叶绿素含量显著下降。2014 年光辐射增加，气温升高，空气相对湿度降低，地表日最高温超过 40 ℃的天数占到了树木生长季的一半以上，这也是 2014 年树木光合作用普遍低于 2013 年的原因。

温度与酶活性紧密相关，叶片酶活性的最适范围为25～30 ℃。当温度低于最适范围时，随着温度升高，光合酶的活性增加（Haldimann and Feller，2004），而光合速率也会相应增大。当温度超过最适范围时，光合酶的活性会随着温度升高而降低，而光合速率也会相应降低（Salvucci and Crafts-Brandner，2004）。因此，光合作用对空气温度高度敏感（Xu and Huang，2000）。高温下光合速率下降的原因主要有：一方面，为避免高温下植物蒸腾导致过量失水，植物会采取气孔导度降低的适应策略，但同时会使二氧化碳传导受限，植物光合速率下降（宋于洋等，2007）。另一方面，光呼吸随温度的升高而增加，当温度过高时，光呼吸大幅度上升，光合速率急剧下降（高煜珠和王忠，1982）。长期高温胁迫可显著降低植物光合速率。本研究中，油松和元宝枫硬化地表温度日最高值达到40 ℃以上的天数在2013年达65 d，造成油松和元宝枫的光合速率显著下降。7～10月，透水和不透水地表上生长的油松幼苗叶片净光合速率分别比对照降低了16.5%和10.8%，元宝枫幼苗叶片净光合速率分别降低了20.5%和4.3%；光合日变化中透水和不透水地表上生长的油松叶片净光合速率日均值分别比对照降低了19.9%和24.6%，元宝枫分别降低了40.1%和28.9%。这与宋英石（2013；2014）、赵丹等（2012）的研究结果基本一致。

植物受到高温胁迫，会抑制其内部生理代谢过程，引起叶片气孔导度下降、叶绿素降解、细胞膜透性增加、活性氧含量增加、光合电子传递受阻等，使植物光合作用受到抑制，影响植物生长发育（Schoff et al.，1998）。本研究中硬化地表上生长的油松和元宝枫叶片净光合速率均呈现显著降低。气孔限制是表征植物对环境胁迫做出生理响应的关键因子（Hetherington and Woodward，2003）。Farquhar 和 Sharkey（1982）认为，气孔导度和胞间二氧化碳浓度同时下降时，光合速率的下降主要是由气孔因素所致。本研究中，硬化地表上生长的油松和元宝枫幼苗的叶片气孔导度和胞间二氧化碳浓度显著低于对照，表明气孔因素是导致硬化地表上油松和元宝枫幼苗叶片光合速率下降的主要因素。这一结果在赵丹等（2012）的研究中也得到了验证。

干旱胁迫引起植物叶片水分亏缺，加速植物组织、器官和个体的衰老，破坏植物的正常生长（Rodiyati et al.，2005）。植物受到干旱胁迫时光合作用受阻，净光合速率下降（尹丽等，2010；裴斌等，2013），进而影响植物的生长发育。本研究中，不透水地表上生长的白蜡幼苗受到了长期的干旱胁迫，白蜡幼苗叶片净光合速率、气孔导度和蒸腾速率降低，影响了白蜡幼苗株高和基径的生长。白蜡幼苗不透水地表株高比对照和透水地表分别降低了 47.1 cm 和 34.6 cm，白蜡通过降低株高的方式来降低蒸腾量以保证水资源的有效利用。

植物蒸腾耗水受多种因素的影响。一方面，包括受树木自身的生理特征所决定，通常可根据树木的蒸腾耗水规律将树木分为 3 种类型：高耗水低水分利用效率，高耗水高水分利用效率和低耗水高水分利用效率。本研究结果表明，根据树木的蒸腾速率和水分利用效率，可将油松和元宝枫划分为低耗水高水分利用效率树种，白蜡为高耗水低水分利用效率树种。白蜡蒸腾耗水量大，水分利用效率低，但其抗旱性较强，在城市绿化选择白蜡可以适当降低灌水量。另一方面，树木蒸腾耗水受多种环境因子的影响，包括太阳辐射、大气温度、空气相对湿度、风速等。而环境因子的改变直接作用于树木叶片气孔导度。

植物体 80% ~ 90% 的水分通过气孔散失，气孔是调控树木进行蒸腾作用的关键因子。有大量研究表明，气孔导度增大则蒸腾速率也随之增大，反之则减小；树木蒸腾强度与气孔导度变化一致（张劲松等，2002）。但也有研究表明，树木叶片气孔导度与蒸腾强度之间缺乏相关性，尤其在干旱地区气孔导度对植物蒸腾强度的调控能力减弱，这是植物对干旱环境的一种自适应能力。为了避免在干旱条件下水分持续散失，植物叶片的气孔会适度关闭，气孔阻力增加，减少植物水分散失。本研究中，硬化地表降低了油松叶片蒸腾速率，硬化地表温度增加，导致植物叶片温度升高，水汽压亏缺增加，导致气孔导度增大，增加了植物叶片水分蒸腾散失；当叶片水汽压亏缺增加到一定的阈值，导致植物气孔关闭，叶片水分蒸腾量减少（Kjelgren and Montague，1998）。白蜡树冠层较大，有效缓解了硬化地表形成的高温胁迫，在适度的高温环境下，增加了白蜡叶片的蒸腾速率。在 2013 年硬化地表上生长的元宝枫叶片蒸腾速率显著低于对照，元宝枫在长期极端高温环境下，为了减小植物水分散失，气孔导度关闭，但随着生长年限的延长，硬化地表上元宝枫叶片蒸腾速率明显增加。产生这一现象的原因可能是在长期环境胁迫下，元宝枫叶片气孔受损，气孔失去了调控能力，导致蒸腾速率增加。今后有必要进一步研究硬化地表上生长的植物细胞组织特征对环境因子的响应。

植物体内光合色素是光合作用的物质基础，与植物的光能利用及转化效率密切相关，叶绿素含量的高低很大程度上反映了植物的生长状况和光合能力，植物在受外界环境因子干扰或胁迫状态下直接或间接影响其含量。光合色素含量降低减少光能的捕获和累积，减弱了活性氧产生的可能性，不利于光合产物的积累，这是光合作用减少的原因之一。本试验中硬化地表上生长的油松和元宝枫叶片叶绿素含量呈现不同程度的降低，表明硬化地表上生长的油松和元宝枫叶片叶绿体光合结构受损。这一结果也解释了人行道上生长的植物叶片普遍发黄，生长衰弱的原因（李丽雅等，2006）。外界环境胁迫下，植物叶绿素降解可能受叶绿体膜脂质过氧化（Dhindsa et al.，1981）与核酮糖 1，5- 二磷酸羧化酶（Rubisco）的降解共同作用影响（Feller et al.，2008）。膜脂过氧化可引起膜通透性改变，活性氧分子通过膜通道或以渗透方式进入叶绿体内，直接作用于叶绿素分子，或通过进攻 Rubisco 活性位点，使叶片细胞中叶绿素与叶绿体蛋白间结合变得松弛，更多的叶绿素遭到破坏而降解。硬化地表的地表温度和土壤温度过高，会使叶片发生膜脂过氧化，致质膜结构遭到破坏。王晓娟等（2009）也发现硬化地表会增加青桐叶片质膜透性，将会造成叶片叶绿素含量降低。

叶绿素荧光参数也在一定程度上解释了叶片净光合速率的变化。正常情况下，植物叶片叶绿素吸收的光能主要通过光合电子传递、叶绿素荧光发射和热耗散三种途径来消耗，三者间此消彼长。本研究中，硬化地表上生长的元宝枫叶片 PSII 反应中心的开放程度降低且光系统电子传递受阻，最大净光合速率和光饱和点下降，光能利用效率下降，对元宝枫产生了明显的光抑制（李合生，2000）。研究说明，硬化地表上生长的元宝枫幼苗受到热胁迫作用，光系统受到破坏，光合电子传递被限制，光合色素吸收光能用于光合作用的比例逐渐降低，导致热耗散的比例升高，用于二氧化碳同化的光能减少，硬化地表上生长的元宝枫幼苗叶片的光合速率下降，不利于元宝枫幼苗的生长。这与王海珍等（2011）、宋英石等（2014）和 Song 等（2015）的研究结果相似。

MDA 含量可以反映元宝枫遭受逆境的伤害程度。本研究植物叶片 MDA 含量与光合特征参数表现相反，表明叶片 MDA 含量升高使得叶片膜系统结构和功能受到损伤，造成细胞伤害，也是抑制植株叶片光合作用及生长发育的一个重要原因。

8.5　小结

（1）硬化地表上生长的油松叶片净光合速率、气孔导度和叶绿素含量显著低于对照（$P < 0.05$），主要原因在于硬化地表形成的高温胁迫。

（2）硬化地表上生长的油松叶片蒸腾速率显著低于对照；白蜡叶片蒸腾速率总体上以透水地表上最高；不同硬化地表类型下元宝枫叶片蒸腾速率的差异表现在不同年份存在不一致性。2013 年元宝枫叶片蒸腾速率总体上以透水地表最低，而 2014 年元宝枫叶片蒸腾速率则以透水地表为最高。

（3）透水地表上生长的白蜡叶片净光合速率、气孔导度和叶绿素含量高于对照和不透水地表，透水地表相比于不透水地表促进了白蜡的光合作用。不透水地表对白蜡幼苗的影响主要源于其形成的干旱胁迫，长期的干旱胁迫是导致不透水地表白蜡净光合速率下降的主要原因。

（4）元宝枫叶片光合特性在不同的年份对硬化地表类型的响应不同。2013 年硬化地表形成相比于对照对元宝枫幼苗生长形成了高温胁迫，导致其上生长的元宝枫幼苗叶片气孔导度降低，叶绿素含量及 PSII 有效光化学量子产量、PSII 实际光化学量子效率与电子传递速率下降，光系统受到破坏，光能利用效率降低，导致元宝枫幼苗光合速率下降。同时表现为透水地表对元宝枫幼苗的影响大于不透水地表。2014 年，随着元宝枫的生长，冠幅增大，缓解了硬化地表形成的高温环境，元宝枫生长对硬化地表产生了适应性；透水地表形成的高土壤含水量体现出了优势，使得元宝枫净光合速率升高。

（5）3 种树木不同地表类型间水分利用效率差异不显著。根据树木蒸腾耗水与水分利用效率的变化，可将油松和元宝枫划分为低耗水高水分利用效率树种，白蜡为高耗水低水分利用效率树种。白蜡蒸腾耗水量大，水分利用效率低，在城市选择白蜡作为绿化树时可以适当降低灌水量。

第九章　结语

城市化进程加剧，城市环境随之发生剧烈变化，导致植物赖以生存的环境条件发生改变，影响了植物的正常生长及水分代谢过程，进而影响城市植物的生态服务功能。如何科学合理地管理和规划城市绿地，改善城市植物生境条件，维护城市植物正常生长是目前城市建设和城市绿化工作者面临的重要问题。

本研究通过建立较大面积试验场，模拟了不同硬化地表类型对北京市绿化树种油松、白蜡和元宝枫生长过程、物候期、叶片光合特性，以及地表温度、土壤温度、土壤含水量、土壤理化性状及微生物群落等环境因子的影响，揭示了不同硬化地表类型对植物生境的改变和对植物生长发育的影响机制，探索了植物光合作用对硬化地表的响应和适应机制，评价了不同硬化地表类型对城市植物生长的胁迫危害，为城市绿化树种的选择以及城市规划和管理提供一定的科学依据。本研究结果主要包含以下几个方面：

9.1　城市地表硬化改变了植物生长微环境

硬化地表显著提高了地表温度和土壤温度。在晴朗的天气条件下，地表日最高温度、地表日平均温度、土壤日最高温度、土壤日平均温度均表现为透水地表、不透水地表对照。硬化地表显著提高了地表温度，对植物生长形成长期高温环境（＞40 ℃），过高的温度对植物形成热胁迫。相比于油松和元宝枫，白蜡冠幅较大，能有效缓解硬化地表形成的高温环境。不同硬化地表类型对不同树种的土壤含水量影响存在差异。在不透水地表上生长的白蜡处于干旱胁迫。透水地表相比于对照和不透水地表提高了土壤含水量，有利于树木生长，但其过高的地表温度增加了树木热胁迫的风险。

9.2　城市地表硬化改变了土壤理化性状

不同树种下土壤理化性质受硬化地表的影响不同，并且因土层而异。两种类型硬化地表对油松树下土壤有机质、硝态氮、速效钾和碳 / 氮的影响几乎贯穿 0 ～ 100 cm 的每个土层，对土壤 pH 值和全氮的影响主要集中在 60 ～ 80 cm 土层，对速效磷的影响主要集中在 0 ~ 40 cm 土层。透水硬化地表对白蜡树下土壤的 pH 值、有机质的影响几乎贯穿整个土层，全碳、全氮、速效钾和碳 / 氮的影响主要集中在表层土；不透水硬化地表对白蜡树下土壤的速效磷、速效钾和碳 / 氮的影响主要集中在表层土，对土壤的有机质、速效磷和硝态氮的影响主要集中在底层土。两种类型硬化地表对元宝枫树下土壤的 pH 值、速效磷和速效钾的影响主要集中在 0 ~ 40 cm 土层，不透水硬化地表对元宝枫树下土壤全氮、有机质、硝态氮和碳 / 氮比的影响主要集中在底层土。

硬化地表、土层以及二者的交互作用对土壤理化性质的影响比较大，硬化地表和树种的交互作用对土壤理化性质也有一定的影响。不透水硬化地表升高了油松、白蜡和元宝枫树下土壤有机质和硝态氮含量，降低了油松和元宝枫树下土壤铵态氮、速效磷和速效钾含量；透水硬化地表降低了油松和白蜡树下土壤的全氮和有机质含量，降低了白蜡树和元宝枫树下土壤的 pH 值。

硬化地表改变土壤理化性质之间的相关性，透水硬化地表对土壤理化性质相关性的影响比不透水硬化地表小。一般来说，不硬化对照地表下土壤理化性质之间的相关性主要表现为正相关，透水和不透水硬化地表均会改变土壤理化性质之间的相关性，不透水硬化地表下土壤理化性质之间相关性变为负相关的个数多于透水硬化地表。

9.3 城市地表硬化改变了土壤微生物群落结构

硬化地表下土壤细菌门水平的优势菌主要有放线菌门（Actinobacteria）、变形菌门（Proteobacteria）、绿弯菌门（Chloroflexi）、酸杆菌门（Acidobacteria）、芽单胞菌门（Gemmatimonadetes）和硝化螺旋菌门（Nitrospirae）。硬化地表对土壤细菌门水平优势菌的影响主要集中在0 ~ 20 cm和60 ~ 100 cm土层。0 ~ 20 cm土层土壤Gemmatimonadetes和Actinobacteria的相对丰度在不透水硬化地表下升高；0 ~ 60 cm土层土壤Acidobacteria在透水和不透水硬化地表下均降低；60 ~ 100 cm土层，不透水硬化地表升高土壤Proteobacteria的相对丰度。

硬化地表改变土壤细菌群落组成，OTU 水平和属水平优势菌水平均显示透水和不透水硬化地表对 0 ~ 20 cm 土层土壤细菌群落组成有显著影响,且二者之间差异也显著。这表明硬化地表对土壤细菌群落组成的影响主要集中在表层土。

硬化地表通过改变土壤环境条件改变土壤微生物群落 α 多样性，硬化地表和土层对土壤细菌 chao1 多样性和香农 – 威纳指数均有显著影响，二者的交互作用对土壤细菌香农 – 威纳指数有显著影响。透水硬化地表对土壤细菌 α 多样性的影响大于不透水硬化地表。

硬化地表降低土壤细菌 α 多样性，对3个树种 α 多样性的影响表现为油松＜白蜡

<元宝枫，并且对底层土壤的影响大于表层土。PP使油松树下土壤细菌香农-威纳指数在60～80 cm和80～100 cm土层分别显著降低6.02%和7.82%（$P<0.05$）。PP和IPP使白蜡树下土壤细菌chao1多样性在40～60 cm土层分别显著降低25.48%和27.15%（$P<0.05$），PP使白蜡树下土壤细菌chao1多样性在60～80 cm和80～100 cm土层分别显著降低34.56%和8.69%（$P<0.05$）。对元宝枫而言，与NP相比，PP和IPP使土壤细菌chao1多样性在20～40 cm土层分别显著降低44.14%和39.61%（$P<0.05$），PP使土壤细菌香农-威纳指数在20～40 cm土层显著降低4.6%（$P<0.05$），PP使土壤细菌chao1多样性和香农-威纳指数在80～100 cm土层下分别显著降低15.83%和6.56%（$P<0.05$），IPP使土壤细菌chao1多样性在80～100 cm土层下显著升高17.21%（$P<0.05$）；IPP使土壤细菌chao1多样性和香农-威纳指数在60～80 cm土层比PP分别显著升高31.79%和6.9%（$P<0.05$），使土壤细菌chao1多样性和香农-威纳指数在80～100 cm土层比PP分别显著升高39.26%和10.03%（$P<0.05$）。

土壤微生物的多样性在维持生态系统服务中起着重要作用，包括养分循环和凋落物分解，本研究发现底层土壤细菌群落 α 多样性在透水硬化地表下的降低程度反而更大，说明硬化地表对土壤细菌的影响不能仅仅应考虑表层土，底层土壤细菌群落受硬化地表影响产生的差异也不容忽视。

9.4　城市地表硬化对绿化林木生长的影响

不同树种成活率对不同硬化地表类型的响应存在差异。油松在各处理下基本无死亡，成活率最高；白蜡和元宝枫成活率相对较低。硬化地表对白蜡成活率无显著影响，对元宝枫成活率有显著影响，不同硬化地表类型对元宝枫成活率的影响表现为对照>不透水地表>透水地表，且硬化地表上生长的元宝枫成活率随种植密度的增加相应增加。

在保证树木存活的情况下，硬化地表显著抑制了油松和元宝枫株高和基径的生长。透水地表上生长的白蜡株高和基径与对照无显著差异，不透水地表上生长的白蜡株高和基径显著低于对照和透水地表，透水地表相比于不透水地表促进了白蜡的生长。

不同硬化地表类型对不同树种株高和基径年增长量的年际变化影响存在差异。油松和白蜡株高和基径年增长量表现为 2013 年高于 2014 年，硬化地表上生长的元宝枫株高和基径年增长量则表现为 2014 年高于 2013 年。2013 年，硬化地表温度过高是抑制油松和元宝枫生长的主要因素，不透水地表土壤含水量降低是导致白蜡株高和基径下降的主要原因。2014 年，透水地表土壤含水量高于对照和不透水地表，土壤水分成为抑制不透水地表上树木生长的主要因素，且受 2014 年降水量下降影响，2014 年树木年增长量普遍低于 2013 年。2013 年元宝枫透水地表过高的地表温度掩盖了其土壤水分较高的有利条件，导致元宝枫生长显著低于不透水地表。随着元宝枫生长年限的延长，冠幅增大，缓解了硬化地表形成的高温环境，元宝枫生长对硬化地表产生了一定的适应性，透水地表形成的相对较高的土壤含水量有利于元宝枫生长。

9.5 城市地表硬化导致林木物候期的提前

硬化地表显著提高了土壤温度，使得白蜡和元宝枫幼苗的发芽时间和秋季落叶时间显著提前。硬化地表上生长的白蜡和元宝枫完全发芽的时间（阶段Ⅳ）相比对照提前，且表现为透水地表上生长的白蜡发芽时间比不透水地表提前。

不同种植密度对树木的发芽时间和落叶时间也存在一定影响。2.0 m 和 1.0 m 种植密度下，白蜡和元宝枫发芽时间相比 0.5 m 种植密度提前，低种植密度下硬化地表对林木物候期的影响更大。硬化地表对白蜡和元宝枫的整个生长期无显著影响。种植密度对白蜡生长期无显著影响，但显著影响了元宝枫生长期。在硬化地表下，元宝枫生长期随着种植密度的减小而延长。

9.6 城市地表硬化对绿化林木叶片光合特性的影响

不同硬化地表类型对不同树种的光合特性的影响存在差异。硬化地表显著降低了油松叶片净光合速率、气孔导度和叶绿素含量。透水地表相比不透水地表和对照，提高了白蜡叶片净光合速率、气孔导度和叶绿素含量，促进了白蜡的光合作用。元宝枫叶片光合特性在不同年份对不同硬化地表类型的响应不同。2013 年，硬化地表上生长的元宝枫叶片各光合参数指标均下降。2014 年，元宝枫冠幅增大，缓解了硬化地表形成的高温环境，元宝枫生长对硬化地表产生了一定适应性，透水地表形成的相对较高的土壤含水量的优势逐渐得到体现，元宝枫净光合速率升高。

硬化地表显著降低了油松叶片的蒸腾速率，白蜡叶片蒸腾速率总体上表现为透水地表最高，不同硬化地表类型对元宝枫叶片蒸腾速率在不同年份对不同硬化地表类型的响应不同：2013 年元宝枫叶片蒸腾速率总体上以透水地表最低，而 2014 年元宝枫叶片蒸腾速率则以透水地表上最高。

硬化地表对 3 种树木水分利用效率均无显著影响，但不同树种的水分利用效率存在差异。其中油松和元宝枫为低耗水高水分利用效率树种，白蜡为高耗水低水分利用效率树种。

9.7 透水地表和不透水地表上生长的城市绿化林木的差异

透水地表温度和土壤含水量均高于不透水地表，对3种树木生长的影响也存在差异。其中：2种硬化地表处理下，油松的生长和光合等指标均无显著差异；透水地表对白蜡的生长有促进作用，透水地表上生长的白蜡叶片净光合速率、气孔导度、叶绿素含量以及株高和基径的生长均高于不透水地表；元宝枫在不同年份对2种硬化地表的响应不同。2013年，透水地表相比于不透水地表显著抑制了元宝枫叶片净光合速率、气孔导度、叶绿素含量及PSII有效光化学量子产量、PSII实际光化学量子效率与电子传递速率，光系统受到破坏，光能利用效率降低，导致元宝枫幼苗光合速率下降，元宝枫株高和基径生长受到抑制。但随着元宝枫的生长，2014年透水地表上生长的元宝枫光合等指标均高于不透水地表，透水地表上元宝枫株高和基径年增长量显著高于不透水地表。

对新种植的油松和元宝枫幼苗而言，透水地表显著提高了土壤含水量，但并没有缓解地表温度显著升高对植物造成的热胁迫。在城市建设选用透水材料时，一方面要考虑采取有效措施降低其表面温度；另一方面可以考虑选择种植耐高温绿化树种，以尽量降低透水硬化地表对植物的高温胁迫作用。从植株生长对不同地表类型的响应差异来看，相比于油松和元宝枫，白蜡更适宜作为绿化树种。

9.8 研究展望

硬化地表对城市环境因子的影响是多方面的，包括气候、水分和土壤等，并且各环境因子之间具有协同作用，目前关于城市植物对硬化地表响应机制的研究仍处于初步阶段，存在一些不足，在今后的研究工作中需进一步开展相关研究。

土壤作为植物生长发育的主要环境载体，为植物生长提供必需的水分和养分等物质，对植物生长发育具有重要的作用。城市硬化地表破坏了土壤结构，改变了土壤理化特性，土壤孔隙度和含水量降低，减少了土壤微生物多样性和活性，使得植物根系生长受阻，进一步影响植物的正常生长。深入研究土壤微生物和植物根系对硬化地表的响应特征对于城市绿地规划和管理具有重要的意义。

硬化地表上生长的植物出现生长衰弱甚至死亡的现象，其植株叶片内部结构必然发生改变。从植物内部结构（如叶片组织结构、气孔导度、植物微管结构等）来分析植物对硬化地表的响应特征，是今后研究工作中需要进一步开展和加强的内容。

城市硬化地表对植物赖以生长的环境因子及其生长影响是多方面的，包括对气候、土壤水分、土壤温度和地表温度等以及对植物光合特征、生长特征等造成的影响。环境因子存在着协同作用，但其对植物生长的影响却存在不一致性。例如：本研究中透水地表上生长的油松和元宝枫地表温度和土壤含水量均高于不透水地表，如何权衡透水地表温度增加造成的生长抑制和土壤水分含量升高产生的生长促进作用，为城市绿化树种选择、城市绿地建设和管理提供科学依据是今后研究的重要内容，需进一步深入研究水热的协同性对树木生长的影响以确定透水地表是否能有效改善土壤环境。

本研究通过建立较大面积试验场模拟了城市硬化地表对植物生长和蒸腾耗水的影响，研究结果对于城市绿化树种的选择具有一定参考意义。但试验仅设置了对照、透水地表和不透水地表 3 个处理梯度，对于不同透水梯度对植物生长的影响缺乏深入的研究，在城市绿地建设中透水材料的选择中也存在一定的缺陷。今后的研究中，应结合城市发展中透水材料的利用情况，设置不同透水梯度，模拟梯度变化对植物生长的影响，为城市建设中透水材料的选择提供依据。

本研究通过建立较大面积试验场模拟了城市硬化地表对植物生长和蒸腾耗水的影响，试验场地的环境背景与城市树木的原位环境背景存在一定差异，模拟结果在城市绿地规划和管理中的应用还有待进一步研究。应结合试验场模拟和原位观测，深入研究硬化地表对城市植物生长的影响机制，并与现有城市绿地管理模式结合，分析城市绿地管理模式对城市植物生长的影响，为制定科学合理的绿地管理制度提供依据。

参考文献

陈媛媛，2016. 硬化地表对城市幼树物候、生长和蒸腾的影响［D］. 北京：中国科学院环境生态研究中心.

范玉芬，盛文斌，杜俐萍，等，2008. 夏季不同下垫面温度的对比观测及分析［J］. 大气科学研究与应用，31（2）：43–51.

冯采芹，1992. 绿化环境效应研究［M］. 北京：中国环境科学出版社.

冯强，胡聃，王绍斌，等，2007. 城市环境对城市植物影响的研究［J］. 安徽农业科学，35（35）：11562–11565.

付芝红，呼延佼奇，李锋，等，2013. 城市不同地表覆盖类型对土壤呼吸的影响［J］. 生态学报，33（18）：5500–5508.

高煜珠，王忠，1982. 关于光呼吸与光合作用关系的研究——Ⅱ环境因素对光合作用的影响及其与光呼吸的关系［J］. 植物生理与分子生物学学报，8（4）：373–382.

管东生，何坤志，陈玉娟，1998. 广州城市绿地土壤特征及其对树木生长的影响［J］. 环境科学研究，11（4）：51–54.

韩贵锋，徐建华，袁兴中，2008. 城市化对长三角地区主要城市植被物候的影响［J］. 应用生态学报，19（8）：1803–1809.

韩继红，李传省，黄秋萍，2003. 城市土壤对园林植物生长的影响及其改善措施［J］. 中国园林，（7）：74–76.

郝亮，张彪，姚华荣，等，2022. 基于高分影像的上海城市硬化地表空间格局分析［J］. 生态科学，41（2）：184–193.

侯晓丽，2006. 根际土壤实施钻孔通气法对改善行道树生长势衰弱的实验研究［D］. 长春：东北师范大学.

胡婵娟，2009. 黄土丘陵沟壑区不同植被格局下土壤微生物生物量及多样性研究［D］. 北京：中国科学院环境生态研究中心.

黄昌勇，2000. 土壤学［M］. 北京：中国农业出版社.

纪瑞鹏，张喜民，李刚，2000. 沈阳等 6 城市热岛效应卫星监测研究［J］. 辽宁气象，4：22–23.

江昼，2010. 城市地面硬化弊端及其解决途径［J］. 城市问题，11：48–51.
孔正红，李树人，李有福，等，1998. 不同硬化地面类型对城市悬铃木物质循环的影响［J］. 河南农业大学学报，32（4）：314–319.
李锋，王如松，2003. 城市绿地系统的生态服务功能评价、规划与预测研究——以扬州市为例［J］. 生态学报，23（9）：1929–1936.
李合生，2000. 植物生理生化实验原理和技术［M］. 北京：高等教育出版社.
李丽雅，丁蕴铮，侯晓丽，等，2006. 城市土壤特性与绿化树生长势衰弱关系研究［J］. 东北师大学报：自然科学版，38（3）：124–127.
李明，王根轩，2002. 干旱胁迫对甘草幼苗保护酶活性及脂质过氧化作用的影响［J］. 生态学报，22（4）：503–507.
李伟峰，欧阳志云，陈求稳，等，2008. 基于遥感信息的北京硬化地表格局特征研究［J］. 遥感学报，12（4）：603–612.
李伟峰，王轶，2010. 城市硬化地表各具特征及尺度效应遥感研究［J］. 国土资源遥感，83：69–72.
李晓梅，赵晓英，赵法，等，2009. 新疆 3 种锦鸡儿属植物种子萌发对温度和土壤水分的响应［J］. 草业科学，26（10）：140–145.
林学椿，于淑秋，2005. 北京地区气温的年代际变化和热岛效应. 地球物理学报［J］，48（1）：39–45.
刘贵平，2008. 浅谈城市土壤对园林植物生长的影响［J］. 园林建设，2：40–41.
卢瑛，龚子同，张甘霖，2001. 南京城市土壤的特性及其分类的初步研究［J］. 土壤，1：47–51.
鲁如坤，2000. 土壤农业化学分析方法［M］. 中国农业科技出版社.
吕建成，孙玉喜，孙国宏，等，2003. 树木烂皮病的发生及防治研究［C］. 全国园林植保第十三次学术讨论会，2004：4–5.
马世骏，王如松，1984. 社会 – 经济 – 自然复合生态系统［J］. 生态学报，4（1）：1–9.
毛学森，曾江海，2000. 硬覆盖对土壤水热传输及作物生长发育影响的试验研究［J］. 生态学杂志，19（2）：68–71.
宁吉喆. 第七次全国人口普查公报［R］.2021.
曹建华，潘根兴，袁道先，2001. 柠檬酸对石灰岩溶蚀动力模拟及岩溶意义［J］. 中国岩溶，20（1）：1–5.
裴斌，张光灿，张淑勇，等，2013. 土壤干旱胁迫对沙棘叶片光合作用和抗氧化酶海性的影响［J］. 生态学报，33（5）：1386–1396.
裴广廷，马红亮，高人，等，2013. 模拟氮沉降对森林土壤速效磷和速效钾的影响［J］.

中国土壤与肥料（4）：16–20，87.

齐丹，2007. 硬覆盖条件下城市绿化树小青杨的脂质过氧化与活性氧防御酶系统的初步研究［D］. 东北师范大学.

束炯，江田汉，杨晓明，2000. 上海热岛效应的特征分析［J］. 上海环境科学，19（11）：532–534.

宋英石，李锋，付芝红，等，2013. 城市地表硬化对银杏光合特性的季节影响极其胁迫因子分析［J］. 城市环境与城市生态，26（4）：27–30.

宋英石，李锋，王效科，等，2014. 城市地表硬化对银杏生境及生理生态特征的影响［J］. 生态学报，34（8）：2164–2171.

宋英石，李晓文，李锋，等，2015. 北京市奥林匹克公园不同地表类型对土壤动物多样性的影响［J］. 应用生态学报，26（4）：1130–1136.

宋永昌，2000. 城市生态学［M］. 上海：华东师范大学出版社.

宋于洋，塔依尔，王炳举，等，2007. 沙棘叶片光合速率与其环境因子的日变化规律研究［J］. 西北林学院学报，22（1）：8–11.

王德发，邓威廉，2021. 强化创新驱动 坚持绿色引领 推动云南经济实现高质量发展［J］. 社会主义论坛（6）:2.

王海珍，韩路，徐雅丽,等，2011. 胡杨异形叶叶绿素荧光特性对高温的响应［J］. 生态学报，31（9）：2444–2453.

王良睦，王文卿，林鹏，2003. 城市土壤与城市绿化［J］. 城市环境与城市生态，16（6）：180–181.

王晓娟，毕拥国，黄秋娴,等，2009. 地面硬覆盖对青桐光合生理特征的影响［J］. 河北农业大学学报，32（5）：59–62.

王效科，欧阳志云，任玉芬，等，2009. 城市生态系统长期研究展望［J］. 地球科学进展，24（8）：928–935.

王延平，韩明玉，张林森，等，2012. 洛川苹果园土壤水分变化特征［J］. 应用生态学报，23（3）：731–738.

温洋，王焕新，2006. 模拟硬覆盖对土壤呼吸及植物生长影响研究［J］. 吉林省教育学院学报，22（12）：35–37.

吴祥艳，付军，2004. 美国历史景观保护理论和实践浅析［J］. 中国园林，3：69–73.

吴长利，1999. 树木烂皮病在我国北方城区爆发研究［J］. 中国森林病虫，2.

夏钦，何丙辉，刘玉民，等，2010. 高温胁迫对粉带扦插苗形态和生理特征的影响［J］. 生态学报，30（19）：5217–5224.

肖荣波，欧阳志云，蔡云楠，等，2007. 基于亚像元估测的城市硬化地表景观格局分析［J］. 生态学报，27（8）：3189–3197.
肖荣波，2006. 北京城市景观格局演变及其热岛效应研究［D］. 北京：中国科学院环境生态研究中心 .
邢永杰，沈天行，刘芳，2002. 太阳辐射下不同地表覆盖物的热反应及对城市热环境的影响［J］. 太阳能学报，23（6）：717–720.
闫筱筱，2020. “三生”空间协同视角下实用性村庄规划策略研究——以略阳县为例［D］. 西安：西安建筑科技大学 .
杨金玲，汪景宽，张甘霖，2004. 城市土壤的压实退化及其环境效应［J］. 土壤通报，35（6）：689–693.
杨雨萍，2020. 土壤 – 植物系统中砷迁移转化的关键调控因子研究［D］. 北京：中国科学院环境生态研究中心 .
姚贤良，程云生，等，1986. 土壤物理学［M］. 北京：农业出版社 .
尹丽，胡庭兴，刘永安，等，2010. 干旱胁迫对不同施氮水平麻疯树幼苗光合特性及生长的影响［J］. 应用生态学报 ,21（3）：569–576.
张崇宝，2004. 长春市街道土壤分析与改善措施［J］. 中国园林，10: 42–44.
张建杰，李富忠，胡克林，等，2009. 太原市农业土壤全氮和有机质的空间分布特征及其影响因素［J］. 生态学报，29（6）：3163–3172.
张劲松，孟平，尹昌君，2002. 杜仲蒸腾强度和气孔行为的初步研究［J］. 林业科学，38（3）：34–37.
张学霞，葛全胜，郑景云，2005. 近 50 年北京植被对全球变暖的响应及其时效——基于遥感数据和物候资料的分析［J］. 生态学杂志，24（2）：123–130.
张艳，鲍文杰，余琦，等，2012. 超大城市热岛效应的季节变化特征及其年际差异［J］. 地球物理学报，55（4）：1121–1128.
赵丹，李锋，宋英石，等，2012. 城市不同地表覆盖类型下银杏光合日变化及与环境因子的关系［J］. 城市环境与城市生态，25（6）：5–9.
赵丹，李锋，王如松，2010. 城市地表硬化对植物生理生态的影响研究进展［J］. 生态学报，30（14）：3923–3932.
郑思轶，刘树华，2008. 北京城市化发展对温度、相对湿度和降水的影响［J］. 气候与环境研究，13（2）：123–133.
周莉，李保国，周广胜，2005. 土壤有机碳的主导影响因子及其研究进展 .［J］. 地球科学进展，2005，20（1）：99–105.
周跃辉，2013. 西方城市化的三个阶段［J］. 理论导报，4：16.
朱永官，沈仁芳，贺纪正，等，2017. 中国土壤微生物组：进展与展望［J］. 中国科学院院刊，32（6）：554–565.

邹丽敏，丁蕴铮，张广增，等，2004. 硬覆盖对城市街路行道树土壤呼吸的影响［J］. 中国城市林业，2（1）：34–39.

祖元刚，李冉，王文杰，等，2011. 我国东北土壤有机碳、无机碳含量与土壤理化性质的相关性［J］. 生态学报，31（18）：10.

AHMED V，VERMA M K，GUPTA S，et al，2018. Metagenomic Profiling of Soil Microbes to Mine Salt Stress Tolerance Genes［J］. Front Microbiol，9: 159.

AMPOORTER E，DE FRENNE P，HERMY M，et al,2011. Effects of soil compaction on growth and survival of tree saplings: A meta–analysis［J］. Basic and Applied Ecology，12: 394–402.

ARNFIELD A J，2003. Two decades of urban climate research: a review of turbulence, exchanges of energy and water，and the urban heat island［J］. International Journal of Climatology，23: 1–26.

ASAEDA T，CA V T，WAKE A，1996. Heat storage of pavement and its effect on the lower atmosphere［J］. Atmospheric Environment，30（3）: 413–427.

ASH C，JASNY B R，ROBERTS L，et al，2008. Reimagining Cities［J］. Science，319（5864）:739.

AUGSPURGER C K，KELLY C K，1984. Pathogen mortality of tropical tree seedlings: experimental studies of the effects of dispersal distance，seedling density，and light conditions［J］. Oecologia，61（2）: 211–217.

BÄÄTH E，ANDERSON T H，2003. Comparison of soil fungal/bacterial ratios in a pH gradient using physiological and PLFA–based techniques［J］. Soil Biology and Biochemistry, 35（7）: 955–963.

BADECK F W，BONDEAU A，BOTTCHER K，et al，2004. Responses of spring phenology to climate change［J］. New Phytologist，162: 295–309.

BALAKINA J N，MAKAROVA O V，BONDARENKO V V，et al，2005. Simulation of oxygen regime of tree substrates［J］. Urban Forestry & Urban Greening，4（1）: 23–35.

BALSER T C，FIRESTONE M K，2005. Linking microbial community composition and soil processes in a California annual grassland and mixed–conifer forest［J］. Biogeochemistry，73（2）: 395–415.

BATJES N H，1996. Total carbon and nitrogen in the soils of the world［J］. European Journal of Soil Science，47（2）: 151–163.

BAUMGARTL T，1998. Physical soil properties in specific fields of application especially in anthropogenic soils [J] . Soil & Tillage Research, 47 (1–2) : 51–59.

BEAN E Z, HUNT W F, BIDELSPACH D A, 2007. Field survey of permeable pavement surface infiltration rates [J] . Journal of Irrigation and Drainage Engineering, 133: 249–255.

BECKETT K P, FREER–SMITH P H, TAYLOR G, 1998. Urban woodlands: their role in reducing the effects of particulate pollution [J] . Environmental Pollution, 99: 347–360.

BEESLEY L, DICKINSON N, 2011.Carbon and trace element fluxes in the pore water of an urban soil following greenwaste compost, woody and biochar amendments, inoculated with the earthworm Lumbricus terrestris [J] . Soil Biology and Biochemistry, 43 (1) : 188–196.

BERRANG P, KARNOSKY D F, STANTON B J, 1985. Environmental factors affecting tree health in New York City [J] . Journal of Arboriculture, 11 (6) : 185–189.

BODELIER P L, 2011. Toward understanding, managing, and protecting microbial ecosystems [J] . Front Microbiol, 2: 80.

BRAZEL A, SELOVER N, VOSE R, et al, 2000. The tale of two climates: Baltimore and Phoenix urban LTER sites [J] . Climate Research, 15: 123–135.

BRELAND T A, HANSEN S, 1996. Nitrogen mineralization and microbial biomass as affected by soil compaction [J] . Soil Biology & Biochemistry, 28 (4) : 655–663.

BROCKETT B F T, PRESCOTT C E, GRAYSTON S J, 2012. Soil moisture is the major factor influencing microbial community structure and enzyme activities across seven biogeoclimatic zones in western Canada [J] . Soil Biology and Biochemistry, 44 (1) : 9–20.

BROWSE J, 2022.Respiration and lipid metabolism [M] //TAIZ L,ZEIGER E.Plant Physiology. 3rd Edn. Sunderland, MA : Sinauer Associates, 223–258.

BÜHLER O, KRISTOFFERSEN P, LARSEN S U, 2007. Growth of street trees in Copenhagen with emphasis on the effect of different establishment concepts [J] . Arboriculture & Urban Forestry, 33 (5) : 330–337.

BYRNE L B, BRUNS M A, KIM K C, 2008. Ecosystem properties of urban land covers at aboveground–belowground interface [J] . Ecosystems, 11: 1065–1077.

BYRNE L B, KIM B K C, 2008. Ecosystem Properties of Urban Land Covers at the Aboveground - Belowground Interface [J] . Ecosystems, 11 (7) : 1065–1077.

CALLESEN O, WAGENMAKERS P S, 1989.Effect of tree density, tree height and rectangularity on growth, flowering, and fruit production [J] . ISHS Acta Hoticulturae, 243: 18.

CAMPBELL G S, NORMAN J M, 1998. An Introduction to Environmental Biophysics [M] . New York: Springer–Verlag.

CELESTIAN S B, MARTIN C A, 2004.Rhizosphere, surface, and air temperature patterns at parking lots in Phoenix, Arizona, U.S[J] . Journal of Arboriculture, 30 (4) : 245–252.

CHEN S, WAGHMODE T R, SUN R, et al, 2019. Root–associated microbiomes of wheat under the combined effect of plant development and nitrogen fertilization[J]. Microbiome, 7(1): 136.

CHEN Y Y, WANG X K, JIANG B, et al, 2016. Pavement induced soil warming accelerates leaf budburst of ash trees [J] . Urban Forestry & Urban Greening,16: 36–42.

CHEN Y Y, WANG X K, JIANG B, 2018, et al. The leaf phenophase of deciduous species altered by land pavements [J] . Int J Biometeorol, 62 (6) : 949–959.

CHEN YY , WANG X K, JIANG B, et al, 2017. Tree survival and growth are impacted by increased surface temperature on paved land [J] . Landscape & Urban Planning, 162: 68–79.

CHIALVA M, GHIGNONE S, COZZI P, et al, 2020. Water management and phenology influence the root–associated rice field microbiota [J] . FEMS Microbiol Ecol, 96 (9): 1–16.

CHMIELEWSKI F M, MÜLLER A, BRUNS E, 2004.Climate changes and trends in phenology of fruit trees and field crops in Germany, 1961–2000 [J] . Agricultural and Forest Meteorology, 121 (1–2) : 69–78.

CLELAND E E, ALLEN J M, CRIMMINS T M, et al.2012. Phenological tracking enables positive species responses to climate change [J] . Ecology,93 (8) : 1765–1771.

CLELAND E E, CHUINE I, MENZEL A, et al, 2007. Shifting plant phenology in response to global change [J] . Trends in Ecology & Evolution, 22 (7) : 357–365.

CLOSE R E, NGUYEN P V, KIELBASO J J, 1996. Urban vs natural sugar maple growth stress symptoms and phenology in relation to site characteristics [J] . Journal of Arboriculture, 22 (3) : 144–150.

COCKELL C S, JONES H L, 2009. Advancing the case for microbial conservation [J] . Oryx, 43 (4) : 520.

DE RIDDER K, ADAMEC V, BAUELOS A, et al, 2004. An integrated methodology to assess the benefits of urban green space [J] . Science of the total environment, 334: 489–497.

DEGENS B P, SCHIPPER L A, SPARLING G P, et al, 2000. Decreases in organic C reserves in soils can reduce the catabolic diversity of soil microbial communities [J] . Soil Biology & Biochemistry, 32 (2) : 189–196.

DELGADO–BAQUERIZO M, MAESTRE F T, REICH P B, et al, 2016. Microbial diversity drives multifunctionality in terrestrial ecosystems [J] . Nat Commun, 7: 10541.

DELTEDESCO E, KEIBLINGER K M, PIEPHO H–P, et al, 2020. Soil microbial community structure and function mainly respond to indirect effects in a multifactorial climate manipulation experiment [J]. Soil Biology and Biochemistry, 142: 107704.

DHINDSA R S, PLUMB-DHINDS P, THORPE T A, 1981. Leaf senescence: correlated with increased levels of membrane permeability and lipid peroxidation, and decreased levels of superoxide dismutase and catalase [J]. Journal of Experimental Botany, 32 (1): 93–101.

DIETZ M E, CLAUSEN J C, 2008. Stormwater runoff and export changes with development in a traditional and low impact subdivision [J]. Journal of Environmental Management, 87 (4): 560–566.

DIETZ M E, 2007. Low impact development practices: a review of current research and recommendations for future directions [J]. Water, Air, & Soil Pollution, 186: 351–363.

DIMOUDI A, NIKOLOPOULOU M, 2003. Vegetation in the urban environment: microclimatic analysis and benefits [J]. Energy and Buildings, 35 (1): 69–76.

DOI H, KATANO I, 2008. Phenological timings of leaf budburst with climate change in Japan [J]. Agricultural and Forest Meteorology, 148: 512–516.

DONOVAN G H, BUTRY D T, MICHAEL Y L, et al,2013. The relationship between trees and human health: evidence from the spread of the Emerald Ash borer [J]. American Journal of Preventive Medicine, 44 (2): 139–145.

DOUGHERTY M, DYMOND R L, GOETZ S, et al,2004. Evaluation of impervious surface estimates in a rapidly urbanizing watershed [J]. Photogrammetric Engineering and Remote Sensing, 70 (11): 1275–1284.

ERICKSON T O, STEFAN H G,2009. Natural groundwater recharge response to urbanization: Vermillion River watershed, Minnesota [J]. Journal of Water Resources Planning and Managemenet, 135: 512–520.

FARQUHAR G D, SHARKEY T D, 1982. Stomatal conductance and photosynthesis [J]. Annual Reviews Plant Physiology, 33: 317–345.

FELLER U, ANDERS I, MAE T, 2008. Rubiscolytics: fate of Rubisco after its enzymatic function in a cell is terminated [J]. Journal of Experimental Botany, 59 (7): 1615–1624.

FENG G, WU L, LETEY J, 2002. Evaluating aeration criteria by simultaneous measurement of oxygen diffusion rate and soil-water regime [J]. Soil Science, 167 (8): 495–503.

FERGUSON B K, 2005. Porous Pavements [M]. New York: Taylor and Francis Group.

FIERER N, LADAU J, CLEMENTE J C, et al, 2013. Reconstructing the microbial diversity and function of pre-agricultural tallgrass prairie soils in the United States [J]. Science, 342 (6158): 621–624.

FILIP Z, 2002. International approach to assessing soil quality by ecologically-related biological parameters [J] . Agriculture, Ecosystems and Environment, 88 (2002) : 169-174.

FITTER A H, FITTER R S R, 2002. Rapid changes in flowering time in British plants [J] . Science, 296: 1689-1691.

FRANCINI G, HUI N, JUMPPONEN A, et al, 2018. Soil biota in boreal urban greenspace: Responses to plant type and age [J] . Soil Biology and Biochemistry, 118: 145-155.

GARZA G, 1999. Global economy, metropolitan dynamics and urban policies in Mexico [J] . Cities, 16: 149-170.

GEBAUER R, VOLAŘÍK D, MARTINKOVÁ M, 2011. Impact of soil pressure and compaction on tracheids in Norway spruce seedlings [J] . New Forests, 41 (1) : 75-88.

GEORGI N J, ZAFIRIADIS K, 2006. The impact of park trees on microclimate in urban areas [J] . Urban Ecosystems, 9 (3) : 195-209.

GILLESPIE A R, MILLER B K, JOHNSON K D, 1995. Effects of ground cover on tree survival and growth in filter strips of the Cornbelt Region of the midwestern US [J] . Agriculture, Ecosystems & Environment, 53: 263-270.

GINKEL H V, 2008. Urban Future [J] . Nature, 456: 32-33.

GOLUBIEWSKI N E, 2006. Urbanization increases grassland carbon pools: Effects of landscaping in Colorado's front range [J] . Ecological Applications, 16: 555-571.

GOMEZ A, POWERS R F, SINGER M J, et al, 2002. Soil compaction effects on growth of young ponderosa pine following litter removal in California's Sierra Nevada [J] . Soil Science Society of America Journal, 66: 1334-1343.

GONZALES S, VAPARI S, HOLDER C, et al, 2007. Evaluation of urban soil compaction by measurement of penetration resistance [J] . Hortscience, 42 (4) : 1005.

GRABOSKY J, BASSUK N, IRWIN L, et al, 2001. Shoot and root growth of three tree species in sidewalks [J] . Journal of Environmental Horticulture, 19 (4) : 206-211.

GRABOSKY J, BASSUK N, 2016. Seventeen years' growth of street trees in structural soil compared with a tree lawn in New York City [J] . Urban Forestry & Urban Greening, 16: 103-109.

GRABOSKY J, BASSUK N, 1996. Testing of structural urban tree soil materials for use under pavement to increase street tree rooting volumes [J] . Journal of Arboriculture, 22 (6) : 255-263.

GRABOSKY J, GILMAN E, 2004. Measurement and prediction of tree growth reduction from tree planting space design in established parking lots [J] . Journal of Arboriculture, 30 (3) : 154–164.

GRAVES W R, 1994. Urban soil temperatures and their potential impact on tree growth [J] . Journal of Arboriculture, 20 (1) : 24–27.

GRAVES W R, DANA M N, 1987. Root–zone temperatures monitored at urban sites [J] . HortScience, 22: 613–614.

GRIMM N B, FAETH S H, GOLUBIEWSKI N E, et al, 2008. Global change and the ecology of cities [J] . Science, 319 (5864) : 756–760.

GUAN Y, JIANG N, WU Y, et al, 2021. Disentangling the role of salinity–sodicity in shaping soil microbiome along a natural saline–sodic gradient [J] . Sci Total Environ, 765: 142738.

GUEVARA–ESCOBAR A, GONZÁLEZ–SOSA E, VÉLIAZ–CHÁVEZ C,et al,2007. Rainfall interception and distribution patterns of gross precipitation around an isolated Ficus benjamina tree in an urban area [J] . Journal of Hydrology, 333 (2–4) : 532–541.

GÜLTEN A, AKSOY U T, ÖZTOP H F, 2016. Influence of trees on heat island potential in an urban canyon [J] . Sustainable Cities and Society, 26 : 407–418.

HAGISHIMA A, NARITA K, TANIMOTO J, 2007. Field experiment on transpiration from isolated urban plants [J] . Hydrological Processes, 21 (9) : 1217–1222.

HALDIMANN P, FELLER U, 2004. Inhibition of photosynthesis by high temperature in oak (Quercus pubescens L.) leaves grown under natural conditions closely correlates with a reversible heat–dependent reduction of the activation state of ribulose–1, 5–bisphosphate carboxylase/oxygenase [J] . Plant, Cell & Environment, 27 (9) : 1169–1183.

HANSEL C M, FENDORF S, JARDINE P M, et al, 2008. Changes in bacterial and archaeal community structure and functional diversity along a geochemically variable soil profile [J] . Appl Environ Microbiol, 74 (5) : 1620–1633.

HARDIN P J, JENSEN R R, 2007. The effect of urban leaf area on summertime urban surface kinetic, temperatures: A Terre Haute case study [J]. Urban Forestry & Urban Greening, 6 (2) : 63–72.

HE F L, DUNCAN R P, 2000. Density–dependent effects on tree survival in an old–growth Douglas fir forest [J] . Journal of Ecology, 88: 676–688.

HEATH R L, PACKER L, 1968. Photoperoxidation in isolated chloroplasts. I. Kinetics and stoichiometry of fatty acid peroxidation [J] . Archives Biochemistry Biophysics, 125: 189–198.

HEGLAND S J, NIELSEN A, LÁZARO A, et al, 2009. How does climate warming affect plant–pollinator interactions? [J] . Ecology Letters, 12: 184–195.

HENINGER R, SCOTT W, DOBKOWSKI A, et al, 2002. Soil disturbance and 10–year growth response of coast Douglas–fir on nontilled and tilled skid trails in the Oregon Cascades [J] . Canadian Journal of Forest Research, 32: 233–246.

HERB W R, JANKE B, MOHSENI O, et al, 2008. Ground surface temperature simulation for different land covers [J] . Journal of Hydrology, 356 (3/4) : 327–343.

HETHERINGTON A M, WOODWARD F I, 2003. The role of stomata in sensing and driving environmental change [J] . Nature, 424: 901–908.

HOLLISTER R D, WEBBER P J, BAY C, 2005. Plant response to temperature in northern Alaska: implications for predicting vegetation change [J] . Ecology, 86: 1562–1570.

HU YH, DOU XL, LI JY, et al, 2018. Impervious surfaces alter soil bacterial communities in urban areas: a case study in Beijing, China [J] . Front Microbiol, 9: 226.

HU YH, YU WW, CUI B, et al, 2021. Pavement overrides the effects of tree species on soil bacterial communities [J] . Int. J. Environ. Res. Public Health, 18: 2168.

HUI N, JUMPPONEN A, FRANCINI G, et al, 2017. Soil microbial communities are shaped by vegetation type and park age in cities under cold climate [J] . Environ Microbiol, 19 (3) : 1281–1295.

HUNG T, UCHIHAMA D, OCHI S, et al, 2006. Assessment with satellite data of the urban heat island effects in Asian mega cities [J] . International Journal of Applied Earth Observation and Geoinformation, 2006, 8: 34–48.

JACKSON L E, CALDERON F J, STEENWERTH K L, et al, 2003. Responses of soil microbial processes and community structure to tillage events and implications for soil quality[J]. Geoderma, 114 (3–4) : 305–317.

JANGID K, WILLIAMS M A, FRANZLUEBBERS A J, et al, 2011. Land–use history has a stronger impact on soil microbial community composition than aboveground vegetation and soil properties [J] . Soil Biology and Biochemistry, 43 (10) : 2184–2193.

JENSEN L S, MCQUEEN D J, ROSS D J, et al, 1996. Effects of soil compaction on N–mineralization and microbial–C and –N. II. Laboratory simulation [J] . Soil & Tillage Research, 38 (3–4) : 189–202.

JIM C Y, CHEN W Y, 2008. Assessing the ecosystem service of air pollutant removal by urban trees in Guangzhou (China) [J] . Journal of Environmental Management, 88: 665–676.

JIM C Y, 1998. Physical and chemical properties of a Hong Kong roadside soil in relation to urban tree growth [J] . Urban Ecosystems, 2: 171–181.

KARLEN D L, DITZLER C A, ANDREWS S S, 2003. Soil quality: why and how? [J] . Geoderma, 114 (3) : 145–156.

KAYE J P, MCCULLEY R L, BURKE I C, 2005. Carbon fluxes, nitrogen cycling, and soil microbial communities in adjacent urban, native and agricultural ecosystems [J] . Global Change Biology,11: 575–587.

KHALIL S K, WAHAB A, REHMAN A, et al, 2010. Density and planting date influence phonological development assimilate partitioning and dry matter production of faba bean [J] . Pakistan Journal of Botany, 42 (6) : 3831–3838.

KHAN A, JAN M, ARIF M, et al., 2008. Phenology and crop stand of wheat as affected by nitrogen sources and tillage systems [J] . Pakistan Journal of Botany, 40 (3) : 1103–1112.

KHAN S D, 2005. Urban development and flooding in Houston Texas, inferences from remote sensing data using neural network technique [J] . Environmental Geology, 47: 1120–1127.

KJELGREN R K, CLARK J R, 1993. Growth and water relations of Liquidambar styraciflua in an urban park and plaza [J] . Trees–Structure and Function, 7 (4) : 195–201.

KJELGREN R, MONTAGUE T, 1998. Urban tree transpiration over turf and asphalt surfaces [J] . Atmospheric Environment, 32 (1) : 35–41.

KNOPS J M H, BRADLEY K, WEDIN D A, 2002. Mechanisms of plant species impacts on ecosystem nitrogen cycling [J] . Ecology Letters, 5 (3) : 454–466.

KOESER A K, GILMAN E F, PAZ M, et al, 2014. Factors influencing urban tree planting program growth and survival in Florida, United States [J] . Urban Forestry & Urban Greening, 13 (4) : 655–661.

KOLB P F, ROBBERECHT R, 1996. High temperature and drought stress effects on survival of Pinus ponderosa seedlings [J] . Tree Physiology, 16: 665–672.

KOPINGA J, 1991. The effects of restricted volumes of soil on the growth and development of street trees [J] . Journal of Arboriculture, 17 (3) : 57–63.

KORANDA M, SCHNECKER J, KAISER C, et al, 2011. Microbial processes and community composition in the rhizosphere of European beech – The influence of plant C exudates [J] . Soil Biol Biochem, 43 (3) : 551–558.

KOU T J, YU W W, LAM S K, et al, 2018. Differential root responses in two cultivars of winter wheat (Triticum aestivum L.) to elevated ozone concentration under fully open–air field conditions [J] . Journal of Agronomy and Crop Science, 204:325–332.

KOWALCHUK G A, BUMA D S, Boer W D, et al, 2002. Effects of above–ground plant species composition and diversity on the diversity of soil–borne microorganisms [J] . Antonie van Leeuwenhoek，81.

KOWARIK I，2011. Novel urban ecosystems，biodiversity，and conservation［J］. Environ Pollut，159（8–9）: 1974–1983.

KOZLOWSKI T T，1999. Soil compaction and growth of woody plants［J］. Scandinavian Journal of Forest Research，14（6）: 596–619.

KUANG W，CHEN L，LIU J，et al，2016. Remote sensing-based artificial surface cover classification in Asia and spatial pattern analysis［J］. Science China Earth Sciences, 59（9）: 1720–1737.

KUANG W, 2019. Mapping global impervious surface area and green space within urban environments［J］. Science China Earth Sciences，62（10）: 1591–1606.

KURAMAE E E，YERGEAU E，WONG L C，et al，2012. Soil characteristics more strongly influence soil bacterial communities than land-use type［J］. FEMS Microbiol Ecol，79（1）: 12–24.

LAKOVOGLOU V，THOMPSON J，BURRAS L，et al, 2001. Factors related to tree growth across urban-rural gradients in the Midwest，USA［J］. Urban Ecosystems, 5（1）: 71–85.

LANDSBERG H E，1981. The urban climate［M］. New York: Academic Press.

LAWRENCE A B，ESCOBEDO F J，STAUDHAMMER C L，et al, 2012. Analyzing growth and mortality in a subtropical urban forest ecosystem［J］. Landscape and Urban Planning, 104: 85–94.

LEE J G，HEANEY J P，2003. Estimation of urban imperviousness and its impacts on storm water systems［J］. Journal of Water Resources Planning and Management，129: 419–426.

LEFF J W，JONES S E，PROBER S M，et al，2015. Consistent responses of soil microbial communities to elevated nutrient inputs in grasslands across the globe［J］. Proc Natl Acad Sci USA，112（35）: 10967–10972.

LEHMANN A，STAHR K，2007. Nature and significance of anthropogenic urban soils［J］. Journal of Soils and Sediments，7（4）: 247–260.

LI F，CHEN L，ZHANG J，et al，2017. Bacterial community structure after long-term organic and inorganic fertilization reveals important associations between soil nutrients and specific taxa involved in nutrient transformations［J］. Frontier in Microbiol，8: 187.

LI H，HARVEY J，KENDALL A，2013. Field measurement of albedo for different land cover materials and effects on thermal performance［J］. Building and Environment，59: 536–546.

LI H，LI L，CHEN L，et al，2019. Mapping and characterizing spatiotemporal dynamics of impervious surfaces using landsat images: A case study of xuzhou，east china from 1995 to 2018

[J] . Sustainability, 11 (5) : 1224.

LI H, 2016. Pavement materials for heat island mitigation. Chapter 4–refletive pavements and albedo [J] . Design and Management Strategies: 47–78.

LI X, HE H, ZHANG X, et al, 2019. Distinct responses of soil fungal and bacterial nitrate immobilization to land conversion from forest to agriculture [J] . Soil Biology and Biochemistry, 134: 81–89.

LI Z P, HAN F X, SU Y, et al, 2007. Assessment of soil organic and carbonate carbon storage in China [J] . Geoderma, 138 (1–2) : 119–126.

LIANG Y, XIAO X, NUCCIO E E, et al, 2020. Differentiation strategies of soil rare and abundant microbial taxa in response to changing climatic regimes[J]. Environ Microbiol, 22(4): 1327–1340.

LICHTENTHALER H K, 1987. Chlorophylls and carotenoids: pigments of photosynthetic biomemberance [J] . Methods in Enzymology, 148: 350–382.

LIU D, YANG Y, AN S, et al, 2018. The Biogeographical Distribution of Soil Bacterial Communities in the Loess Plateau as Revealed by High–Throughput Sequencing [J] . Front Microbiol, 9: 2456.

LIU Z, HE C, ZHOU Y, et al, 2014. How much of the world' s land has been urbanized, really? A hierarchical framework for avoiding confusion [J] . Landscape Ecology, 29 (5) : 763–771.

LOESCHER W H, MCCAMANT T, KELLER J D, 1990. Carbohydrate reserves, translocation and storage in woody plant roots [J] . Horticultural Science, 25: 274–281.

LOHR V L, PEARSON–MIMS C H, TARNAI J, et al, 2004. How urban residents rate and rank the benefits and problems associated with trees in cities [J] . Journal of Arboriculture, 30: 28–35.

LORENZ K, KANDELER E, 2005. Biochemical characterization of urban soil profiles from Stuttgart, Germany [J] . Soil Biology and Biochemistry, 37 (7) : 1373–1385.

LORENZ K, LAL R, 2009. Biogeochemical C and N cycles in urban soils [J] . Environment International, 35 (1) : 1–8.

LOVELAND P J, CONEN F, WESEMAEL, et al., 1996. Total carbon and nitrogen in the soils of the world.European Journal of Soil Science, 47, 151–163.

LU C, KOTZE D J, Setala H M, 2020. Soil sealing causes substantial losses in C and N storage in urban soils under cool climate [J] . Sci Total Environ, 725: 138369.

LU J W T, SVENDSEN E S, CAMPBELL L K, et al, 2010. Biological, social, and urban design factors affecting young street tree mortality in New York City [J] . Cities and the Environment, 3 (1) : 1–15.

LU P L, YU Q, LIU J D, et al,2006. Advance of tree–flowering dates in response to urban climate change [J] . Agricultural and Forest Meteorology, 138: 120–131.

LU P, YUNUSA I A M, WALKER R R, et al, 2003. Regulation of canopy conductance and transpiration and their modelling in irrigated grapevines [J] . Functional Plant Biology, 30 (6) : 689–698.

LU Y, GONG Z, ZHANG G, et al, 2003. Concentrations and chemical speciations of Cu, Zn, Pb and Cr of urban soils in Nanjing, China [J] . Geoderma, 115 (1) : 101–111.

LUO Z K, SUN O J, GE Q, et al, 2007. Phenological responses of plants to climate change in an urban environment [J] . Ecological Research, 22 (3) : 507–514.

MA B, ZHOU X, ZHANG Q, et al, 2019. How do soil micro - organisms respond to N, P and NP additions? Application of the ecological framework of (co–) limitation by multiple resources [J] . Journal of Ecology, 107 (5) : 2329–2345.

MA G, KANG J, WANG J, et al, 2020. Bacterial community structure and predicted function in wheat soil from the north china plain are closely linked with soil and plant characteristics after seven years of irrigation and nitrogen application [J] . Front Microbiol, 11: 506.

MAESTREA F T, DELGADO–BAQUERIZO M, JEFFRIES T C, et al, 2015. Increasing aridity reduces soil microbial diversity and abundance in global drylands [J]. PNAS, 112 (51).

MAIMAITIYIMING M, GHULAM A, TIYIP T, et al, 2014. Effects of green space spatial pattern on land surface temperature: Implications for sustainable urban planning and climate change adaptation [J] . ISPRS Journal of Photogrammetry and Remote Sensing, 89: 59–66.

MAJIDZADEH H, LOCKABY B G, GOVERNO R, 2017. Effect of home construction on soil carbon storage–A chronosequence case study [J] . Environ Pollut, 226: 317–323.

MAROSZ A, NOWAK J S, 2008. Effect of salinity stress on growth and macroelements uptake of four tree species [J] . Dendrobiology, 59: 23–29.

MARSCHNERA P, YANG C–H, LIEBEREI R, et al, 2001. Soil and plant speci®c effects on bacterial community composition in the rhizosphere [J] . Soil Biology & Biochemistry, 33 (2001) .

MARTIN C A, INGRAM D L, 1991. Root growth of southern magnolia following exposure to high root–zone temperatures [J] . HortScience, 26 (4) : 370–371.

MARTIREAU J R, SPECHT J E, 1979. Temperature tolerance in soybeans [J] . Crop

Science, 19: 75–81.

MASLE J, 1998. Growth and stomatal responses of wheat seedlings to spatial and temporal variations in soil strength of bi–layered soils [J] . Journal of Experimental Botany, 49 (324) : 1245.

MCCARTY J P, 2001. Ecological consequences of recent climate change [J] . Conservation Biology, 15 (2) : 320–331.

MCKINNEY M L, 2006. Urbanization as a major cause of biotic homogenization [J] . Biological Conservation, 127 (3) : 247–260.

MCLAUGHLIN S B, NOSAL M, WULLSCHLEGER S D, et al, 2007. Interactive effects of ozone and climate on tree growth and water use in a southern Appalachian forest in the USA [J]. New Phytologist, (174) : 109–124.

MCPHERSON G, SIMPSON J R, PEPER P J, et al, 2005. Municipal forest benefits and costs in five US cities [J] . Journal of Forestry,103 (8) : 411–416.

MENZEL A, ESTRELLA N, FABIAN P,2001. Spatial and temporal variability of the phenological seasons in Germany from 1951–1996 [J] . Global Change Biology, 2001, 7 (6) : 657–666.

MENZEL A, FABIAN P, 1999. Growing season extended in Europe [J] . Nature, 397: 659.

MENZEL A, SPARKS T H, ESTRELLA N, et al, 2006. European phonological response to climate change matches the warming pattern [J] . Global Change Biology, 12: 1969–1976.

MILLER J D, KIM H, KJELDSEN T R, et al, 2014. Assessing the impact of urbanization on storm runoff in a peri–urban catchment using historical change in impervious cover [J] . Journal of Hydrology, 515: 59–70.

MISRA R K, GIBBONS A K, 1996. Growth and morphology of eucalypt seedling root in relation to soil strength arising from compaction [J] . Plant Soil, 182:1–11.

MONTAGUE T, KJELGREN R K, 2004. Energy balance of six common landscape surfaces and the influence of surface properties on gas exchange of four containerized tree species [J] . Scientia Horticulturae, 100 (1–4) : 229–249.

MONTAGUE T, KJELGREN R, RUPP L, 1998. Surface energy balance affects gas exchange of three shrub species [J] . Journal of Arboriculture, 24 (5) : 254–262.

MONTAGUE T, KJELGREN R, 2004. Energy balance of six common landscape surfaces and the influence of surface properties on gas exchange of four containerized tree species [J] . Scientia Horticulturae, 100 (1–4) : 229–249.

MOREIRA T C L, OLIVEIRA R C, AMATO L F L, et al,2016. Intra–urban biomonitoring:

Source apportionment using tree barks to identify air pollution sources [J] . Environment International, 91: 271–275.

ORGENROTH J, 2010. The effect of porous concrete paving on underlying soil conditions and growth of Platanus orientalis [D] . A thesis for Degree of Doctor of Philosophy in Forestry, Canterbury: School of Forestry University of Canterbury.

MORGENROTH J, 2011. Root growth response of Platanus orientalis to porous pavements [J] . Arboriculture & Urban Forestry, 37 (2) : 45–50.

MORGENROTH J, BUCHAN G D, 2009. Soil moisture and aeration beneath pervious and impervious pavements [J] . Arboriculture & Urban Forestry, 35 (3) : 135–141.

MORGENROTH J, BUCHAN G, SCHARENBROCH B C, 2013. Belowground effects of porous pavements–soil moisture and chemical properties [J] . Ecological Engineering, 51: 221–228.

MORGENROTH J, VISSER R , 2011. Above–ground growth response of Platanus orientalis to porous pavements [J] . Arboriculture & Urban Forestry, 37 (1) : 1–5.

MMORIN X, ROY J, SONIÉ L, et al, 2010. Changes in leaf phenology of three European oak species in response to experimental climate change [J] . New Phytologist, 186: 900–910.

MOUNT H, 1999. Temperature signatures for anthropogentic soils in New York city [C] . National Soil Survey Center, Lincoln. NE.: 137–140.

MUELLER E C, DAY T A, 2005. The effect of urban ground cover on microclimate, growth and leaf gas exchange of oleander in Phoenix, Arizona [J] . International Journal of Biometeorology, 49 (4) : 244–255.

MULLANEY J, LUCKE T, 2014. Practical review of pervious pavement designs [J] . Clean–Soil, Air, Water, 42 (2) : 111–124.

MULLANEY J, LUCKE T, TRUEMAN S J, 2015a. A review of benefits and challenges in growing street trees in paved urban environments [J] . Landscape and Urban Planning, 134:157–166.

MULLANEY J, LUCKE T, TRUEMAN S J, 2015b. The effect of permeable pavements with an underlying base layer on the growth and nutrient status of urban trees [J] . Urban Forestry & Urban Greening, 14 (1) : 19–29.

MULLANEY J, LUCKE T, TRUEMAN S J, et al, 2015c. The effect of permeable pavements with an underlying base layer on the ecophysiological status of urban trees [J] . Urban Forestry & Urban Greening, 14 (3) : 686–693.

NARITA K, SUGAWARA H, HONJO T, 2008. Effects of roadside trees on the thermal environment within a street canyon [J] . Geographical Reports of Tokyo Metropolitan Univeraity, 43: 41–48.

NEIL K, WU J G, 2006. Effects of urbanization on plant phenology: a review [J] . Urban Ecosystems, 9: 243–257.

NEILSON J W, CALIFF K, CARDONA C, et al, 2017. Significant impacts of increasing aridity on the arid soil microbiome [J] . mSystems, 2 (3), eoo195–216.

NIE M, MENG H, LI K, et al, 2012. Comparison of bacterial and fungal communities between natural and planted pine forests in subtropical china[J]. current microbiology, 64(1): 34–42.

NIU S N, ZHANG P D, LIU J, et al,2012. The effect of temperature on the survival, growth, photosynthesis, and respiration of young seedlings of eelgrass Zostera marina L [J] . Aquaculture, 350–353: 98–108.

NORBY R J, HARTZ-RUBIN J S, VERBRUGGE M J, 2003. Phenological responses in maple to experimental atmospheric warming and CO_2 enrichment[J]. Global Change Biology, 9: 1792–1801.

NOWAK D J, CRANE D E, STEVENS J C, 2006. Air pollution removal by urban trees and shrubs in the United States [J] . Urban Forestry & Urban Greening, 4: 115–123.

NOWAK D J, MCBRIDE J R, BEATTY R A, 1990. Newly planted street tree growth and mortality [J] . Journal of Arboriculture, 16 (5) : 124–130.

O' HARE T J, 2004. Impact of root and shoot temperature on bud dormancy and floral induction in lychee (Litchi chinensis Sonn.)[J] . Scientia Horticulturae, 99: 21–28.

OCHOA-HUESO R, COLLINS S L, DELGADO-BAQUERIZO M, et al, 2018. Drought consistently alters the composition of soil fungal and bacterial communities in grasslands from two continents [J] . Glob Chang Biol, 24 (7) : 2818–2827.

OKE T R, 1982. The energetic basis of the urban heat island [J] . Quarterly Journal of the Royal Meteorological Society, 108: 1–24.

PATAKI D E, MCCARTHY H R, LITVAK E, et al, 2011. Transpiration of urban froests in the Los Angeles metropolitan area [J] . Ecological Applications, 21 (3) : 661–677.

PAVON N P, BRIONES O, 2001. Phenological patterns of nine perennial plants in an intertropical semi-arid Mexican scrub [J] . Journal of Arid Environments, 49: 265–277.

PENGTHAMKEERATI P, MOTAVALLI P P, KREMER R J, 2011. Soil microbial activity and functional diversity changed by compaction, poultry litter and cropping in a claypan soil[J]. Applied Soil Ecology, 48 (1) : 71–80.

PENUELAS J, FILELLA I, ZHANG X Y, et al, 2004. Complex spatiotemporal phenological shifts as a response to rainfall changes [J] . New Phytologist, 161 (3) : 837–846.

PHILIP E, AZLIN Y N, 2005. Measurement of soil compaction tolerance of Lagestromia speciosa (L.) Pers. using chlorophyll fluorescence [J] . Urban Forestry & Urban Greening, 3 (3–4) : 203–208.

PHUYAL M, ARTZ R R E, SHEPPARD L, et al, 2008. Long–term nitrogen deposition increases phosphorus limitation of bryophytes in an ombrotrophic bog [J] . Plant Ecology, 196: 111–121.

PIOTROWSKA–DŁUGOSZ A, CHARZYŃSKI P, 2015. The impact of the soil sealing degree on microbial biomass, enzymatic activity, and physicochemical properties in the Ekranic Technosols of Toruń (Poland) [J] . Journal of Soils and Sediments, 15 (1) : 47–59.

POLYAKOVA O, BILLOR N, 2007. Impact of deciduous tree species on litterfall quality, decomposition rates and nutrient circulation in pine stands [J] . Forest Ecology & Management, 253 (1) : 11–18.

POST E, PEDERSEN C, 2008. Opposing plant community responses to warming with and without herbivores [J] . Proceedings of the National Academy of Sciences USA, 105 (34) : 12353–12358.

POUYAT R V, YESILONIS I D, RUSSELL A J, et al, 2007. Soil chemical and physical properties that differentiate urban land–use and cover types [J] . Soil Science Society of America Journal, 71 (3) :1010–1019.

POUYAT R, GROFFMAN P, YESILONIS I, et al, 2002. Soil carbon pools and fluxes in urban ecosystems [J] . Environmental Pollution, 116.

PREUSSER S, POLL C, MARHAN S, et al, 2019. Fungi and bacteria respond differently to changing environmental conditions within a soil profile [J] . Soil Biology and Biochemistry, 137: 107543.

PRIETO P, PENUELAS J, OGAYA R, et al,2008. Precipitation–dependent flowering of Globularia alypum and Erica multiflora in Mediterranean shrubland under experimental drought and warming, and its inter–annual variability [J] . Annals of Botany, 102 (2) : 275–285.

PRIMACK D, IMBRES C, PRIMACK R B, et al, 2004. Herbarium specimens demonstrate earlier flowering times in response to warming in Boston [J] . American Journal of Botany, 91: 1260–1264.

QIN Y H, LIANG J, YANG H F, et al,2016. Gas permeability of pervious concrete and its implications on the application of pervious pavements [J] . Measurement, 78: 104–110.

QIN Y H, 2015. A review on the development of cool pavements to mitigate urban heat island effect [J] . Renewable and Sustainable Energy Reviews, 52: 445–459.

QUIGLEY M F, 2004. Street trees and rural conspecifics: Will long–lived trees reach full size in urban conditions? [J]. Urban Ecosystems, 7: 29–39.

RABOT E, WIESMEIER M, SCHLÜTER S, et al, 2018. Soil structure as an indicator of soil functions: A review [J] . Geoderma, 314: 122–137.

RACITI S M, HUTYRA L R, FINZI A C, 2012. Depleted soil carbon and nitrogen pools beneath impervious surfaces [J] . Environmental Pollution, 164: 248–251.

RAHMAN M A, STRINGER P, ENNOS A R, 2013. Effect of pit design and soil compaction on performance of Pyrus calleryana street trees in the establishment period [J] . Arboriculture & Urban Forestry, 39: 256–266.

RAJANIEMI T K, ALLISON V J, 2009. Abiotic conditions and plant cover differentially affect microbial biomass and community composition on dune gradients [J] . Soil Biology and Biochemistry, 41 (1) : 102–109.

RAŠKOVIĆ S, DECKER R, 2015. The influence of trees on the perception of urban squares [J]. Urban Forestry & Urban Greening, 14 (2) : 237–245.

RATHCKE B, LACEY E P, 1985. Phenological patterns of terrestrial plants [J] . Annual Review of Ecology, Evolution, and Systematics, 16: 179–214.

RODIYATI A, ARISOESILANINGSIH E, ISAGI Y, et al, 2005. Responses of Cyperus brevifolius (Rottb.) Hassk. and Cyperus kyllingia Endl. to varying soil water availability [J] . Environmental and Experimental Botany, 53 (3) : 259–269.

ROETZER T, WITTENZELLER M, HAECKEL H, et al, 2000. Phenology in central Europe–differences and trends of spring phenophases in urban and rural areas [J] . International Journal of Biometeorology, 44 (2) : 60–66.

ROUSK J, BAATH E, BROOKES P C, et al, 2010. Soil bacterial and fungal communities across a pH gradient in an arable soil [J] . ISME J, 4 (10) : 1340–1351.

SAILOR D J, 2011. A review of methods for estimating anthropogenic heat and moisture emissons in the urban environment [J] . International Journal of Climatology, 31 (2) : 189–199.

SALA O E, CHAPIN F S, ARMESTO J J, et al, 2000. Global biodiversity scenarios for the year 2100 [J] . Science, 287 (5459) : 1770–1774.

SALVUCCI M E, CRAFTS–BRANDNER S J, 2004. Inhibition of photosynthesis by heat stress: the activation state of rubisco as a limiting factor in photosynthesis [J] . Physiologia

Plantarum，120（2）: 179–186.

SANTAMOURIS M，2014. Cooling the cities – A review of reflective and green roof mitigation technologies to fight heat island and improve comfort in urban environments [J] . Solar Energy，103: 682–703.

SANTINI A，GHELARDINI L，FALUSI M，et al，2004. Vegetative bud-burst variability of European elms [J] . Invest Agrar: Sist Recur For，13（1）: 37–45.

SARAH B C，CHRIS A M，2004. Rhizosphere，surface and air temperature patterns at parking lots in phoenix，Arizona，U.S. [J] . Journal of Arboriculture，30（4）: 245–252.

SCALENGHE R，MALUCELLI F，UNGARO F，et al，2011. Influence of 150 years of land use on anthropogenic and natural carbon stocks in Emilia-Romagna region (Italy) [J] . Environmental Science and Technology，45（12）: 5112–5117.

SCALENGHE R，MARSAN F A，2009. The anthropogenic sealing of soils in urban areas [J] . Landscape and Urban Planning，90（1–2）: 1–10.

SCHARENBROCH B C，LLOYD J E，JOHNSON-MAYNARD J L，2005. Distinguishing urban soils with physical，chemical，and biological properties [J] . Pedobiologia，49: 283–296.

SCHLEUβ U，WU Q，BLUME H-P，1998. Variability of soils in urban and periurban areas in Northern Germany [J] . CATENA，33（3）: 255–270.

SCHMITT J，ECCLESTON J，EHRHARDT D W，1987. Density-dependent flowering phenology，outcrossing，and reproduction in Impatiens capensis [J] . Oecologia (Berlin)，72: 341–347.

SCHOFF F，PRANDL R，REINDL A，1998. Regulation of the heat shock response [J] . Plant Physiology，117: 1135–1141.

SEFCIK L T，ZAK D R，ELLSWORTH D S，2007. Seedling survival in a northern temperate forest understory is increased by elevated atmospheric carbon dioxide and atmospheric nitrogen deposition [J] . Global Change Biology，13: 132–146.

SELA S，SVORAY T，ASSOULINE S，2012. Soil water content variability at the hillslope scale: Impact of surface sealing [J] . Water Resources Research，48（3）:3522.

SETÄLÄ H M，FRANCINI G，ALLEN J A，et al，2016. vegetation type and age drive changes in soil properties，nitrogen，and carbon sequestration in urban parks under cold climate [J] . frontiers in ecology and evolution，4:93.

SETÄLÄ H M，FRANCINI G，ALLEN J A，et al，2017. Urban parks provide ecosystem services by retaining metals and nutrients in soils [J] . Environ Pollut，231（Pt 1）: 451–461.

SETO K C，GÜNERALP B，HUTYRA L R，2012. Global forecasts of urban expansion to 2030 and direct impacts on biodiversity and carbon pools［J］. Proceedings of the National Academy of Sciences of the United States of America，109（40）: 16083–16088.

SHASHUA-BAR L，POTCHTER O，BITAN A，et al，2010. Microclimate modelling of street tree species effects within the varied urban morphology in the Mediterranean city of Tel Aviv，Israel［J］. International Journal of Climatology，30: 44–57.

SHEIK C S，BEASLEY W H，ELSHAHED M S，et al，2011. Effect of warming and drought on grassland microbial communities［J］. ISME J，5（10）: 1692–1700.

SHEN C，GUNINA A，LUO Y，et al，2020. Contrasting patterns and drivers of soil bacterial and fungal diversity across a mountain gradient［J］. Environ Microbiol，22（8）: 3287–3301.

SHERRY R A，ZHOU X H，GU S L，et al，2007. Divergence of reproductive phenology under climate warming［J］. Proceedings of the National Academy of Sciences，USA: 104: 198–202.

SHIGYO N，UMEKI K，HIRAO T，2019. Seasonal Dynamics of Soil Fungal and Bacterial Communities in Cool-Temperate Montane Forests［J］. Front Microbiol，10: 1944.

SMIT-SPINKS B，SWANSON B T，MARKHART A H，1985. The effect of photoperiod and thermoperiod on cold acclimation and growth of Pinus sylvestris［J］. Canadian Journal of Forest Research，15: 453–460.

SOLTIS D，1997. Loss of trees increases stormwater runoff in Atlanta［J］. Water-Engineering and Management，144: 6.

SONG Y S，LI F，WANG X K，et al，2015. The effects of urban impervious surfaces on eco-physiological characteristics of *Ginkgo biloba*: A case study from Beijing，China［J］. Urban Forestry & Urban Greening，14: 1102–1109.

SPRINGATE D A，KOVER P X，2014. Plant responses to elevated temperatures: a field study on phonological sensitivity and fitness responses to simulated climate warming［J］. Global Change Biology，20: 456–465.

SUN R，ZHANG X X，GUO X，et al，2015. Bacterial diversity in soils subjected to long-term chemical fertilization can be more stably maintained with the addition of livestock manure than wheat straw［J］. Soil Biology and Biochemistry，88: 9–18.

SUN Y，LUO C，JIANG L，et al，2020. Land-use changes alter soil bacterial composition and diversity in tropical forest soil in China［J］. Sci Total Environ，712: 136526.

TANG C S，SHI B，GAO L，et al，2011. Urbanization effect on soil temperature in Nanjing，

China［J］. Energy and Buildings, 43（11）: 3090–3098.

TERRER C, PHILLIPS R P, HUNGATE B A, et al, 2021. A trade-off between plant and soil carbon storage under elevated CO_2［J］. Nature, 591（7851）: 599–603.

THOMSON B C, TISSERANT E, PLASSART P, et al, 2015. Soil conditions and land use intensification effects on soil microbial communities across a range of European field sites［J］. Soil Biology and Biochemistry, 88: 403–413.

TRACEY L S, RORBERT D B, 2000. Form and structure of maple trees in urban environments［J］. Landscape and Urban Planning, 46（4）: 191–201.

TRENTANOVI G, VON DER LIPPE M, SITZIA T, et al, 2013. Biotic homogenization at the community scale: disentangling the roles of urbanization and plant invasion［J］. Diversity and Distributions, 19（7）: 738–748.

VIEIRA S, SIKORSKI J, DIETZ S, et al, 2020. Drivers of the composition of active rhizosphere bacterial communities in temperate grasslands［J］. ISME J, 14（2）: 463–475.

VISWANATHAN B, 2010. Effect of pervious and impervious pavement on the rhizospher of American Sweetgum（Liquidambar styraciflua）［D］. Master of Science Thesis, Texas A & M University, Texas.

VISWANATHAN B, VOLDER A, WATSON W T, et al, 2011. Impervious and pervious pavements increase soil CO_2 concentrations and reduce root production of American sweetgum（Liquidambar styraciflua）［J］. Urban Forestry & Urban Greening, 10: 133–139.

VOLDER A, VISWANATHAN B, WATSON W T, 2014. Pervious and impervious pavement reduce production and decrease lifespan of fine roots of mature Sweetgum trees［J］. Urban Ecosystems, 17（2）: 445–453.

VOLDER A, WATSON T, VISWANATHAN B, 2009. Potential use of pervious concrete for maintaining existing mature trees during and after urban development［J］. Urban Forestry & Urban Greening, 8（4）: 249–256.

VOOGT J A, OKE T R, 2003. Thermal remote sensing of urban climates［J］. Remote Sensing of Environment, 86: 370–384.

WAGAR J A, FRANKLIN A L, 1994. Sidewalk effects on soil moistureand temperature［J］. Journal of Arboriculture, 20: 237–238.

WANG K, ZHANG Y, TANG Z, et al, 2019. Effects of grassland afforestation on structure and function of soil bacterial and fungal communities［J］. Sci Total Environ, 676: 396–406.

WANG X M, WANG X K, Su Y B, et al, 2019. Land pavement depresses photosynthesis in urban trees especially under drought stress［J］. Sci Total Environ, 653: 120–130.

WANG X M, WANG X K, CHEN Y, et al, 2019. Photosynthetic parameters of urban greening trees growing on paved land [J] . iForest–Biogeosciences and Forestry, 12 (4) : 403–410.

WEI Z, W U S, ZHOU S, et al, 2013. Installation of impervious surface in urban areas affects microbial biomass, activity (potential C mineralisation), and functional diversity of the fine earth [J] . Soil Research, 51 (1) : 59.

WEI Z, W U S, ZHOU S, et al, 2014. Soil organic carbon transformation and related properties in urban soil under impervious surfaces [J] . Pedosphere, 24 (1) : 56–64.

WEINERT N, PICENO Y, DING G C, et al, 2011. PhyloChip hybridization uncovered an enormous bacterial diversity in the rhizosphere of different potato cultivars: many common and few cultivar–dependent taxa [J] . FEMS Microbiol Ecol, 75 (3) : 497–506.

WHITE M A, NEMANI R R, THORNTON P E, et al, 2002. Satellite evidence of phenological differences between urbanized and rural areas of the eastern United States deciduous broadleaf forest [J] . Ecosystems, 5 (3) : 260–273.

WIELGOLASKI F E, 2001. Phonological modifications in plants by various edaphic factors [J] . International Journal of Biometeorology, 45 (4) : 196–202.

WOLINSKA A, KUZNIAR A, ZIELENKIEWICZ U, et al, 2017. Metagenomic analysis of some potential nitrogen–fixing bacteria in arable soils at different formation processes [J] . Microb Ecol, 73 (1) : 162–176.

WU H, GUO Z, PENG C, 2003. Land use induced changes of organic carbon storage in soils of China [J] . Global Change Biology, 9 (3) :305–315.

WU J G, 2008. Making the case for landscape ecology an effective approach to urban sustainability [J] . Landscape Journal, 27: 41–50.

WU L, LI Z, LI J, et al, 2013. Assessment of shifts in microbial community structure and catabolic diversity in response to Rehmannia glutinosa monoculture [J] . Applied Soil Ecology, 67: 1–9.

WU T, CHELLEMI D O, GRAHAM J H, et al, 2008. Comparison of soil bacterial communities under diverse agricultural land management and crop production practices [J] . Microb Ecol, 55 (2) : 293–310.

XIAO Q, MCPHERSON E G, 2002. Rainfall interception by Santa Monica' s municipal urban forest [J] . Urban Ecosystems, 6: 291–302.

XU H J, LI S, SU J Q, et al, 2014. Does urbanization shape bacterial community composition in urban park soils? A case study in 16 representative Chinese cities based on the pyrosequencing method [J] . FEMS Microbiol Ecol, 87 (1) : 182–192.

XU Q Z, HUANG B R, 2000. Effects of differential air and soil temperature on carbohydrate metabolism in creeping bentgrass [J] . Crop Science, 40 (5) : 1368–1374.

XU Y, QIN Z, LV J, 2008. Comparative analysis of urban heatisland and associated land cover change based in Suzhou City usingLandsat data [C] . 2008 International Workshop on EducationTechnology and Training & 2008 International Workshop on Geoscience and Remote Sensing: 316–319.

YAN B, LI J, XIAO N, et al, 2016. Urban–development–induced Changes in the Diversity and Composition of the Soil Bacterial Community in Beijing [J] . Sci Rep, 6: 38811.

YAN Y, KUANG W, ZHANG C, et al, 2015. Impacts of impervious surface expansion on soil organic carbon--a spatially explicit study [J] . Sci Rep, 5: 17905.

YAN Z, TENG M, HE W, et al, 2019. Impervious surface area is a key predictor for urban plant diversity in a city undergone rapid urbanization [J] . Sci Total Environ, 650 (Pt 1) : 335–342.

YU H, ZHAO Y, FU Y, et al, 2018. Spatiotemporal Variance Assessment of Urban Rainstorm Waterlogging Affected by Impervious Surface Expansion: A Case Study of Guangzhou, China [J] . Sustainability, 10 (10) : 3761.

YU W, HU Y, CUI B, et al, 2019. The Effects of Pavement Types on Soil Bacterial Communities across Different Depths [J] . Int J Environ Res Public Health, 16:1805.

YUAN Y, SI G, WANG J, et al, 2014. Bacterial community in alpine grasslands along an altitudinal gradient on the Tibetan Plateau [J] . FEMS Microbiol Ecol, 87 (1) : 121–132.

ZHALNINA K, DIAS R, QUADROS P D D, et al, 2015. Soil pH determines microbial diversity and composition in the park grass experiment [J] . Microbial Ecology, 69:395–406.

ZHANG L H, CHEN Y I, LI W H, et al, 2009. Abiotic regulators of soil respiration in desert ecosystems [J] . Environmental Geology, 57: 1855–1864.

ZHANG Q, WANG X, HOU P, et al, 2014. Quality and seasonal variation of rainwater harvested from concrete, asphalt, ceramic tile and green roofs in Chongqing, China [J] . J Environ Manage, 132: 178–187.

ZHANG X Y, FRIEDL M A, SCHAAF C B, et al, 2004. Climate controls on vegetation phenological patterns in northern mid- and high latitudes inferred from MODIS data [J] . Global Change Biology, 10: 1133–1145.

ZHANG X, LIU S, WANG J, et al, 2020. Local community assembly mechanisms shape soil bacterial beta diversity patterns along a latitudinal gradient [J] . Nat Commun, 11 (1) : 5428.

ZHAO D, LI F, WANG R S, et al, 2012a. Effect of soil sealing on the microbial biomass, N transformation and related enzyme activities at various depths of soils in urban area of Beijing, China [J] . Journal of Soils and Sediments, 12: 519–530.

ZHAO D, LI F, WANG R S et al, 2012b. The effects of different urban land use patterns on soil microbial biomass nitrogen and enzyme activities in urban area of Beijing, China [J] . Acta Ecologica Sinica,, 32 (3) : 144–149.

ZHAO D, LI F, YANG Q, et al, 2013. The influence of different types of urban land use on soil microbial biomass and functional diversity in Beijing, China [J] . Soil Use and Management, 29 (2) : 230–239.

ZHAO S, TANG Y, CHEN A, 2016. Carbon Storage and Sequestration of Urban Street Trees in Beijing, China [J] . Frontiers in Ecology and Evolution, 4:53.

ZHAO T T, SCHWARTZ M D, 2003. Examining the onset of spring in Wisconsin [J] . Climate Research, 24: 59–70.

彩图 2-2　试验地布置示意图

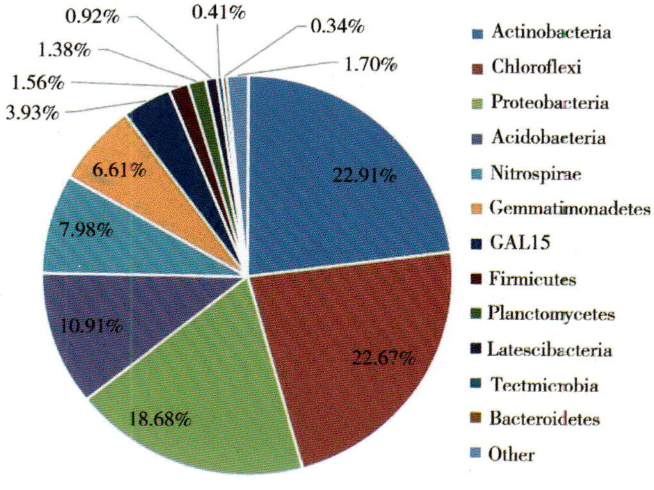

彩图 5-1　硬化地表下土壤细菌门水平主要优势属

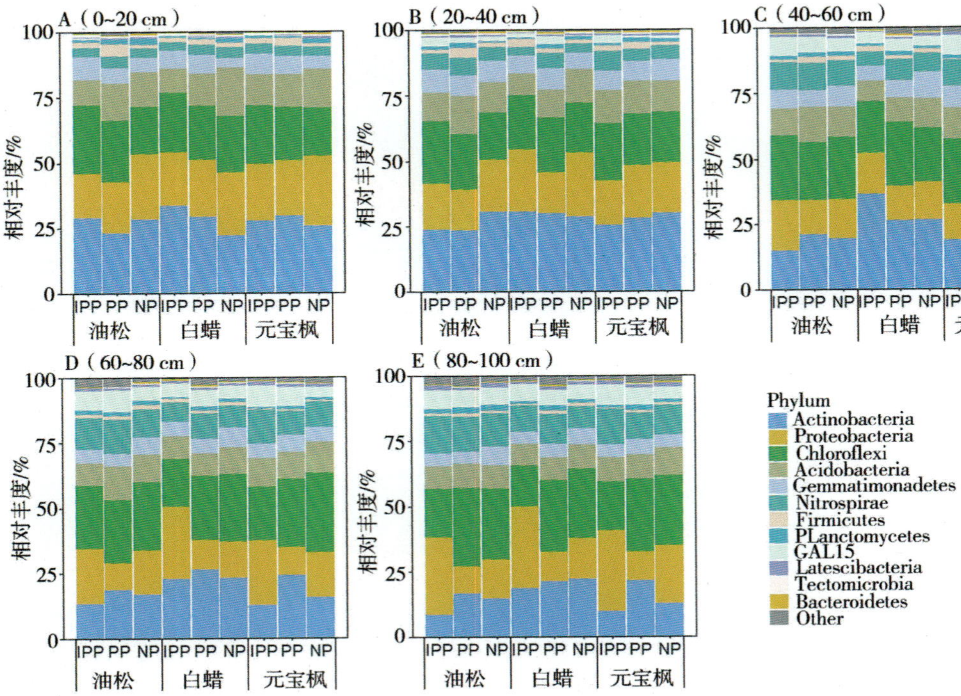

彩图 5-2　硬化地表下土壤优势细菌群落在门水平上的相对丰度

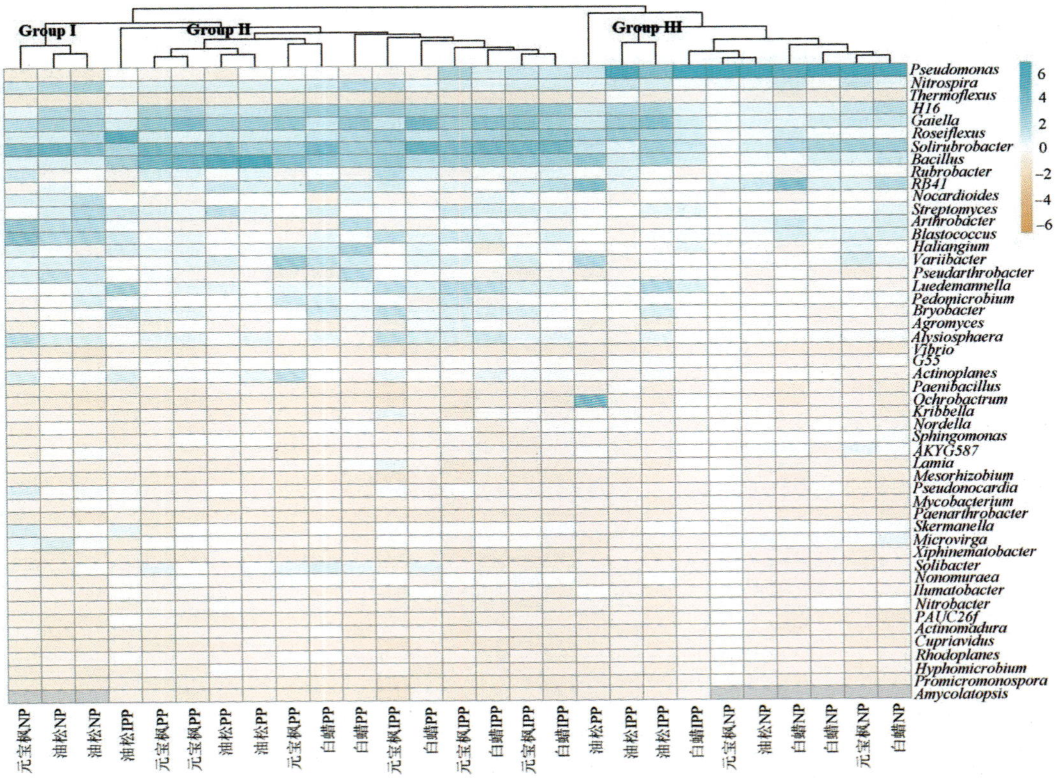

彩图 5-3　硬化地表下土壤细菌优势属热图及细菌群落组成聚类分析（0 ～ 20 cm）

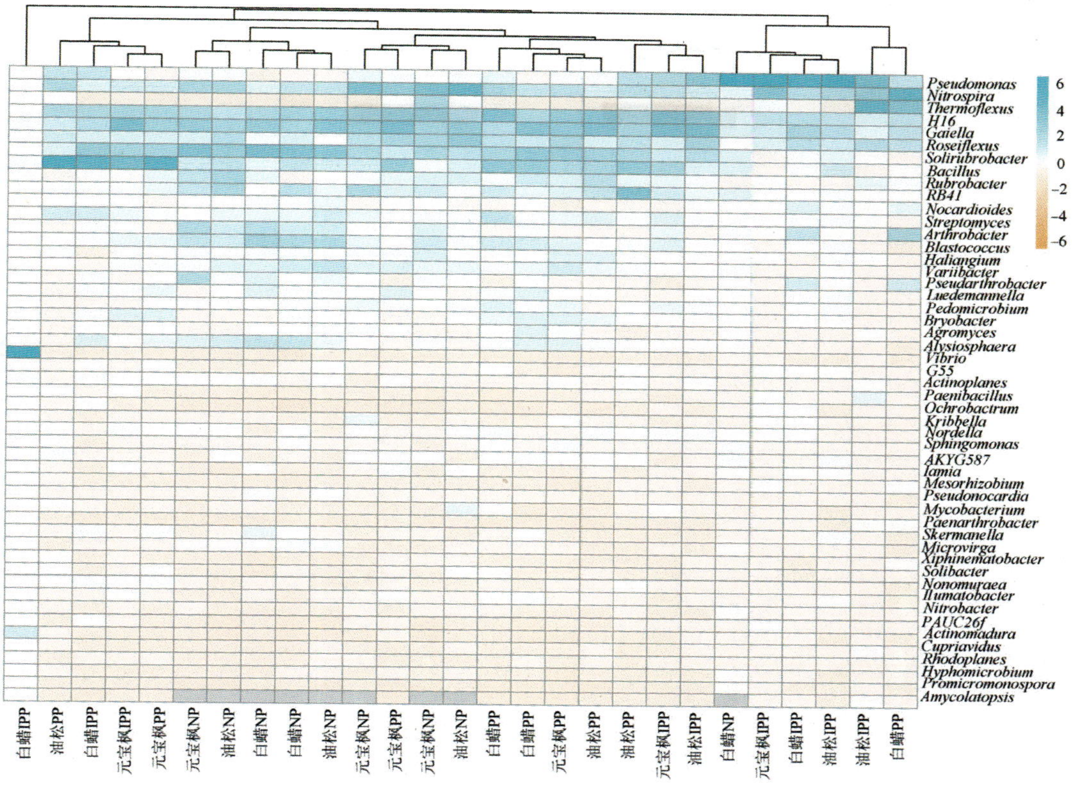

彩图 5-4　硬化地表下土壤细菌优势属热图及细菌群落组成聚类分析（20 ~ 40 cm）

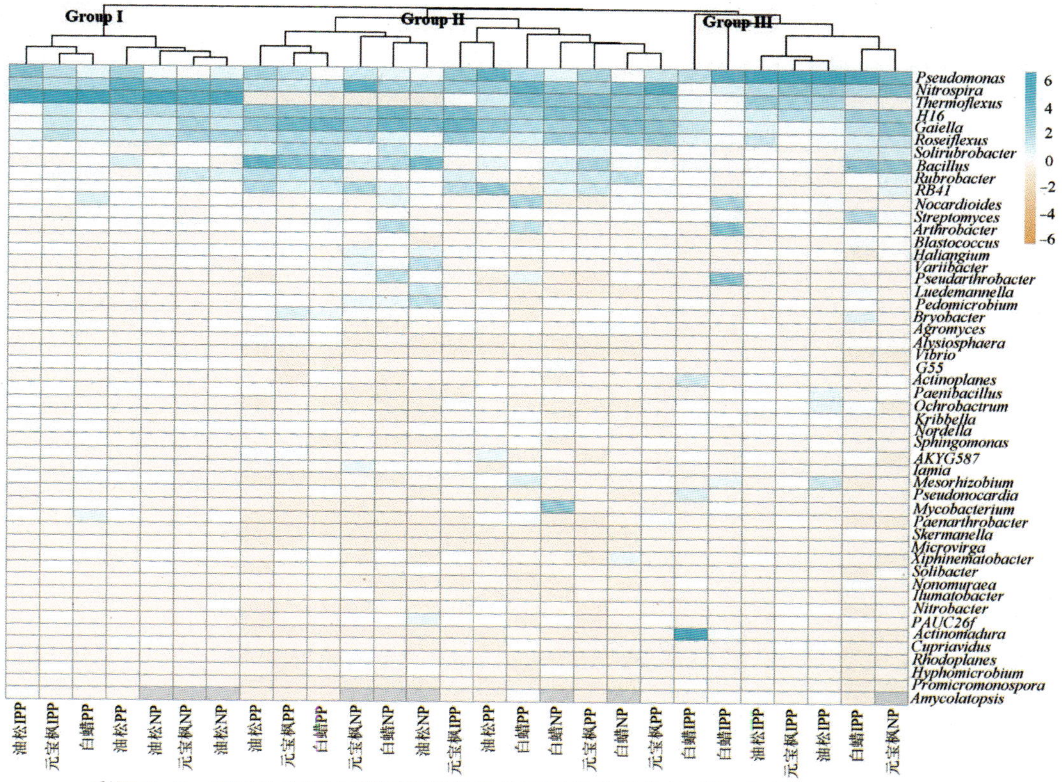

彩图 5-5　硬化地表下土壤细菌优势属热图及细菌群落组成聚类分析（40 ~ 60 cm）

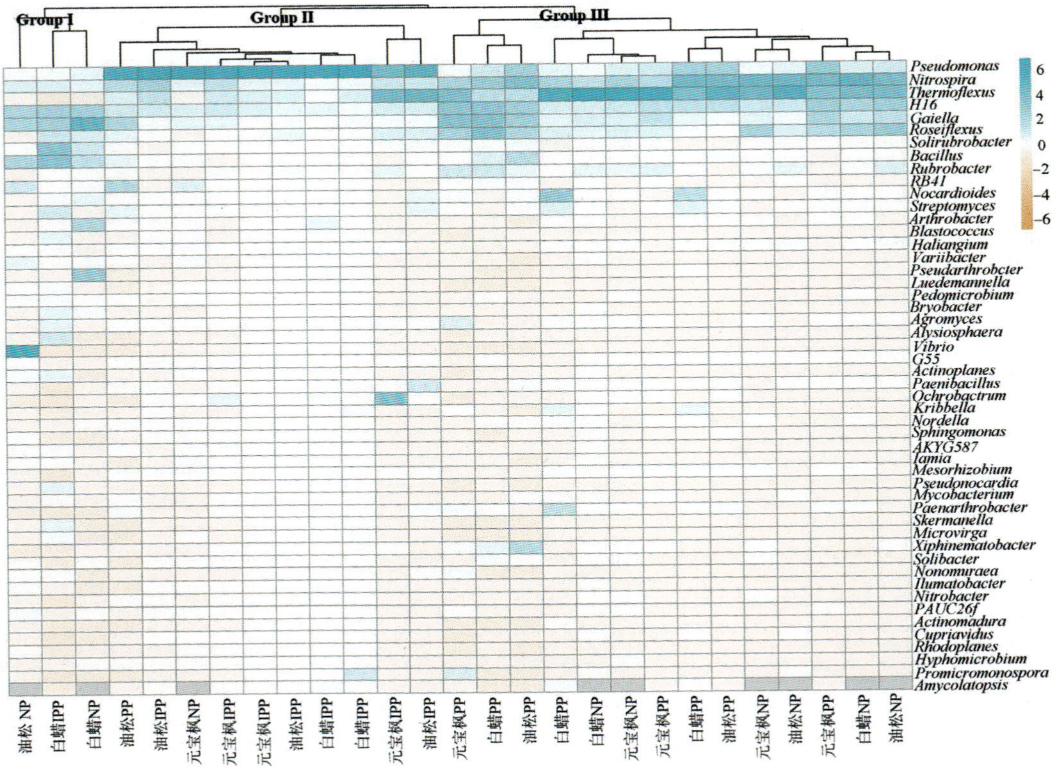

彩图 5-6　硬化地表下土壤细菌优势属热图及细菌群落组成聚类分析（60 ~ 80 cm）

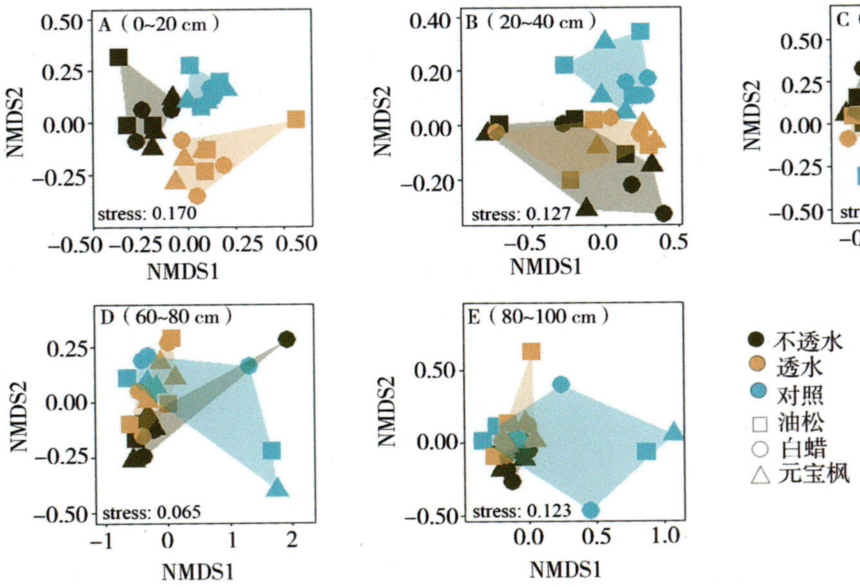

彩图 5-8　非度量多维尺度分析不同土层土壤细菌群落的变化

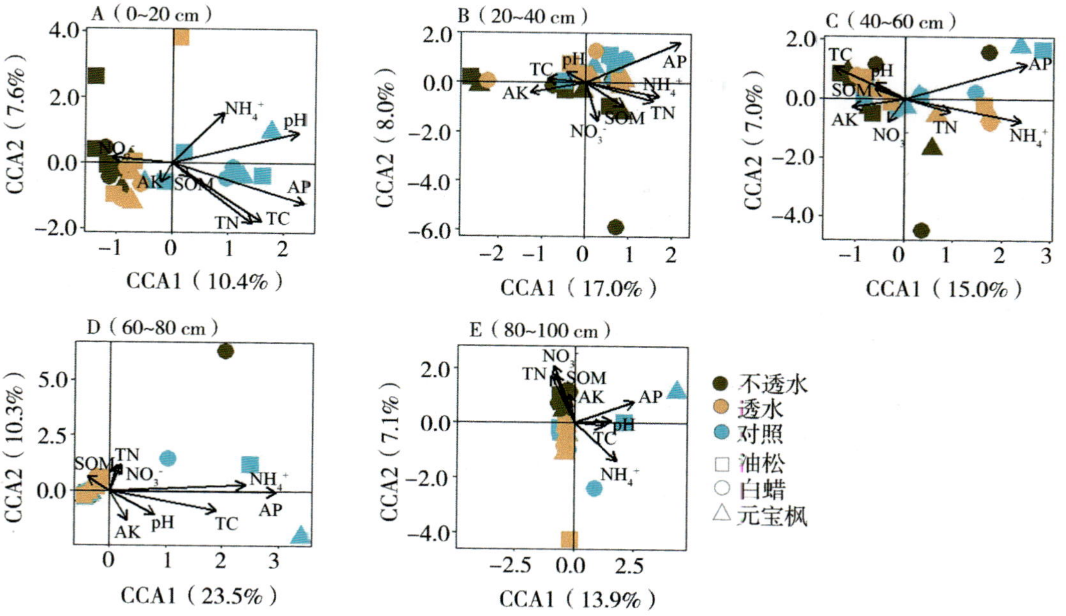

彩 图 5-9　不同土层土壤细菌群落与土壤指标之间的 CCA 分析

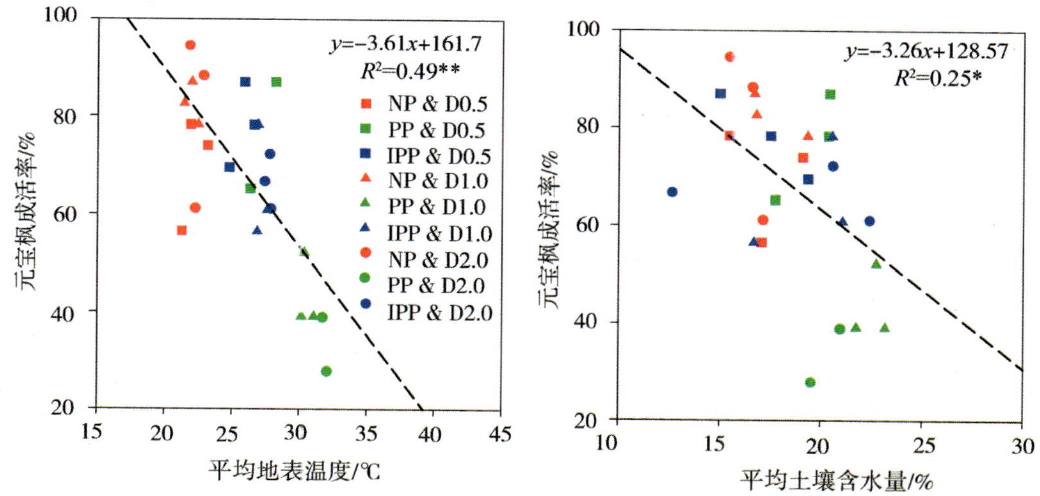

彩图 6-2　元宝枫成活率与平均地表温度和土壤含水量的关系

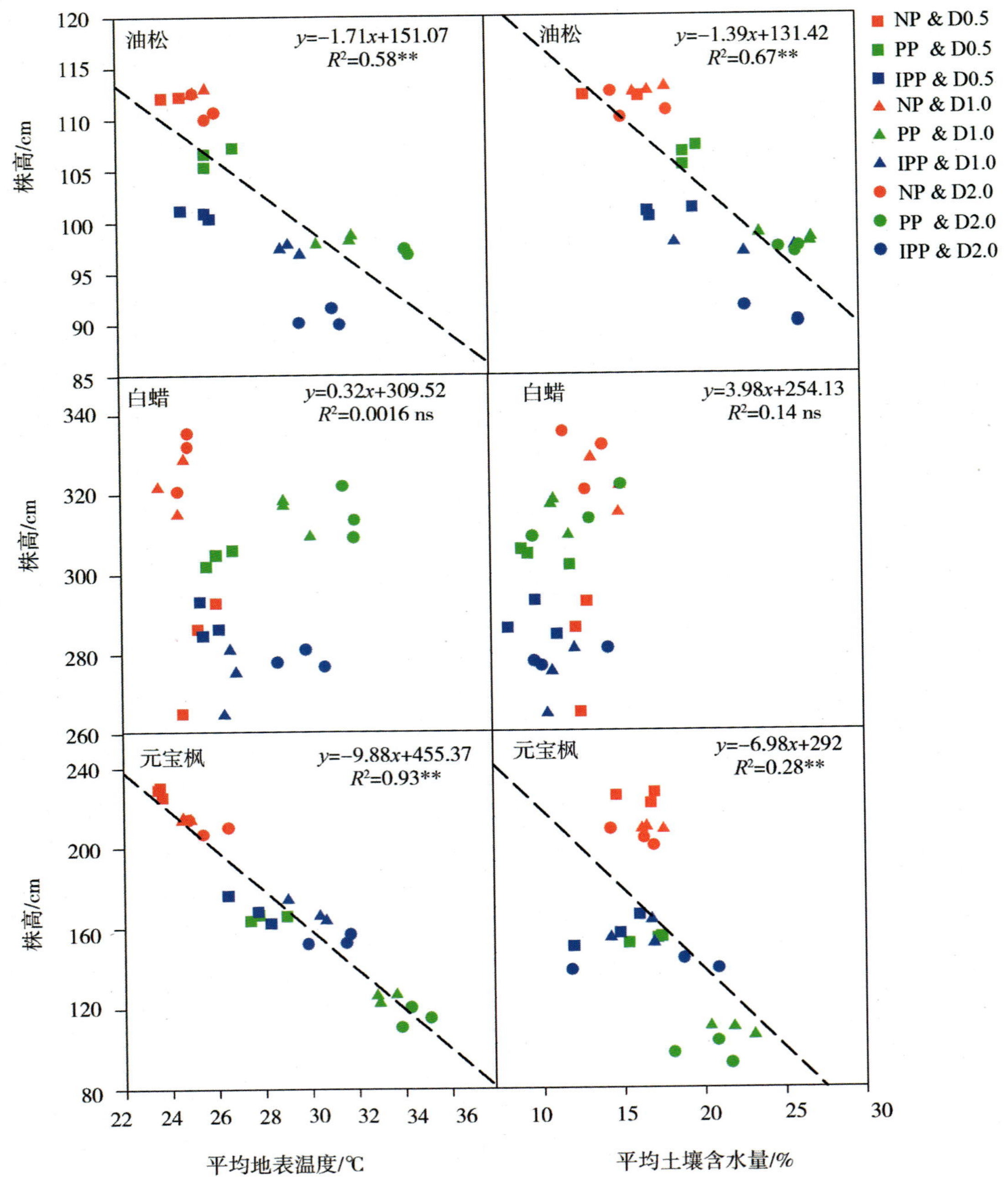

彩图 6-6　3 种树木株高与平均地表温度和土壤含水量的关系

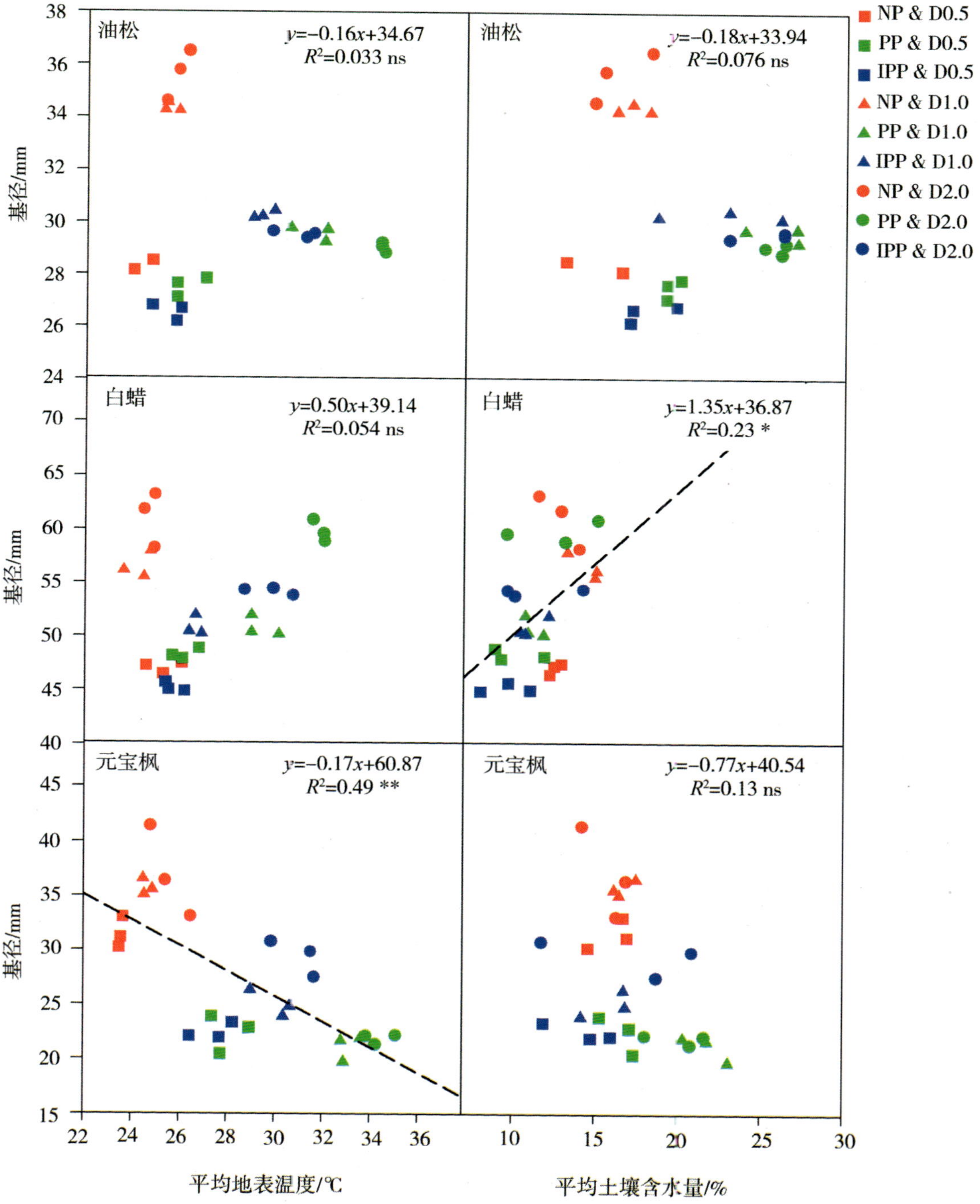

彩图 6–8　3 种树木基径与平均地表温度和土壤含水量的关系

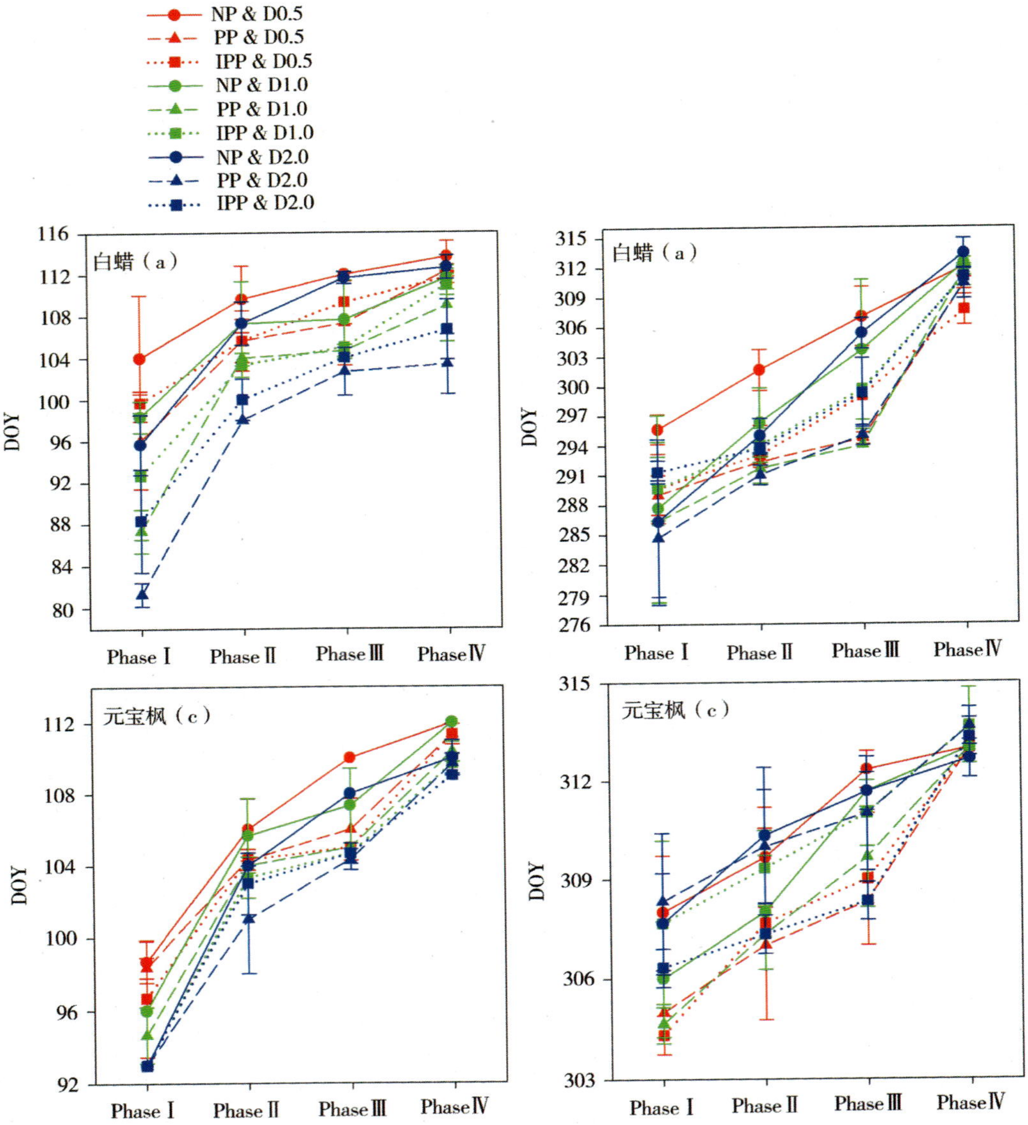

彩图 7-4　不同地表类型和种植密度下白蜡和元宝枫发芽和落叶时间

注：图中D0.5表示0.5 m密度，D1.0表示1.0 m 密度，D2.0表示2.0 m 密度；DOY表示日序数。